特大型城市绿地系统布局结构及其构建研究

张浪 著

中国建筑工业出版社

图书在版编目(CIP)数据

特大型城市绿地系统布局结构及其构建研究/张浪著. —北京：中国建筑工业出版社，2008
ISBN 978-7-112-10150-4

Ⅰ.特… Ⅱ.张… Ⅲ.特大城市—城市规划：绿化规划—研究 Ⅳ.TU985.1

中国版本图书馆CIP数据核字(2008)第078371号

责任编辑：徐 纺 滕云飞
责任设计：郑秋菊
责任校对：安 东 王雪竹

特大型城市绿地系统布局结构及其构建研究
张浪 著
*
中国建筑工业出版社出版、发行（北京西郊百万庄）
各地新华书店、建筑书店经销
北京天成排版公司制版
北京建筑工业印刷厂印刷
*
开本：787×1092毫米 1/16 印张：14¼ 字数：356千字
2009年2月第一版 2009年2月第一次印刷
印数：1—2500册 定价：**45.00**元
ISBN 978-7-112-10150-4
(16953)

序　一

从土地资源科学利用而言，全世界的人居环境普遍采用了聚居的形式，这就是城市。城市的普遍矛盾是社会生产和自然环境很难同步协调发展。城市绿地系统规划是从宏观解决自然环境的主要手段。中国从古代城市就有城市规划的理论和方法。新中国成立后主要学习苏联的城市及居民区建设的理论和方法，改革开放三十年来又传入了欧美城市现代化建设的先进经验，含城市绿地系统专项规划的经验。大城市有“摊大饼”、混凝土铠甲和城市爆炸之忧，而绿地是分隔建筑用地的惟一手段。上海市的绿地系统规划由来已久，20世纪80年代已开始，到2002年完成新规划的编制，积二十余年之经验，并有原创性的突破。这项成就是长期积累形成的，并非一朝一夕之功。很自然地令人回忆程绪珂、吴振千、严玲璋、胡运骅等诸位先生世代接力的宝贵积累，包涵具体规划人员和参与绿地普查的学生们共同的工作成果，从而为今日的发展奠定了坚实的基础。

特别是20世纪末到21世纪初这段时间，上海绿化建设有明显的突破。上海这个特大城市，人多绿地少是基本矛盾。建国之初人均公共绿地不足一平方米，中央为上海定性、定位是现代化国际大都市，包含四个中心。为了适应城市新发展，在绿地建设方面下了深功夫。急而不躁，按科学发展观办事。先期的调查研究对世界主要大城市的绿地建设进行了分析比较。请专业机构作红外遥感测绘，找到上海热岛的高峰在延安中路一带。中央关怀、市委市政府领导、城规和园林专家合谋，创造了城市再规划、再建设的新路。土地难于生长，但可以通过改变用地性质来改变绿地少、特别是中心城绿地少的老大难问题。延安中路约24hm^2土地，不惜在当时投入12000/m^2的地价，拆屋建绿。实现了市民的绿梦和国际建筑师联合会19世纪末《北京宣言》所憧憬新世纪的初衷：“把城市和建筑建设在绿色中。”虽然是初步但却向人们显示了新的方向。诸如延安中路这样突破性发展的大型绿地在中心城还有好几片，迄后又出现江湾城的改建，带来明显的综合效益，切实地解决了城市中心区绿地减少的老大难问题。上海在绿地建设这一点上具有原创性地突破：就是特大城市也可以通过再规划、再建设来改善人居环境，使城市生气蓬勃地持续发展。

2002年编制完成的《上海市中心城公共绿地规划》的规划期限为2020年，必须有梯队世代接力才能完成。张浪博士在博士论文立题时便以此为题，任职上海园林绿化管理局总工程师后承担了实施这项规划的职责。所选择的正确道路就是“承前启后，与时俱进。”从持续发展观来着眼实施规划，这是有所创造性地实践和研究。始料未及的新矛盾出现了，城中心区的生态环境逐渐好转，而郊区由于大面积建筑物兴建出现新“热岛”了，报上称为热岛转移。除此外，城市总体规划、土地资源规划、绿地系统规划和森林规划如何协调统一、绿地系统结构组成出现的不均衡发展的实际情况、乃至如何对待湿地等都有如何在现有基础上如何调整、如何实施以达到规划目标的问题。因此，我除了祝贺《特大型城市绿地系统布局结构及其构建研究》付梓出版，肯定它比较翔实地论述了上海市绿地系统规划发展的历史、认识其发展规律外，对如何承前启后，与时俱进提出了比较符合科学发展观的发展趋势和化挑战为契机的应对策略和方法。阶段的学术成就到此划一个逗号，更寄希望于上新台阶的研究，通过积累最后划上一个完美的句号。衷心地祝愿前进、成功。

孟兆祯

2008.11.于上海

序　二

当今工业发展，城市膨胀，资源短缺，环境危机，赖以生存的自然基础遭破坏，全球气候变暖，使人类、动植物受疾病威胁。21世纪是人类追求可持续发展的新世纪，绿地应担负起保护生态环境与社会经济的历史使命。利用植物的生态功能改造和更新城市环境，恢复生态系统的良性循环，是人与自然和谐发展的道路，是社会、经济发展的方向，是全人类面临的共同命题。绿化建设，已经上升到生态文明的高度，其目的是为人民福祉的增进，建设资源节约型、环境友好型城市。

读了张浪博士《特大型城市绿地系统布局结构及其构建研究》一书的文稿，为他的求索精神而感动。这是他在学术研究上的理论创新与实践创新。书中阐述了对过去的绿地系统发展、理论总结、完善、修正和深化，由实践概括出来的关于自然界和社会知识的有系统的结论，把环境问题作为目标，其宗旨贯彻科学发展观。将系统论和进化论的理论引入城市绿地系统演变发展研究，并论述了城市绿地系统进化论。为未来城市绿地系统发展奠定了理论基础和实践基础。

今后，上海将建设生态型城市，生态环境必须有一个突破性进展。应把绿地置于“社会—人口—经济—环境—资源”这个城市整体社会系统中的新兴发展观。上海土地资源十分贫乏，为了保证环境质量提高，城市绿化必须向城乡一体、长三角区域发展，必须依托广大农村作为生态支持系统。我赞同张浪博士所提出的城市绿地系统进化论的理论，提出农用地生态系统是由地貌、气候、水文、土壤、植物、动物等自然要素构成；农用地具有直接使用的经济生产价值，同时具有无形的社会价值；农用地全面融合了自然景观和人工景观，并具有生态系统服务功能等论述。以大生态、大环境理念有计划地对绿地进行结构性调整，并增添新的内容，是符合世界潮流。把农用地、林地、湿地、山地、江湖河海、自然保护区以及一切自然元素引入作为绿地系统，实现城市生态系统环境改善和保护的基础，使土地资源充分发挥其社会、经济、生态功能。

该书积淀的成果，反映出著者具备了创新性研究能力，体现了科学精神和“以人为本”、“保护环境”等时代精神，该书出版，为广大读者提供有价值的理论和实践经验。

程绪珂

2008，12.

前　言

在过去的100年中，世界人口急剧膨胀，城市高速发展，当人类带着无比的自豪感和优越感迈入21世纪的时候，才悄然发现我们赖以生存的地球环境正面临着严峻的挑战。在世界经济大发展的背景下，中国通过近30年的改革开放，不仅在政治、经济、文化、民生等方面取得了长足的进步，而且中国的城市正以惊人的速度向前发展，涌现出了一批特大型城市。随着城市化进程的加快，特大型城市的快速出现，诸如城市环境、生态和可持续发展等越来越多亟待解决的问题摆在我们面前。近年来，党和政府越来越重视环境问题，越来越强调树立科学发展观。

城市绿地系统，被称为“城市之肺”，是城市中惟一有生命的基础设施，在我国城市发展规划中占有重要的战略性地位，是关系我国城市化进程能否健康、科学、可持续发展的大事。

针对当前绿地系统规划理论与特大型城市绿地系统发展现状之间的严重失衡问题，本书以特大型城市发展的全球化为背景，借鉴系统论与进化论的理论原则，从系统进化的战略视角，通过上海市城市绿地系统规划建设的实践研究，提出并论证了指导当前中国特大型城市绿地系统持续发展模式的规划理论——城市绿地系统进化论。并以布局结构研究为核心，探讨特大型城市绿地系统的理论构建。在研究论证的过程中，采用了历史考察法、比较研究法、系统整合法、原型法等多种研究方法，从理论演绎与实证研究两方面平行展开研究。

本书主要包括五部分内容。第二章着重界定了特大型城市绿地系统的特点和内涵；第三章对国内外城市绿地规划理论展开比较研究；第四章是国内外特大型城市绿地系统布局结构的横向空间比较；第五章是上海城市绿地系统布局结构的纵向历史和未来构建研究；第六章提出了指导特大型城市绿地系统持续发展的理论——绿地系统进化论。

本书从城市生态系统所能承载的发展能力角度理顺了绿地系统规划与城市总体规划之间的关系，改变了传统绿地系统建设多大规模城市需要多少绿地的规划观念；打破了行政建成区的概念，探讨上海市域三层次绿化规划与12项相关的规划之间的协调；从改善绿地系统内、外之间物质、信息、能量流动方式的角度出发，构建更加合理的布局结构，抛弃过去“千篇一律”的模式化布局结构；真正地实现绿地系统研究中规划、建设、管理三个主要子系统的整体分析。研究具有明确的针对性和较完善的理论框架，弥补了当前中国特大型城市绿地系统理论研究中广而泛的不足，具有重要的理论意义。

12.1-2008.

目　录

第一章 引 言

1.1 研究背景

1.1.1 理论与实践综述

1. 国外理论与实践

工业革命和社会化大生产给城市创造巨大的财富，同时也导致城市卫生与健康环境的严重恶化。近代城市规划理论中衍生出一系列城市绿地规划思想、学说和建设模式，为现代城市绿地系统规划理论发展提供重要契机。

1843 年，英国利物浦市动用税收建造了公众可免费使用的伯肯海德公园［Birkinhead Park，125 英亩（约 50.6hm^2）］，标志着世界上第一个城市公园的正式诞生（吴人韦，1999）。1858 年，美国第一个城市公园——纽约中央公园（Central Park of New York）在曼哈顿岛诞生。19 世纪下半叶，欧洲、北美围绕“保障公众健康、滋养道德精神、体现浪漫主义（社会思潮）、提高劳动者工作效率、促使城市地价增值”等建设目标，掀起了城市公园建设的第一次高潮——“公园运动”（Park Movement）。1840～1850 年间，A・J・唐宁（A. J. Downing）（美）首次提出了城市公共绿地是城市“肺”的观点，呼吁建设城市“开放空间”——公共绿地（孟亚凡，2003）。

然而，城市公园还只是由建筑群密集包围着的一块块十分脆弱的“沙漠绿洲”。1880 年，美国设计师奥姆斯特德（F. L. Olmsted）等人设计的波士顿公园体系，推动了“以城市中河谷、台地、山脊等为依托，形成城市绿地互为联系的自然框架体系”的绿地规划思想的发展[1]，该思想后来在美国发展成为城市绿地系统规划的一项主要原则，对城市绿地系统发展产生了深远的影响。

19 世纪末，人们对城市普遍提出了质疑，一些有识之士对城市与自然的关系开始做系统性反思，城市绿地建设从局部的城市土地用途调整转向了重塑城市的新阶段。1898 年，霍华德出版的《明日的城市》（Tomorrow of City，E. Howard）；1915 年，格迪斯出版的《进化的城市》（Citys in Evolution，P. Geddes），这两本书写下了人类重新审视城市与自然关系的新篇章。在霍华德设想的田园城市里，宽阔的农田地和绿化带环抱城市，城市中心是由公共建筑环抱的中央花园，外围是宽阔的林荫大道（内设学校、教堂等），放射状林间小径把城市和乡村联系起来，形成一种城市与乡村田园相融的健康环境[2]。受田园城市规划思想的影响，1924 年，在阿姆斯特丹召开的国际住宅和城市规划协会会议上，大城市圈规划中确定了“以绿带环绕已有的建成区”的规划原则。田园城市理论对国内外城市和绿地规划产生了深远的影响[3-4]。

在欧洲大陆，受《进化的城市》的影响，芬兰建筑师沙里宁(E. Saarinen)认为，城市只能发展到一定的程度，老城周围会生长出独立的新城，老城则会衰落并需要彻底改造，由此提出了“有机疏散”(Organic Decentralization，1934)理论。沙里宁认为城市布局应该是既分散又联系的城区联合体，绿带网络提供城区间的隔离、交通通道，并为城市提供新鲜空气。在“有机疏散”理论中，城市与自然的有机结合原则，对以后城市绿化建设具有深远的影响。

第二次世界大战以后，欧、亚各国在废墟上开始重建城市家园。特别是20世纪50年代后，城市化步伐加快，人口涌向大城市，城市规模一再扩大，大型绿带用于控制城市自发性蔓延、引导城市的有序扩张，并使之与带内成网绿地一起改善城市生存环境，关注城市景观，大伦敦规划是当时的代表作。绿带规划对城市绿地规划产生了巨大影响，英国政府一直沿用绿带进行区域城镇体系规划。

经济的快速发展使人们对生活环境的要求日益提高，城市化、郊区化的交互作用使城市空间结构和机能发生了变化，促使人们不得不从全新的角度考虑解决问题。1959年，荷兰首先提出整体设计和整体主义，主张把城市作为一个环境整体，全面解决人类生活的环境问题。1958年，希腊成立了“雅典技术组织”，建立了人类环境生态学科。20世纪50年代后期，发展起来多种城市环境学科，如环境社会学、环境心理学、社会生态学、生物气候学、生态循环学等，要求以人为主导，把人、环境与自然环境结合在一起，提高城市环境质量，增加环境舒适度(李敏，1999)。20世纪60年代末期，景观生态设计思想在欧洲迅速发展，克罗提出景观规划与设计是“创造性保护”工作，被称为美国景观生态设计之父的麦克哈格出版了《设计结合自然》(Design with Nature)一书，提出了从景观的空间结构、功能作用和场所因子出发，把生态特征、地质地貌、空间因子联系起来研究的观点，使生态美学观成为园林设计的重要理论基础，是人类对人与自然关系认识的又一次飞跃。[7]

20世纪70年代起，全球兴起了保护生态环境的高潮。1972年，斯德哥尔摩第一次世界环境会议通过了《人类环境宣言》，以追求人与自然和谐共处为目标的“绿色革命”在世界范围内蓬勃展开。在欧美等西方发达国家掀起的“绿色运动”，把保护城市公园和绿地的活动扩大到保全自然生态环境的区域范围，并将生态学、社会学原理与城市规划、园林绿化工作相结合。1992年，里约热内卢召开的联合国环境与发展会议通过了《21世纪议程》，可持续发展理论得到了充实与发展。可持续发展涉及各个领域，但根本上是指环境和自然资源的长期承载力对发展进程的重要性及对改善生活质量的重要性，它把发展经济同保护资源与环境统一在实现人类“可持续发展”的共同目标下[8-11]。可持续发展理论又掀开了人类发展史上人与自然关系新的一页。

2. 国内理论与实践

1868年，上海外滩出现了近代中国第一个城市公园(Public Garden)(注：1928年对华人开放)。由于经济落后和连年战争，从1868年至1949年的81年中，中国一些大城市和沿海城市中只是零星出现了一些城市公园，如北京的中央公园，南京的秦淮公园，上海的华人公园(Chinese Garden)、哈同花园，广州的中央公园，汉口的市府公园，昆明的翠湖公园，沈阳的辽垣公园，厦门的中山公园等。1930年，闽浙赣苏维埃政府在其根据地葛源镇建造了“列宁公园”。因此，1949年建国之时，中国城市人口密度极高，基础设施十分薄弱，城市绿地极为匮乏。

建国后的第一个五年计划(1953～1957)期间，一批新城市的总体规划明确提出了完整的绿地系统概念，许多城市开始了大规模的城市绿地建设。1958年，中央政府提出“大地园林化”和“绿化结合生产”的方针。绿地系统规划布局借鉴前苏联的模式，强调城市绿地的“游憩”功能。

十年“文革”期间，中国城市绿化建设受到了严重挫折。

1976年6月，国家城建总局批发了《关于加强城市园林绿化工作的意见》，规定了城市公共绿地建设的有关规划指标。20世纪80年代后期，绿地系统规划开始转向学习美国模式，更注重绿地的“景观”功能和“生态”效应。

总体上说，改革开放前，中国城市绿地方面的理论发展滞后，建设成就不突出。改革开放后，国外先进思想的引入、研究机构的兴起，城市绿地系统规划理论研究取得了丰硕的成果，出现了蓬勃发展的新局面。

1981年，马世骏教授提出了“社会—经济—自然复合生态系统”的理论，指出“自然是整个社会、经济的基础，是整个复合生态系统的基础”[12]，他主张建立一种新型的生态城市(曹勇宏，2001)。20世纪80年代起，中国一些沿海城市开始自发地以“花园城市”、“森林城市”、“园林城市”等作为绿地建设的目标，国内知名学者钱学森早在1990年就提出了建设“山水城市”的倡议，主张充分利用城市自然条件，把城市园林和城市森林结合起来，建设“山水城市”。

1986年，中国园林学会在温州召开的“城市绿地系统、植物造景与城市生态”学术讨论会上，提出了生态园林的概念，绿地系统研究从保护环境、维护生态平衡的观点出发，探索生态园林。以上海为例，1990年，上海市建委设立了“生态园林研究与实施”研究课题，从生态学、景观生态学、生态经济学等原理出发，结合中国传统园林的特点，提出“实行城乡一体化的大环境绿化，用绿化紧扣改善和提高生态环境的战略目标，形成绿点、绿线、绿面、绿带、绿网、绿片的生态园林体系，逐步走向国土治理”(程绪珂，1993)。陈自新(1993)认为，生态园林具有生态型、景观性、多样性、经济性及综合性。生态园林的思想和理论指导了20世纪90年代一批城市建设，并取得了良好的效果，如北京、重庆、中山、深圳等[13-16]。

1992年，建设部在城市环境综合整治(“绿化达标”、“全国园林绿化先进城市”)等政策基础上，制定了国家“园林城市评选标准(试行)”(建设部，1992)。各地政府以园林城市为目标，有力地推动了中国城市绿化和生态环境建设。

20世纪80年代末、90年代初，中国进入生态城市建设的深入探索中。生态城市的提出，进一步促进了城市绿地系统研究从城市园林绿地向生态—社会—经济复合的生态绿地转型。

20世纪90年代末，从区域和国土大地景观规划的角度，再次提出了“大地园林化”的规划思路，包括了城市农业(Urban Agriculture)、城市森林(Urban Forestry)、自然化公园(Naturalizing Park)和其他的开敞空间(Open Space)等内容[17-19]。中国林科院江泽慧、彭镇华教授等(2003)，从城市与森林和谐共存的角度，提出城镇森林生态网络体系，从国土生态安全角度出发提出城市作为“点”，通过各种核心林地为主的生态核心区，以林网、水网建设森林廊道，构建一个能够满足城市环境、生态连接、保护和提高生物多样性的城市森林网络体系。

从城市可持续发展依赖的自然系统角度出发，提出生态基础设施建设包括，一切能提供新鲜空气、食物、体育、游憩、安全庇护以及审美和教育等生态服务功能的城市绿地系统、林业及农业系统、自然保护系统，以及文化遗产网络[20-23]。

十几年来，中国城市绿地系统规划的研究涉及理论层面、操作层面、评估层面及手段层面等四大层面，集中在系统观方向、生态观方向、协调观方向、技术观方向和目标观方向等五大热点方向[24]。

21 世纪是人类追求可持续发展的新世纪，中国城市绿地系统研究全面进入生态绿地系统研究阶段。

1.1.2 研究的意义

1. 理论意义

中国城市绿地系统规划理论研究基本上是在 20 世纪 70 年代、90 年代两次人类对环境觉醒中快速发展起来的。从早期模拟前苏联“游憩”绿地规划发展到今天，中国城市绿地系统规划已经建立成一个多学科、多视点、深层次的理论框架体系。

社会事物发展是一个不断增加复杂性的过程。当前中国绿地系统理论研究框架结构已基本形成，不足的是理论研究广而泛、深度不够，研究严重滞后于社会关注程度[25-28]。研究之初，作者对中国学术期刊网(1977～2007 年)和万方数据网(1992～2007 年)进行了全面检索。检索发现，以“特大城市”和“绿地系统”为关键词的期刊文献 3 篇；以“绿地系统”和“布局结构”为关键词的期刊文献 17 篇，硕博论文 5 篇；以“绿地系统”和“上海”为关键词的期刊文献 39 篇，硕博论文 4 篇。其中，特大城市绿地系统的探讨停留在绿地系统编制内容的客观描述；上海绿地系统研究涉及面广，直接与上海绿地系统规划布局相关的期刊文献 7 篇(胡运骅，2005；徐雁南，2004；张式煜，2002；严玲璋，1998；韦冬，1998；刘立立，1996；张文娟，1996)。

本文研究在国内外城市绿地系统规划理论研究之上，以系统进化论的理论方法作为指导，针对当前中国快速城市化发展出现的新问题，特别是特大型城市跨越式发展带来的新问题。从宏观层面上探讨绿地系统布局结构规划对更高系统层次——城市系统结构的优化作用；中观层面上从绿地系统发展进化的动力机制出发，探讨特大型城市绿地系统规划、建设、管理三大主要子系统的构建模式。

研究针对特大型城市发展问题展开纵、横两方面的对比分析，从人类主体认识的进化角度提出指导当前中国特大型城市绿地系统持续发展模式的规划理论——城市绿地系统进化论，以布局结构研究为核心，探讨特大型城市绿地系统的理论构建。研究具有明确的针对性和较完善的理论框架，弥补了当前中国特大型城市绿地系统理论研究中广而泛的不足，具有重要的理论意义。

2. 实践意义

中国城市化进程加快，特大型城市数量增多趋势明显，发展中遇到的很多问题都向现有的理论研究提出了挑战，给本课题研究提供了重要的实践动力和契机。

研究以特大型城市——上海城市绿地系统规划为例，从城市生态系统所能承载的发展能力角度来理顺绿地系统规划与城市总体规划之间的关系，改变传统绿地系统建设多大规模城市需要多少绿地的规划观念；打破行政建成区的概念，探讨上海市域三层次绿化规划与十二项相关规划之间的协调；从改善绿地系统内、外之间物质、信息、能量流动方式的角度出发，构建更加合理的布局结构，抛弃过去“千篇一律”的模式化布局结构；并真正地实现绿地系统研究中规划、建设、管理三个主要子系统的整体分析。

1.1.3 研究重点

研究重点突出四方面工作：一是明确界定研究对象和问题，以保障研究的有效性和代表性。即本文研究主要是对特大型城市特点和存在的突出问题进行分析；二是对规划思想的重新思辨，即研究从主、客体两方面的发展同时进行分析，改变过去就绿地系统谈绿地系统的研究；三是科学严谨的研究方法保障研究的科学性，即从国内外特大型城市绿地系统布局结构纵、横两方面归纳总结特大型城市绿地系统布局结构的一般特点，推演其发展趋势；四是以上海城市绿地系统规划为实证，对本文所提出的城市绿地系统进化论的理论框架进行验证和调整。

1.2 研究目标

国内外城市绿地系统规划的研究，总体停留在系统内部要素相互关系的研究上[29-30]。城市绿地系统是一个人工建造的自然系统，是一个开放性系统。该系统与其他系统之间、系统内部要素之间相互作用、相互影响和制约。研究借鉴系统进化论的理论方法，希望突破国内外绿地系统研究的局限性，以当前中国人居环境问题最突出的特大型城市为研究对象，探讨促进特大型城市合理发展的绿地系统规划。研究目标最终指向特大型城市绿地系统的布局结构和发展模式的探讨，以改善城市系统各要素之间的物质、能量和信息的运动方式，促进城市整个体系的合理发展。

1.2.1 特大型城市绿地系统的内涵

中国目前处于城市化快速发展阶段，大城市和特大城市的数量迅速增多，人地关系日益紧张。研究首先从城市人口数量、经济发展特点、城市综合竞争力情况等多角度对研究对象范畴进行界定，确定研究对象的特点，以明确研究的代表性和方向性。

1.2.2 特大型城市绿地系统规划的理论

从进化论的角度看，事物的发展是不断变化的，不断地由低级向高级、由简单到复杂地发生形态、结构等方面的变化。进化是事物发展演变的过程，由一些阶段(阶梯，层次)构成，在不同的阶段表现出一定的形式与结构。研究通过对绿地系统规划理论的历史演变分析，归纳总结绿地系统空间演变的关键性因子。

1.2.3 上海市城市绿地系统布局结构的建构研究

本文以上海城市绿地系统的跨越式发展为分析对象，研究绿地系统空间演变的关键性因素作用的特征及规律，推演特大型城市绿地系统布局结构和发展模式的合理趋势。

1.2.4 布局结构的持续发展模式——绿地系统进化论

通过对城市绿地系统进化演变规律的研究与实证分析，探讨特大型城市绿地系统可持续发展的规划理论——绿地系统进化论，对特大型城市绿地系统布局结构与发展模式进行从理论到实践的推演，再通过实践到理论的归纳总结，希望上升为城市绿地系统的发展原型。

1.3 研究方法与技术路线

1.3.1 技术路线

借鉴系统进化论的理论方法，本文以绿地系统规划相关理论的历史研究为基础，以科学的发展观，从经济社会和人的全面发展出发，探讨特大型城市绿地系统的可持续发展理论——绿地系统进化论，以建构城市绿地系统布局结构发展的理论框架，并以上海城市绿地系统规划与建设作为实证研究对象，分析评价与验证理论成果的应用价值。

事物的发展都是以时间主线和空间结构为其存在形式的。时间和空间是观察世界的纵横两个不同层面，时间体现了事物发展的前后联系以及变化的方式；空间则体现了事物内外的有机联系以及保持其实质的状态特征，事物的发展可看作这两个过程的系统集合。绿地系统是多目标、多层次、多功能动态发展的开放系统，对绿地系统布局结构的研究必须将其置于更高的系统层次——城市系统的背景中进行整体考察。[31-36]以全面掌握其过程和系统的时空运行规律及与整体、其他要素之间的相互关系。因而，研究特大型城市绿地系统的布局结构与发展模式，拟从过程解析和系统解析入手。

1.3.2 具体方法

1. 历史考察法

系统地考察城市绿地系统规划理论的历史脉络，把握城市经济、社会对绿地系统空间结构进化的作用[37]。通过上海特大型城市绿地系统空间结构演化的纵向过程研究，提炼特大型城市绿地系统布局结构的发展机制，推演特大型城市绿地系统的发展模式。

2. 系统整合法

打破城市绿地系统内部要素循环研究的经典框架，本研究以系统整体性、层次性的观点，从区域、市域、中心城区等多个层次，从经济、社会、生态等多重视角，对城市绿地系统的布局结构进行研究。

3. 原型法

所谓原型是指对事物内在机制及其外部关系的高度凝练、抽象和理性表达形态。通过总结归纳城市空间的发展原型，可以使问题阐释得更为清晰，并便于理论的演绎和实践运用。

4. 实证研究法

以上海市特大型绿地系统的发展作为实证研究对象，归纳提炼理论，并验证理论成果的应用价值。

1.3.3 研究框架

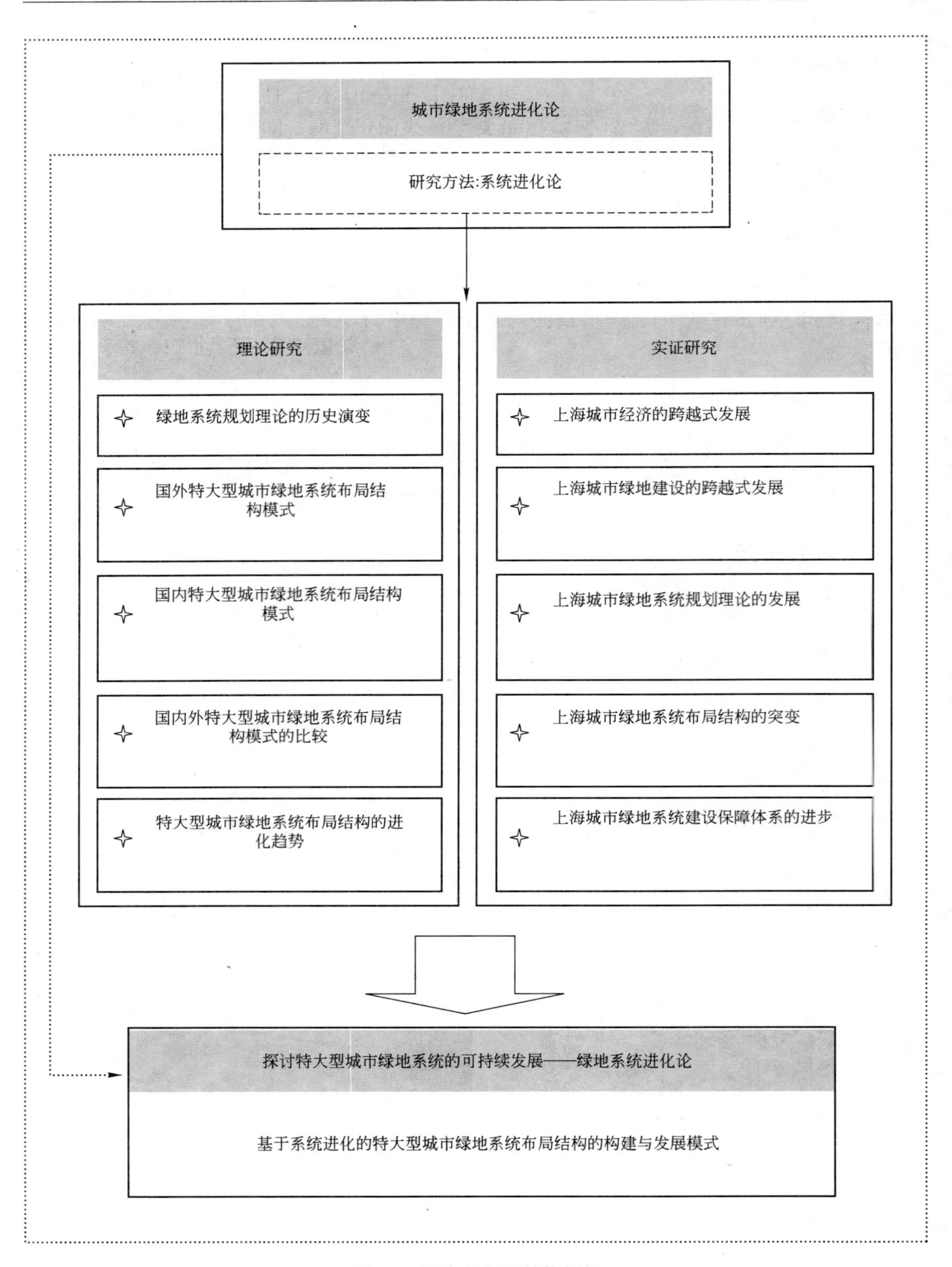

图 1-1 研究的组织结构框架

参 考 文 献

[1] Charles Birnbaum, Robin Karson(Eds), 2000. Pioneers of American Landscape Design, 2000. McGraw-Hill: 21-24, 277-280.

[2] Howard E. Garden Cities of Tomorrow. Faber and Faber. Landon, 1946.

[3] 李德华等. 城市规划原理 [M]. 北京: 中国建筑工业出版社, 2001.

[4] 李铮生等. 城市园林绿地规划与设计 [M]. 北京: 中国建筑工业出版社, 2006. 9.

[5] Anne Whiston Spirm. The Granite Garden urban nature and human design. U. S. A. : Basic Books, 1994.

[6] David Gordon. Green Cities. ecologically sound approaches to urban space. Canada: Black Rose Books, 1990.

[7] 孟亚凡. 美国景观设计职业的形成 [J]. 中国园林, 2003(4): 54-56.

[8] Dennis Hardy. Regaining Paradise: Englishness and the Early Garden City Movement, Journal of Historical Geography, 2001, 27(4): 605-606.

[9] Alejandro Flotes. Adopting a modern ecological view of the metropolitian landscape: the case of a green space system for the New York City region. Landscape and Urban planning, 1998, 39(4): 295-300.

[10] Nelson J G. National parks and protected areas, national conservation strategies and sustainable development, Geoforum, 1987, 18(3): 291-319.

[11] 吴人韦. 国外城市绿地的发展历程 [J]. 城市规划, 1998, 22(6): 39-43.

[12] 曹勇宏. 城市绿地系统建设的生态对策——以长春市为例 [J]. 城市环境与城市生态, 2001 (5): 40-42.

[13] 千庆兰, 陈颖彪. 城市绿地系统规划的理论原则与实践——以吉林市为例 [J]. 华中建筑, 2004 (3): 95-97.

[14] 高芸. 现代西方城市绿地规划理论的发展历程 [J]. 新建筑, 2000(4): 65-67.

[15] 贾俊, 高晶. 英国绿带政策的起源、发展和挑战 [J]. 中国园林, 2005(3): 69-72.

[16] 程绪珂. 生态园林研究和实施报告//生态园林论文续集. 园林杂志社, 1993.

[17] 李敏. 城市绿地系统与人居环境规划 [M]. 北京: 中国建筑工业出版社, 1999.

[18] 李敏. 现代城市绿地系统规划 [M]. 北京: 中国建筑工业出版社, 2002.

[19] 赖福东. 科学发展观的系统论涵义浅析 [M]. 求实, 2005(2): 55-56.

[20] 俞孔坚, 李迪华. 论反规划与城市生态基础设施建设 [A]. 杭州城市绿色论坛论文集 [C], 中国美术学院出版社, 2002.

[21] 俞孔坚, 李迪华. 城乡生态基础设施建设 [Z]. 中华人民共和国建设部, 建设事业技术政策纲要, 2004: 115-124.

[22] 刘海龙, 李迪华, 韩西丽. 生态基础设施概念及其研究进展综述 [J]. 2005, 29(9): 70-75.

[23] 马啸平. 南通城市形态研究 [D]. 南京: 东南大学. 硕士学位论文, 1990: 9.

[24] 刘滨谊, 张国忠. 近10年中国城市绿地系统研究进展及分析 [J]. 中国园林, 2005.

[25] 徐波. 谈城市绿地系统规划的基本定位 [J]. 城市规划, 2002, 26(11): 48-50.

[26] 许浩. 国外城市绿地系统规划 [M]. 北京: 中国建筑工业出版社, 2003.

[27] 张式煜. 上海城市绿地系统规划 [J]. 城市规划汇刊, 2002(6): 14-16.

[28] 王秉洛. 城市绿地系统生物多样性保护的特点和任务 [J]. 中国园林, 1998(1): 5-7.

[29] 张绿水, 古新仁, 等. 浅谈建设生态城市目标下的城市绿地系统规划 [J]. 江西农业大学学报: 社会科学版, 2002(4): 32-34.

［30］ 周福君，乔颖，乔晶．从生态学角度谈城市绿地系统的规划［J］．国土与自然资源研究，2001(2)：32-34．
［31］ Benedict M，McMahon E. Green Infrastructure：Smart Conservation for the 21st Century［EB/OL］. The Conservation Fund. Washington，DC：Sprawl Watch Clearinghouse. http：//www. sprawlwatch. org/greeninfrastructure. pdf. 2003-06-13.
［32］ Cook E，Lier H V. Landscape Planning and Ecological Networks：anIntroduction［M］. Landscape Planningand Ecological Network，Elsevier. Amsterdam，1994：1-4.
［33］ Daily G. Nature's Services：Society Dependence on Natural Ecosystems［M］. Island Press，Washington，D. C. 1997.
［34］ Flink C A. Greenway：Serving Infrastructure Needs in the 21st Century［C］. Paper Greenways Incorporated，North Carolina. 1997.
［35］ Jongman R H G. Nature Conservation Planning in Europe：Developing Ecological Networks［J］. Landscapeand Urban Planning，1995(32)：169-183.
［36］ Van Lier H N. The Role of Land Use Planning in Sustainable Rural Systems［J］，Landscape and Urban Planning，1998.(41)：83-91.
［37］ 张勇强．城市空间发展自组织研究——深圳为例［D］．南京：东南大学．博士学位论文，2004.5.

第二章　特大型城市绿地系统特点和内涵

城市绿地是一种特殊的生态系统，它不仅能为城市居民提供良好的生活环境，为城市中的生物提供适宜的生境。而且能够增强城市景观的自然性，达成城市中的人与自然的和谐状态，因此被称为“城市的肺”。

“城市绿地”一词，各国的法律规范和学术研究对它的定义和范围有着不同的解释。西方国家一般不提城市绿地，而是开敞空间的概念，以欧洲国家为代表。无论是150年前的城市环境整治和城市美化运动，还是近百年前的自然保护运动、二战后的大规模城市更新及当代城市中心区再造，开敞空间的规划都是以绿地为主体展开的[1]。英国的开敞空间定义为“所有具有确定的及不受限制的公共通路，并能用开敞空间等级制度加以分类，而不论其所有权如何的公共公园、共有地、杂草丛生的荒地以及林地”。美国将开敞空间定义为“城市内一些保留着自然景观的地域，或者自然景观得到恢复的地域，也就是游憩地、保护地、风景区或者为调节城市建设而预留下来的土地。城市中尚未建设的土地并不都是开敞空间，城市绿地具有‘娱乐价值、自然资源保护价值、历史文化价值、风景价值’”[2-5]。日本高原荣重[6]把开敞空间定义为“游憩活动，生活环境，保护步行者安全，及整顿市容等具有公共需要的土地、水、大气为主的非建筑用空间，且能保证永久性的空间，不论其所有权属个人或集体”，城市开敞空间是由公共绿地和私有绿地两大部分组成。波兰学者也认为“开放空间一方面指比较开阔、较少封闭和空间限定因素较少的空间，另一方面指向大众开敞的为多数民众服务的空间，不仅指公园、绿地这些园林景观，而且城市的街道、广场、巷弄、庭园等都在其内”。

中国的《园林基本术语标准》(CJJ/T 91—2002)[7]中将城市绿地界定为广义和狭义两种概念，即：广义城市绿地指城市规划区范围内的各种绿地。包括“公园绿地、生产绿地、防护绿地、附属绿地和其他绿地”，狭义城市绿地指面积较小、设施较少或没有设施的绿化地段，区别于面积较大、设施较为完善的“公园”。在《城市规划基本术语标准》(GB/T 50280—98)[8]中指出绿地是城市中专门用“以改善生态、保护环境，为居民提供游憩场地和美化景观的绿化用地”。

由此可见，城市绿地是城市中保持自然景观或是自然景观得到恢复的地域空间，包括公园、运动场、广场绿地、墓地、道路绿地、河川、湖泊、沼泽、林地、农田、果园、苗圃、单位绿地、居住区绿地、水滨、岛屿、山地、沙丘、沟壑等等，是城市自然景观和人文景观的综合体现，能够为人们提供良好的游憩场所，并对城市环境的改善起着至关重要的作用。

2.1　特大型城市的界定

2.1.1　特大城市的概念

根据《中华人民共和国城市规划法》(1989)的界定，市区和近郊区非农业人口50万以上城市为大城市[9]。一般，100万以上常住人口城市泛指特大城市[注释1][10]，200万以上常住人口城市特指超特大城市。

建国以来，中国特大城市数量不断增加。1949年，特大城市仅有5个，1960年增加到了15个；到1980年的20年间，因国家实行严格限制农村人口流动和控制大城市规模的政策，特大城市数量仍然维持在15个(谢守红、宁越敏，2005)[11]。改革开放以后，特大城市数量开始出现迅速增长的趋势(见表2-1)，到2000年，特大城市40个，2004年增加到49个(刘志峰，2005)[12]。根据中国国家发展和改革委员会的《中国城市发展问题观察》报告，2010年中国百万人口特大城市将达到125个左右(国家发改委，2006年)。[13]同比，改革开放的20年间，特大城市以每年1.25个新增城市的速度增长；21世纪的四年中，特大城市以每年2.25个新增城市的速度增长(见图2-1)，预计到2010年的六年间，中国每年将以12.67个新增特大城市速度发展(见图2-2)，中国城市化建设进入快速拉升发展期。

中国特大城市数量变化演变　　**表2-1**

时间(年)	1949	1960	1980	1990	2000	2004	2C10
数　量	5	15	15	31	40	49	125

资料来源：作者归纳整理

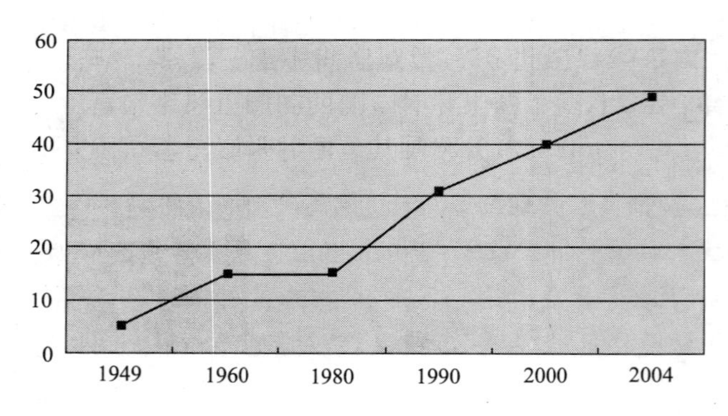

图2-1　中国特大城市数量变化(1949～2004年)
资料来源：作者整理绘制

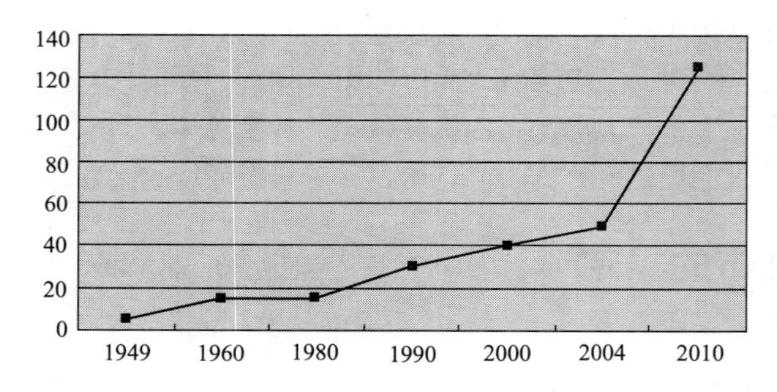

图2-2　中国特大城市数量变化预测(2004～2010年)
资料来源：作者整理绘制

2.1.2 特大城市的特点

1. 高密度的人口积聚

改革开放以后，中国实行向沿海地区倾斜的政策，同时人口户籍管理政策有所松动，中西部地区人口向沿海地区迁移和流动的趋势日益明显，使得沿海大城市人口出现快速增长[14]。

根据2005年第五次全国人口普查结果来看，排名前十位特大城市的人口规模已基本接近或超出千万人口(见图2-3)[注释1]，如上海、北京、天津、重庆、哈尔滨等。其中，重庆市因为行政区划调整而导致人口超速增长，应属例外。其他特大城市人口也在500万以上，远远超出100万的概念(见表2-2)。

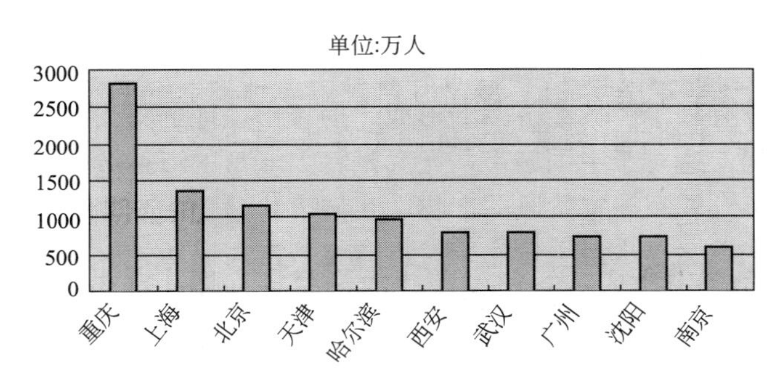

图2-3 2005年特大城市人口比较

资料来源：作者整理绘制

中国前十位特大城市人口规模变化(单位：万人) **表2-2**

城市	1981年	2005年			备注
	排序	数量(万人)	排序	自然增长率(‰)	
上海	1	1360.26	2	−1.46	户籍
北京	2	1180.7	3	0.109	户籍
天津	3	1042.53	4	—	常住人口
沈阳	4	740	9	0.21	常住人口
武汉	5	801.36	7	2.86	户籍
重庆	6	2808.00	1	3.4	常住人口
广州	7	746.6	8	3.21	户籍
哈尔滨	8	975.01	5	—	常住人口
南京	9	595.80	10	2.33	户籍
西安	10	806.81	6	—	常住人口

资料来源：根据各地方统计年鉴或统计信息网数据整理[15-23]

说明：表中1981年人口排序结论引用谢守红、宁越敏，《中国特大城市发展和都市区的形成》的研究成果[14]

据统计，占中国城市总用地面积 68.5%的小城市，只负担了 16.5%的非农业人口，而4%的大城市，却居住了 39.4%的城市人口。目前，北京功能核心区人口密度 2.2 万人/km^2(其中，宣武区 2.8 万人/km^2)、广州市越秀区人口密度高达 3.4 万人/km^2。目前世界主要大城市如纽约、伦敦、巴黎和香港的人口密度最多也只有 8500 人/km^2[12]。中国特大城市的高密度人口聚集特征十分明显，尤其是在城市中心区(见表 2-3)。

2005 年中国特大城市人口密度比较(单位：万人/km^2)　　**表 2-3**

城　市	城　区	城市中心区	城市功能拓展区	最高密度区
北　京	—	2.2	0.58	2.8(宣武区)
广　州	0.16	—	—	3.4(越秀区)
上　海	0.2145	4.2	—	—

资料来源：作者归纳整理

2. 首位城市的形成

首位城市的建设有利于区域经济圈的形成，为城市土地的集约利用提供了动力，也为城市提供了开放空间。这对于中国城市，尤其是特大城市的可持续发展具有重要的意义。

特大城市是城市发展到一定阶段的产物。在城市化过程中，当特大城市的经济效应的扩散作用强于积聚作用并逐步占主导作用时，特大城市与周边地区城市在经济、社会方面的相互作用越来越强，影响带动区域内整体经济社会的发展，并逐步转型、跃升为区域、国家乃至全球的经济中心——世界城市，如长江三角洲的上海、珠江三角洲的广州、环渤海地区的北京(见表 2-4)。作为区域经济的龙头城市，北京、上海、广州在区域、国家乃至全球的影响力日益增强，已经具备区域首位城市的功能和地位。

三大城市群人口和 GDP 增长情况　　**表 2-4**

	总人口(万人)			GDP(亿元)		
	1995	1999	增长(%)	1995	1999	增长(%)
长江三角洲	371	7471	1.4	8863.3	13740.3	55.2
珠江三角洲	607	2772	6.3	4125.2	6670.7	64.7
环渤海地区	691	6835	2.2	5479.9	8154.2	50

* 总人口系地区总人口包括市辖县，GDP 比较按可比价计算。

资料来源：本表转引自谢守红、宁越敏. 中国大城市发展和都市区的形成 [J]. 城市问题，2005(1)：11-15.[14]

3. 空间结构的区域化发展

中国特大城市的发展一直处于集聚发展阶段，表现为从城市中心区逐步向外蔓延式扩展或连片、分片式扩展，其结果是城市中因发展先后的不同，而形成地域圈层式布局结构。以上海为例(图 2-4，见文后彩图)，从 1947 年到 1995 年间，围绕城市中心区，上海城市空间逐步向外蔓延式或连片式发展，出现明显的三个城市圈层，城市空间规模性扩张速度明显。从 1996 年到 2005 年十年间，上海城市空间以填充质发展为主，在现有的城市空间格局之上，走内涵式发展道路。

改革开放以后，随着城市土地使用制度、住房制度、户籍制度的改革以及大城市经济能量的增强，中国特大城市开始出现明显的分散发展趋势。城市的离心增长和空间扩散，在城市发展政策和城市规划的引导下，依托一些重要基础设施，以独立、半独立卫星城或规模较大的新城方式向外扩展。如上海市 1986 年制订的城市总体规划中就提出“控制中心城区、发展卫星城”的方案，最新一轮的城市总体规划中更明确了“2007 年，基本形成中心城与重点发展城镇之间的轨道交通联系，全市轨道交通网络规模达到 250km(其中，中心城 200km)；2010 年，达到 400km(其中，中心城 300km)以上”的建设目标[24]，城市空间依托轨道交通向区域化发展。

总之，1980 年以后，中国特大城市数量不断增加，人口规模迅速扩大，经济实力大大增强，城市用地不断扩张，城市空间结构不断优化，城市的集聚和扩散发展达到了一个新的水平，为特大城市的跨越式发展奠定了坚实基础。

2.1.3 特大型城市的概念

基于上述特大城市的特点与研究状况，本文提出特大型城市的概念。特大型城市是指充分具备以下四个条件的特大城市。

一是城市常住人口超过 200 万及以上的特大城市；

二是作为跨省、跨地区的经济中心城市，生产要素高度聚集，城市辐射效应强，是城市圈与经济圈发展的龙头和中心，能带动区域经济的整体发展，并具备跃升为区域、国家乃至全球经济中心——世界城市的基础；

三是产业结构发展以第三产业为主导，致力于发展高科技产业，致力于区内城市的分工协作和优势互补，在城市群的整体竞争力之中处于领头羊的地位；

四是交通基础设施向区域发展，城市空间由“摊大饼”的圈层结构向大中小城市组合的城市群空间体系发展。

本文约定，“特大型城市”特指上述概念。

2.2 特大型城市绿地系统的内涵

绿地系统是构筑与支撑城市生态环境的自然基础，是惟一有生命的城市基础设施，是城市社会、经济持续发展的重要基础。发展城市绿地对维护城市生态平衡，改善人类的生存环境，保持人与自然相互依存关系，提高人们的生活质量和文明程度具有广泛而积极的意义[26]。

当前特大型城市人口的高密度聚集、水资源紧缺、环境污染、温室效应和城市气候灾害、土地资源锐减与不合理开发等[27]，所引发的各种生态和环境问题已经直接影响制约到特大型城市区域、国际经济中心城市的建设步伐，与市民日益提高的居住环境要求背道而驰。统计数据显示[28]，1990 年中国特大城市用地影响因子主要有经济、城市规模、服务及基础资料；2001 年的影响因子则主要是经济、环境、城市规模和生活水平、基础资料等。随着城市经济实力的增强，环境因子和城市生活水平因子已经跃升为特大城市(尤其是特大型城市)用地的关键性因子。[25]

21世纪，在人类积极建设可持续发展社会的今天，特大型城市绿地系统在绿地类型多样性、建设质量高标准及建设管理高效化等三方面更加凸现其重要内涵。

2.2.1　特大型城市绿地系统的类型

特大型城市绿地系统从区域生态基础设施建设的思路出发，打破行政边界概念，规划扩大到市域甚至区域范围，体现大都市圈整体发展的思想，建立城郊结合、城乡一体化的大绿地系统，整合城市及其周边的环境资源，为城市的发展提供“生态库存”。

与一般大城市相比，特大型城市绿地系统在规划范围上更宽广，面临的问题更为复杂，规划的绿地类型也相对多样化。特大型城市绿地系统规划需要增加绿地类型，才能起到更加明确地分类指导作用。如上海新一轮特大型城市绿地系统规划中，基于全市域范围进行绿地分类，并规划明确各类型绿地的功能定位。

2.2.2　特大型城市绿地系统的质量

特大型城市土地高产出值的特征，加之旧城改造拆迁费用高、各种土地利用用地量大等因素使城市绿地系统建设的量度和难度大为增加。特大型城市绿地系统需要更加有力地支持城市物流、能流、信息流、价值流、人流的运动，使之更为畅通，关系更细密，生态合理的城市绿地系统将使城市系统的运行更加高效和谐；需要更加重视绿地空间的环境改善和功能拓展，创造舒适的人居环境，挖掘绿地郊野休闲、森林旅游、湿地保护等更多功能内涵，协调发展人口、资源、环境，促进城市的可持续发展[29-32]。

特大型城市绿地建设不能像一般大城市或中、小型城市一样，具有宽裕的规划用地，但是却要承载其他城市一样的绿地功能，甚至需要发挥更多的功能。因此，特大型城市绿地系统在建设质量上要求更高、功能更综合，充分发挥绿地的高生态量、高观赏性。

2.2.3　特大型城市绿地系统的管理

城市园林绿化事业是一项有益当代、造福子孙的事业，也是城市现代化的重要基础设施之一。建设管理是支撑城市生态环境根本改善的重要措施，在城市管理和建设中占据重要位置。改革开放前，特大型城市园林管理体制基本采用集中领导的直接管理模式，即人、财、物由市里集中管理，城市园林绿化行政主管部门仍停留在“小而全”的管理模式上。大量微观管理使管理者陷入繁重的事务堆中，分散了工作精力，发展动力不足，管理效能低下。市绿化行政主管部门，对城市绿化缺乏强有力的目标管理和宏观管理。

改革开放后，在经济发展的新形势下，特大型城市绿化的管理面临改革。以上海为例，1986年，经市政府批准，上海市园林管理局实施事权下放，将原由市里集中管理的市区主要道路行道树和部分市属公园下放到区，由区园林所负责管理。

随着改革的深入，上海的政府管理体制也发生了变化。20世纪90年代以后，上海逐步形成市区“两级政府、三级管理”，郊区“三级政府、三级管理”体制。这种新颖管理体制的形成加强了区一级政府的管理权限，明晰了市与区的管理分界和权限。

上海市政府体制改革方案的出台，再次促进上海绿化管理体制改革的深化。市绿化管理局管理职能进一步加强，管理面进一步扩大，政府机关、事业单位、企业单位之间分别朝向“裁判员、教练员、运动员”发展，形成覆盖全市的行业管理网络[33]。

2.3　特大型城市绿地系统的特点

特大型城市绿地系统基于城市、区域整体的社会、经济、生态条件基础上，从城市空间结构、城市生态建设及开发模式来确定城市的用地布局，促进特大型城市空间结构的优化。

2.3.1　绿地功能综合化

中国城市化的快速发展促进特大型城市的功能转型和跨越式发展。绿地系统在特大型城市跨越发展过程中，承载着城市主要的生态恢复功能；同时，对社会和经济发展也起到至关重要的作用。

特大型城市人口高密度聚集(特别是中心城区)给城市发展带来了严重的环境、交通压力，引发一系列生态和社会问题；同时，由于特大型城市(特别是中心城区)土地高产出值的特性，因经济压力导致的大量城市开放空间消失，引发了各种社会问题，并且这些经济和社会问题，随着特大型城市地位的提升而矛盾更加明显。因此，在特大型城市中，绿地系统不仅仅只是发挥生态功能作用，更重要的是与城市其他系统的协调，促进城市土地产出值的提高，协调和缓减各种社会问题，优化城市空间结构。因此，特大型城市绿地系统的功能更加综合。

2.3.2　规划要素多元化

2002年，建设部《关于印发〈城市绿地系统规划编制纲要(试行)〉的通知》[34]中明确提出：“城市绿地系统规划的主要任务是科学制定各类城市绿地的发展指标，合理安排城市各类园林绿地建设和市域大环境绿化的空间布局”。

城市绿地的概念突破了城乡二元化的概念，从城市自然环境、人工环境的生态功能与改善生态环境的角度出发进行绿地要素的组织和发展，规划要素从城市中的绿地要素扩大到市域绿化要素，规划要素多元化。

2.3.3　布局结构复杂化

从系统论角度来看，城市系统是一个相互联系、具有不同层次的开放体系，城市系统组成部分之间相互影响、相互作用，并相互进行物质、能量和信息的交换。绿地系统是城市的有机组成部分，绿地系统的布局受城市性质、产业结构、土地开发方式等影响。

特大型城市中，城市性质的改变引发产业结构调整，空间结构发生突变，空间结构性质更加多样、更为复杂。特大型城市绿地系统的布局结构，已经不能仅仅以某一个或两个

的布局结构模式就能建构起庞大复杂的绿地系统。[35-36]

2.3.4 规划实施法制化

特大型城市绿地系统规划编制涉及复杂的区域生态要素及复杂的城市问题，这决定了特大型城市绿地系统的规划编制、建设管理需要建立在长效的法规体系之上，包括行政法规和技术性法规文件等，才能做到“有法可依、执法必严”，真正确保绿地系统规划建设的科学实施。

2.4 本章小结

本章主要是对研究对象——特大型城市和绿地系统两个基本概念、内涵和特点进行界定，明确研究的内容和范畴。本文基本概念界定由两部分组成，一是从城市经济发展、常住人口规模及空间结构发展三个层面分析界定特大型城市的概念；二是在特大型城市界定的基础之上，结合中国当前已经存在的特大型城市绿地系统实践，从绿地系统类型、系统质量及系统管理三个层次分析特大型城市绿地系统区别于一般大城市绿地系统的特点，即：绿地组成要素和绿地类型更加多样化、建设质量更加高要求、管理效能上更加有效化。

基于内涵分析之上，提出特大型城市绿地系统的特点，一是功能上需要更多地综合考虑城市经济、社会、生态等效益的复合；二是系统规划突破行政区的概念，综合考虑区域内各种生态要素；三是人类主体对绿地系统的认识提高，能更合理地规划高效的布局结构，促进提高城市内外物质、信息和能量的流动，优化城市空间结构；四是规划实施更加法制化。

注　　释

注(1)　根据中华人民共和国国家统计局市镇总人口和乡村总人口统计办法有两种口径：第一种口径(按行政建制)，指市管辖区内的全部人口；第二种口径(按常住人口划分)，指设区的市的区人口和不设区的市的所辖的街道人口。1982年后，人口统计按照第二种口径进行。

参 考 文 献

[1]　张京祥，李志刚. 大规模的城市更新及城市中心区再造 [J]. 国外城市规划，2004，19(1)：24-27.

[2]　Elizabethbarlow Rogers. Landscape Design，A Clutural and Architectural History. New York：Harry N. Abrams，Incorporated，New York，2001.

[3]　Frederick Steiner. The Living Landscape，An Ecological Approach to landscape Planning. McGraw Hill College Div. ，1999.

[4]　Charles E. Beveridge，Paul Rocheleau. Frederick Law Olmsted Design the American Landscape. St Martins Pr. 1998.

[5]　Mary Corbin Sirs，Christopher Siliver. Planning the Twentieth Century American.

[6] 许浩. 国外城市绿地系统规划 [M]. 北京：中国建筑工业出版社，2003.
[7] 园林基本术语标准(CJJ/T 91—2002) [S]. 北京：中国建筑工业出版社. 2002.
[8] 城市规划基本术语标准(GB/T 50280—98) [S]. 北京：中国建筑工业出版社. 1999.
[9] 《中华人民共和国城市规划法》(1989). 中华人民共和国建设部网站. http：//www. cin. gov. cn/.
[10] 中华人民共和国国家统计局网站. http：//www. stats. gov. cn/.
[11] (2002～2003)中国城市发展报告 [J]. 新华网. http：//www. xinhuanet. com/.
[12] 杜宇，刘媛缘. 我国特大城市 49 个 [J]. 今日国土，2005(4)：10.
[13] 佚名. 到 2010 年我国百万人口以上城市将达到 125 个左右 [J/OL]//中国城市发展问题观察 [2006-08-14]. http：//www. sdpc. gov. cn/.
[14] (2002～2003)中国城市发展报告 [J]. 新华网. http：//www. xinhuanet. com/.
[15] 《北京市统计年鉴(2006)》. 中国年鉴信息网. http：//www. chinayearbook. com/list. asp? id=1370.
[16] 沈阳市全国 1%人口抽样调查主要数据公报(2005)，沈阳统计信息网. http：//www. sysinet. gov. cn/assembly/action/browsePage. do.
[17] 天津市人口抽样调查主要数据公报(2005)，天津统计局信息网. http：//www. stats-tj. gov. cn/.
[18] 武汉统计年鉴(2006). 年鉴社. http：//www. bookonline. com. cn/Show _ isbn _ 8196376. html.
[19] 重庆市国民经济和社会发展统计公报(2006)，重庆统计信息网. http：//www. cqtj. gov. cn/.
[20] 广州市统计局. 《广州统计年鉴》(2003). 中国统计出版社.
[21] 哈尔滨市 1%人口抽样调查公报(2005). 哈尔滨统计信息网. http：//www. stats-hlheb. gov. cn/index. jsp.
[22] 南京市统计局. 2006 年报总人口. http：//www. njtj. gov. cn/.
[23] 西安市统计局. 西安统计信息网. http：//www. xatj. gov. cn/.
[24] 上海市城市总体规划(1999 年～2020 年). 上海市城市规划设计研究院.
[25] 陈万蓉、严华. 特大城市绿地系统规划的思考——以北京市绿地系统规划为例 [J]. 城市规划，2005(2)：93-96.
[26] 张式煜. 上海城市绿地系统规划 [J]. 城市规划汇刊，2002(6)：13-16.
[27] 金磊. 解码北京城市可持续绿地系统 [J]. 中国建设信息，2003(17)：22-25.
[28] 许婧婧等. 我国特大城市用地的影响因子变化分析 [J]. 安徽农业科学，2006，34(2)：313-315.
[29] 佚名. 21 世纪城市绿地系统的发展呈三大趋势 [J] 天津建设科技，2000 增刊.
[30] GLC(The Greater London Council) Ecology and nature conservation in London，Ecology Handbook No. 1，1984，6-7.
[31] LPAC(London Planning Advisory Committee) Advice on Strategic Planning Guidance for London，1994，93-106.
[32] 中共中央关于制定国民经济和社会发展第十一个五年规划的建议. [N]. 人民日报 ，2005.
[33] 胡运骅等. 深化改革园林绿化可持续发展的原动力 [J]. 中国园林，2001(3)：5-7.
[34] 关于印发《城市绿地系统规划编制纲要(试行)》的通知 [R]. 2002.
[35] 张浪等. 创造展示和谐城市 [J]. 城市规划. 2007(1)：79-82
[36] 张浪等. 城市，让生活更美好 [J]. 中国城市林业. 2005. 9：125-128

第三章　城市绿地系统布局结构的理论

城市绿地系统是城市系统的有机组成部分，其布局结构形态受到城市发展控制原型——基因的决定和影响。与生物体基因一样，不同城市具有自身特点的城市基因。当城市基因发生突变时，绿地系统生长显现出新的结构。

回顾国外近、现代城市绿地系统发展历史，其形成大致可分为三个阶段：第一阶段，通过改造传统城市构建绿地。这种方式多发生于西欧、日本等封建社会向近代城市的转换过程中。第二阶段，新型城市在建造之前或者建设过程中，已经认识到了绿地的重要性而预先进行了绿地系统规划，即绿地建设和城市建设同步展开。这种方式多发生于美国的新建城市。第三阶段，进入20世纪后半期之后，生态学、地理学、信息科学的发展为绿地监测与规划带来了新的理论与手法。

在中国，城市绿地规划模式也经历了三个主要阶段(见表3-1)[1]。

中国城市绿地规划主流模式演变　　　　**表3-1**

	名　称	盛行时期	要　点	应　用
造园—圈地模式	中国古典园林	源远流长，长期运用	自然、静态、亭、榭和流水要件	低密度，低、弱工业化的城市
	西方园林	清朝康乾以后	规则、动态、喷泉和建筑小品是要件	低密度、开放性城市
原苏联模式	—	20世纪50～60年代	绿地的游憩功能	体验休闲
美国模式	—	20世纪80年代以后	绿地的景观功能	体验自然

资料来源：魏清泉，韩延星. 高度密集城市绿地规划模式研究——以广州市为例. 热带地理，2004(4)

3.1　城市整体结构中的绿脉系统

城市绿地系统是人们追求舒适生活环境和城市健全发展而形成的，是城市生态系统的还原组织，在城市复合生态系统中，肩负着提供健康安全的生存空间、创造和谐的生活氛围、发展高效的环境经济以及预防“死城”等重要作用[2]。

传统绿地研究一般只注重面积指标和服务半径，使绿地滞后于开发后的边角地位，绿地对城市的贡献和作用微小。整体规划的绿地系统是以绿地为代表的自然系统对城市的渗透，运用生态原则，引导城市空间布局结构的优化，更加有利于构成生态环境，有利于人工与自然的调和，有利于弱化城市化所带来的环境破坏，美化城市。

3.1.1　自然与生态基础

城市绿地系统是城市绿色生态基础设施。19世纪中期，被称为“美国绿脉运动之父”

的奥姆斯特德(Frederick Law Olmsted，1858)和卡尔弗特·沃克斯(Calvert Vaux，1858)通过中央公园这样大型公园建设，为快速发展的城市保留一丝自然的气息。1881年，奥姆斯特德说服马萨诸塞州的决策者，建立了一个16km长的波士顿城市公园系统，将公园、林荫道与查尔斯河谷以及沼泽、荒地连接起来，规划了至今仍让波士顿人民感到骄傲的"翡翠项链"(Emerald Necklace)(Walmsley，Anthony，1881)，被公认为美国最早规划的、真正意义上的绿道。19世纪末，奥姆斯特德的学生查尔斯·埃利奥特(Charles Eliot)规划了一个更加综合的、市域层次的公园系统。他在波士顿650km^2的市域范围内，创建了绿道和开放空间的框架，把三条主要河流和六个基本连通的大型开放空间有机地融入到该地区的外围，建立了一个大公园系统[3-5]。

由最初欧美国家的城市景观轴线发展而来的绿道，在20世纪80年代后期起到了"环境保护和提供野生生境以及减少城市洪水灾害和提高水质"等重要作用[6]。绿脉系统或网络规划包括了有生态作用的廊道和自然系统、有娱乐价值的水域、游览路和风景林地以及历史和文化遗产等[7]。从环境保护的角度来看，绿道维持和保护了自然环境中现存的物理环境和生物资源(包括植物、野生动物、土壤、水等)，保护了水资源，并在现有的生境区内建立生境链、生境网，防止生境退化和生境的破碎，从而保护生物多样性[8]。

以城市绿地系统为重要载体的生态基础设施(Ecological Infrastructure)(Mander，Jagonaegi，et al. 1988；Selm and Van，1988)是城市所依赖的自然系统，是城市及其居民能持续地获得自然服务(Natures Services)(Costanza等1992，Daily，1997；俞孔坚等，2001)的基础。生态基础设施[9-10]不仅包括我们习惯所说的城市绿地系统的概念，还更广泛地包含一切能提供上述自然服务的城市绿地系统、林业及农业系统、自然保护地系统等。正如城市开发的可持续性依赖于具有前瞻性的市政基础设施建设(如道路系统，给排水系统等)一样，城市环境的可持续性则依赖于具有前瞻性的生态基础设施[11]。在不同的层面上，生态基础设施的功能不尽相同(见表3-2)。

城市生态绿地基础设施的功能　　　　**表3-2**

层　面	功　能
宏观(区域和国土范围)	洪水调蓄、生物栖息地网络建设、生态走廊和游憩走廊建设的永久性地域景观，用来保护和定义城市空间发展格局和城市形态
中观(城市尺度)	将延伸到城市结构内部，与城市绿地系统、雨洪管理、休憩、自行车通道、日常步行和通勤、遗产保护和环境教育等多种功能相结合
微观(地段尺度)	作为城市土地开发的限定条件和引导因素，落实到城市的局部设计中

资料来源：作者归纳整理

宏观层面上，从区域和国土范围来看，生态基础设施起到排洪蓄水、保护栖息地及生态走廊重要作用；中观层面上，从城市尺度上来看，生态基础设施将区域生态基础设施延伸到城市结构内部中，为城市生产、生活服务。微观层面上，生态基础设施影响和决定了城市土地开发的模式。

特大型城市绿地系统的规划对于加强区域城市群之间的生态基础设施建设具有重要的意义[12-22]，其表现在：维护和强化整体山水格局的连续性；保护和建立多样化的乡土生态环境系统；维护恢复河道和海岸的自然形态；保护和恢复湿地系统；与城郊防护林体系相结合，形成多功能城市绿地；“溶解”公园成为城市内，各种性质用地之间以及内部的基质，并以简洁、生态化和开放的绿地形态，渗透到居住区、办公园区、产业园区内，与城郊自然景观基质相融合；乡村农田将成为城市功能体的“溶液”等。

城市绿地系统通过加强绿道建设，相互连接形成网络结构，物种沿着廊道网络连接处移动，对周围景观的基质群落和镶块群落产生影响[23]。城市绿地系统规划不仅仅要提高绿地之间的连通性，关键是增强绿地相互间的连接度[24]。

3.1.2　城市建筑空间与交通空间结构

城市绿地系统是城市合理空间布局的捍卫者和风貌特色的创造者。完整的城市绿地系统是城市空间布局结构中不可或缺的构成要素，它在引导城市空间良性发展方面发挥着十分积极的作用[25]。

随着世界经济和城市化的高速发展，城市规模迅速膨胀，城市人口急剧增长，城市建筑物越来越密集，以及越来越多的机动交通工具以及工业生产、燃料燃烧、空调等给城市的生态环境带来了严重的破坏。以热岛效应为代表的热环境变化作为影响城市生态环境质量的重要因素，越来越引起人们的重视。据北京市 1960～2000 年的气温统计数据显示：(1)热岛强度的增加主要由市区的温度上升引起的，近 40 年市区年平均温度的增温率为 0.3552℃/10 年，而郊区的增温率只有 0.0464℃/10 年，市区的增温率是郊区的 7.7 倍。(2)城市热岛存在明显的季节变化，以冬季为最强，春、秋季次之，夏季最小。城市热岛的季节变化主要发生在市区，随城市建筑群扩大，热岛“尺度”范围亦显著扩大。在城市化加速的今天，随着城市及城郊建筑群的扩大，绿地大范围收缩，可能使城市热岛现象加剧，且热岛尺度范围扩大[26]。

城市绿化是净化大气和保护环境的重要措施。城市绿地不仅具有吸收二氧化碳、制造氧气、吸收有毒气体、杀菌除尘等净化环境的作用，而且还具有遮阳、降温、增湿和改善局地小气候等多种效能，从而在一定程度上修补了因城市化而受到损害的自然环境系统。观测数据显示，绿地的降温作用维持在 0.6℃以上，对减缓“热岛效应”有显著的效果。根据上海市气象和绿化统计数据显示，上海市闵行、宝山、长宁区绿化覆盖率和人均公共绿地面积分别是 31.2%、26.20%、22.44%以及 9.09m²/人、4.40m²/人、4.14m²/人，占城市各区的前三位，该三个地区相应为上海市区的低温区。而气温相对较高的原南市区、卢湾区、原黄浦区，则为全市绿化稀少地区[27]。从近几十年来上海市热岛效应演变来看，在 20 世纪 60～70 年代，热岛面积局限在市中心区的 100km² 范围内；80 年代起扩大为 400km² 以上，增加了 3 倍以上；到 90 年代后期，扩展到近郊地区，面积超过 800km²，为 60～70 年代的 8 倍。温差大于 1.2℃区域的热岛面积在 1960～1984 年的 25 年中变化不大，但从 1985 年开始明显增强，尤其是前 25 年温差大于 1.6℃的热岛最强区域面积为零，后 15 年则超过 100km²。近 5 年温差大于 1.2℃的热岛面积已停止扩大，温差大于 1.6℃ 的强热岛面积有缩小趋势，上述数据说明 20 世纪末 21 世纪初上海城市夏季热岛效应已有减弱迹象，而这一时期正是上海中心城区绿地建设大力发展时期[28]。

削减城市热岛效应，对于改善整个城市的生态环境、提高人民的生活质量具有重要的意义。科研结果表明：绿化覆盖率越高的地区，热岛强度则越低。绿化覆盖率达到30％，对热岛强度有较大的缓解作用，当大于30％小于50％时，绿地对热岛有较明显的削弱作用；大于50％，绿地对热岛的削弱作用不仅极其明显，且能达到令人满意的生活舒适度[29]。

3.1.3 城市社会经济结构

城市绿地建设是改善城市生态环境、加快城市生态建设最重要的手段，是其他非生物设施不可替代的。工业时代城市片面追求经济效益，道路被汽车占领，城市人性化空间丧失，市民只能躲入家中，“文明病”、“城市病”频发。21世纪，绿地系统形成连续的开放游憩空间，通过建立绿色步行道、步行区、游憩区等，创造安全、健康、绿色的城市开放空间系统，把社会生活引入城市开放空间，创造有活力的人居环境，继承与发展有地方特色的城市文化，引导市民形成健康的生活方式。

从住宅经济学和生态经济学的角度来分析，大型绿地建设对周边的地产项目有着至关重要的影响。据统计，在上海最大的生态型公园——世纪公园附近，五年前上市的天安花园均价为4500元/m^2，而现在浦东世纪公园二期最高价已达到22000元/m^2，短短的五年内翻了5番。在市场经济社会，绿地系统建设是城市发展生态效益与经济效益的最佳结合模式[30]。

21世纪城市绿地系统规划应具有一定弹性，预见绿地建设与经济发展的良性循环关系，引导形成环境与经济“双赢”局面[31-32]。

3.1.4 城市绿地系统的布局结构

1. 城市绿地系统布局结构的发展历程

城市绿地系统空间布局结构是系统内在结构与外在表现的综合体现，是系统内外物质、能量和信息运动方式的体现。绿地系统具有六种最基本的形态，即：星座状、环状、网状、放射状、带状、楔状等(见图3-1)。不同城市可能由两种或两种以上基本布局形式组合出新的布局形式，可以称为组合布局形式，如放射环状、星座放射状、点网状、环网状、放射网状、复环状等[33]。

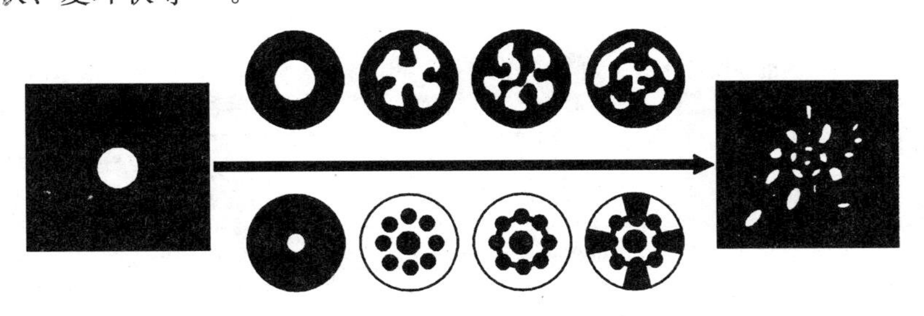

图3-1 绿地系统布局形态结构

资料来源：吴人韦，国外城市绿地的发展历程［J］，城市规划，1998.22(6)：39-43

国外城市绿地系统布局结构由集中到分散，由分散到联系，由联系到融合，呈现出逐步走向网络连接、城郊融合的发展趋势。在中国，建国以来，城市园林绿地系统布局结构大致经历了四个发展阶段(见表3-3)。

现代中国城市园林绿地系统布局结构发展演变　　表3-3

时　间	布　局　方　式
第一阶段 (20世纪50年代)	学习苏联的经验，分别规定出市、区、小区级公共绿地的服务半径、每人定额、各级各类绿地的用地面积
第二阶段 (20世纪60年代)	用“大地园林化”的思想做绿地规划，把园林、菜地、果园、苗圃、部分农田等都算作城市绿地
第三阶段 (20世纪70～80年代)	城市绿地建设进入了生态园林的理论探讨与实践摸索阶段，重视城市绿地对环境保护的作用，重视普遍绿化，强调人均公共绿地面积和绿化覆盖率等定额指标
第四阶段 (20世纪90年代～　)	城市园林系统逐步从狭隘的、只以园林绿化论园林绿化的观念，转向把绿化置于“社会—人口—经济—环境—资源”这个城市整体社会系统中，力求达到人类社会、经济、环境、资源协调持续发展的新兴发展观

资料来源：作者归纳整理

空间布局结构是由系统发展过程中熵流运动方式所决定的，系统内外熵流运动方式的变化引起空间布局结构的变化。根据系统论的耗散结构理论，当外界引入的负熵流高于系统内部产生的正熵流并达到一定值时，系统产生新的稳定的物质、能量或信息的流动路径或运动方式，这种流动方式的进化创造的有机体新的结构，通过空间结构方式的变化或进化表现出来。

以可持续发展理论为指导的城市绿地系统规划，扩大传统建成区绿地系统的概念，从市域、区域的角度来研究绿地系统，讨论更大区域范围内绿地系统的熵流运动方式。其空间布局结构也相应地体现在区域、城市、中心区三个层次，各个层次都有其相对独立、完整而又相互联系的布局形式，具有相应的层次性、整体性、有序性、互动性和平衡性[34]。绿地系统三层次空间布局结构之间以内视、外拓、外展、介入的方式互相联系、相互影响、相互促进、共同发展(见表3-4)。

绿地系统三层次空间结构关系　　表3-4

内　视	城市绿地系统以中心区为动力源，以区域为背景，以城市为中间层次。因此形成了以中心区为重点，带动城市、再带动区域的内视的布局结构
外　拓	城市绿地系统离不开区域的大背景作用，布局结构也必须扩大到区域范畴，以外拓的方式与背景融为一体，到一定的目标并终止于某些终端，这终端如农田、风景区、郊区防护林等
延　展	城市并不是孤零零独自存在于地球上的，相邻的城市之间也存在着绿地系统的相互作用，由此逐渐形成更大范围的大地绿色网络。因此，绿地系统布局结构间要无限延展，相互联系
介　入	由于城市是一个开放的复杂系统，其绿地系统在受其向外推力作用的同时也会受外部向内穿透的、直指原点的反向力的作用。这就形成了布局结构之间从区域到城市、再到中心区的介入联系

资料来源：作者归纳整理

2. 城市绿地系统的布局结构与城市关系

城市绿地系统布局结构受城市基因影响和制约。一个城市绿地系统的结构是否科学、合理，很大程度上是体现在绿地系统与城市自然地理、城市形态、用地结构及经济结构等相互关系上的，是一项与城市相互制约、相互促进的综合性系统工程。作为外在表现形式的绿地系统布局结构，是城市绿地的组分构成及其空间分布形式，决定了人与自然、人与城市和城市与自然的关系。由于当地自然因素、人的需求、城市历史文化和城市发展因素之间存在着作用与反作用的相互关系。所以，绿地系统布局结构应顺应自然、协调发展，建设适应并促进城市发展的布局形式，才能形成真正的生态城市绿地系统；才能在满足城市发展的基础上，创造适宜人居的良好环境；才是最经济、最高效的；才能达到真正的可持续发展。

3.1.5 城市绿地系统的功能结构

城市绿地系统是城市规划和建设中的一个重要组成部分，它不仅具有美化城市环境、净化空气、平衡城市生态系统、为城市居民提供休憩游乐场所等功能，同时还具有防震、防火、防洪、减轻灾害等多方面的功能。城市绿地功能研究一直是城市规划建设的重要组成部分，它直接影响着城市的形态、功能、空间发展等多个层面[35]。

1. 生态功能

从吸烟滞尘保护环境，到保证城市生态可持续发展，直至今天的保护生物多样性，人们对城市绿地生态功能的认识是渐进式的。21 世纪，城市绿地系统应充分利用城市优势和对周边地区的辐射力，改善区域内物种的生态环境。与传统观念不同，新时代的城市绿地系统应突出“区域的”和“改善物种生态环境”两个方面。

随着大地伦理学、生态美学等学科的建立，人们从更高层次上意识到保护生物多样性的意义，改善物种生态环境逐渐成为共识。城市绿地系统依托城乡一体化形成生态网络，有效连接“岛屿状”生境，保证物种迁移的畅通及各种生态过程的整体性与连续性。同时还应综合协调人类游憩与生态保护的关系，按照保护强度，建立自然式风景绿地、生态游憩区、生态敏感区、自然保护地等系列生态绿地。20 世纪 90 年代以来，欧美风景园林师从事的廊道规划、湿地保护规划和生物栖息地保护规划等均体现了保护生物多样性的目的。

2. 景观功能

在全球信息化和经济一体化的今天，城市景观面临的重大威胁是地方个性与城市特色的逐渐消失，城市风貌的日趋雷同。在保留或提炼地方景观特色方面，城市绿地系统应大有作为。英国伦敦在城市向外扩张过程中，适当保留了有乡土特色的自然景观区域。今天的伦敦，在建筑物高度密集的都市氛围中依然存在森林、河流与农场。

绿地还可成为历史文化遗存和城市之间的缓冲区。城市绿地系统布局结合历史遗存保护，能延续历史文脉，体现文化传承。《柏林宣言》中说道：“城市政府应保护历史遗产，使其成为集艺术、文化、景观和建筑于一体的优美场所，给居民带来欢乐和鼓舞”。对自然文化内涵的追求一直是城市发展的重要目标，它能赋予城市性格特征，唤起市民的乡土自豪感[36-37]。

3. 城市防灾

中国是一个自然灾害较多的国家。城市作为人类的主要聚居地，人口和财富高度集中，一旦受灾，损失十分惊人。历史上发生的大型自然灾害表明：高度现代化的城市，虽然从表面上看，钢筋水泥、铜墙铁壁，还有先进技术作保证。但事实上，城市抵御自然灾害的能力是非常脆弱的，如 1995 年日本阪神大地震，就给当地政府和民众带来了高达 1000 亿美元的巨大损失。

在城市综合防灾减灾体系中，城市绿地系统占有十分重要的位置。相对于城市建筑与基础设施等“硬件”环境而言，城市绿地是具有防灾减灾功能的重要“柔性”空间，即：

（1）通过截留降水、土壤吸收等途径对径流速度和流量具有明显调控功能，达到防洪、抗旱、保持水土的作用。

（2）避震。城市绿地可以作为震后的避难场所。

（3）防火。一定面积规模的城市公园等绿地，能够切断火灾的蔓延，防止飞火延烧，在熄灭火灾、控制火势、减少火灾损失等方面有独特的贡献。

（4）防风。研究表明，位于城市冬季盛行风上风向的林带，可以降低风速，一般由森林边缘深入林内 30～50m 处，风速可减低 30%～40%，深入到 120～200m 处，则几乎就平静无风。植物的防风效果还与绿地结构有关。

在日本，防灾公园是城市防灾建设的一部分。1998 年日本建设省制定的《防灾公园计划和设计指导方针》将防灾公园划分为以下六种类型：(1)拥有作为广大区域防灾据点功能的城市公园；(2)拥有作为广大区域避难场所功能的城市公园；(3)拥有作为暂时避难场所功能的城市公园；(4)拥有作为避难通道功能的绿色大道(道宽在 10m 以上)；(5)阻隔石油联合企业所在地带等与一般城区的缓冲绿色地带；(6)面积在 500m² 左右的街心公园(作为防灾活动的据点)[38]。

3.2　从田园城市到大地园林化

工业化大生产导致城市人口急剧增加，在社会财富迅速积聚的同时，城市的卫生与健康环境严重地恶化。围绕解决城市与乡村、建筑实体和自然环境之间的协调发展问题，从近代城市规划理论中衍生出一系列城市绿地规划思想、学说和建设模式(见表 3-5)。

城市绿地规划模式一览　　**表 3-5**

时　间	规划理论	提出者	内　涵	实　践	附　注
18～19 世纪中叶	公共地	—	民主思想的发展，皇室的狩猎场向民间开放	英国皇家园林摄政公园一部分向公众开放	英国城市早期绿地系统的雏形
19 世纪下半叶到 19 世纪末期	城市公园	马什	大量增加公共绿地	欧美近现代城市规划和建设	唐宁和奥姆斯特德予以完善

续表

时　间	规划理论	提出者	内　涵	实　践	附　注
19世纪末到20世纪中叶	带形城市	玛塔	反对圆形城市与天然绿地、乡村的隔离	马德里规划	昂温 1922 年提出“卫星城镇”理论予以发展
	田园城市	霍华德	用绿地进行城市功能分区，构建美丽如画的都市景观	大伦敦改造和新城建设	昂温 1922 年提出“卫星城镇”理论予以发展
	有机疏散	沙里宁	用绿地进行城市更新和衰败工业区改造	大赫尔辛基规划改造	—
20世纪50到60年代	绿带	佩里	在社区建设中布局带状绿地	美国的新城建设	斯泰因赫莱特予以完善
	广亩城市	赖特	用“分散主义”实现城乡的充分融合	美国一些州的规划	—
	绿色城市	勒·柯布西耶	多建超高层建筑，开发地下空间，扩充露天的绿地用地	许多大城市规划建设和房地产开发	—
20世纪70年代以后	生态思想	—	强调人类社会与自然的和谐共生	美国马里兰州的圣查里新城	—
	景观生态学	Troll	研究在一个相当大的区域内，由许多不同生态系统所组成的整体（即景观）的空间结构、相互作用、协调功能以及动态变化的生态学新分支	大伦敦地区野生生物生境综合调查	生态学在城市绿地系统规划中的广泛应用
	计算机、遥感技术	—	为绿地系统规划提供大量及时可靠的基础信息	—	加强人们了解城市环境的能力

资料来源：作者归纳整理

3.2.1　近代田园城市规划理论

1. 公园体系(Park system)

从1833年起，英国议会颁布了一系列法案，开始准许动用税收建造城市公园和其他城市基础设施。1843年，英国利物浦市动用税收建造了公众可免费使用的伯肯海德公园

(Birkinhead park)，标志着第一个城市公园的正式诞生[2]。受英国经验的影响，在美国设计师唐宁（A. J Downing)、奥姆斯特德(L. Olmsted)的竭力倡导下，美国的第一个城市公园——纽约中央公园于1858年在曼哈顿岛诞生。

19世纪下半叶，在欧洲、北美掀起的城市公园建设的第一次高潮，被称为“公园运动”(Park Movement)，它是目前公认的最早出现的城市绿地规划意识[39]。在公园运动时期，各国均认同城市公园具有五个方面的价值，即：保障公众健康、滋养道德精神、体现浪漫主义(社会思潮)、提高劳动者工作效率、促使城市地价增值等。“公园运动”为城市居民带来了出入便利、安全清新的集中绿地。然而，它们还只是由密集建筑群包围着的一块块十分脆弱的沙漠绿洲。

1840～1850年间，唐宁首次提出了城市公共绿地是城市“肺”的观点，呼吁建设城市“开放空间”——公共绿地。1864年马什(G · P · Marsh)在《人与自然(Man and Nature)》一书中，描绘了由于人们无视自然规律而造成的破坏性的恶果，阐明了人与动植物生存之间的相互关系，呼吁人要与自然相协调，以一种不损害自然环境的方式去利用土地资源。他的观点在美国得到广泛重视，许多城市开展了保护自然、建设公园系统的运动。被称为美国造园之父的奥姆斯特德主张利用城市公园系统改善城市环境。1870年，他在《公园与城市扩建》一书中提出，城市要有足够的呼吸空间，要为后人考虑。1880年，在波士顿公园体系设计实践中，奥姆斯特德等人突破了美国城市方格网格局的限制，以河流、泥滩、荒草地作为限定公园自然空间的依据，利用200～1500英尺(约60～450m)宽的带状绿化，将数个公园连成一体，在波士顿中心地区形成了景观优美、环境宜人的波士顿公园体系(Park system)(见图3-2)[40]。

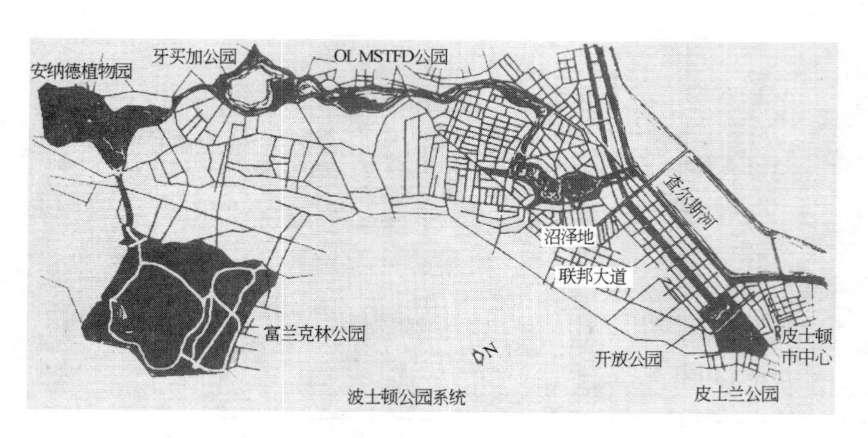

图3-2　波士顿城市公园系统翡翠项链

资料来源：吴人韦，国外城市绿地的发展历程[J]，城市规划，1998.22(6)：39-43

波士顿公园体系的成功，对城市绿地的发展产生了深远的影响。如1883年的双子城(Minneapolis，H. Cleveland)(见图3-3)公园体系规划、1900年的华盛顿城市规划、1903年的西雅图城市规划。此后，该规划思想在美国发展成为城市绿地系统规划的一项主要原则。如堪萨斯城(Kansas City G. Kessler)（见图3-4)，辛辛那提(Cincinnati)(见图3-5)等等[2]。

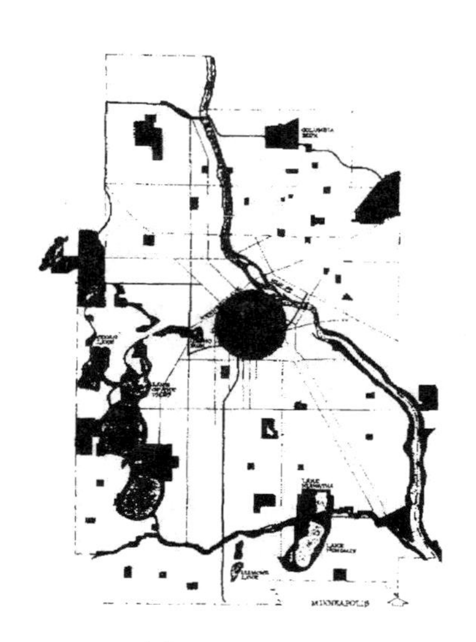

图 3-3 双子城

资料来源：吴人韦，国外城市绿地的发展历程 [J]，城市规划，1998.22(6)：39-43

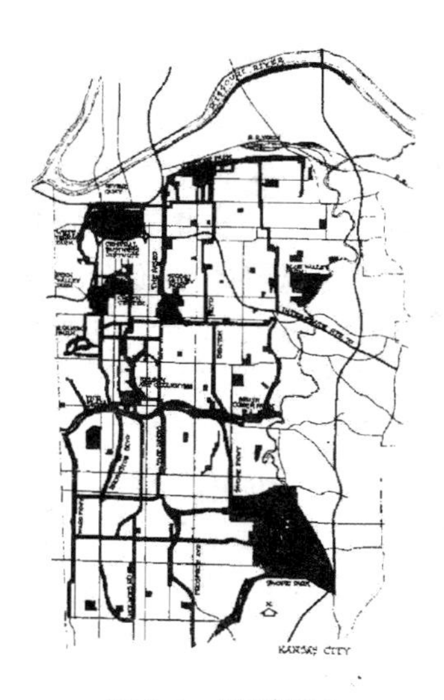

图 3-4 堪萨斯城

资料来源：吴人韦，国外城市绿地的发展历程 [J]，城市规划，1998.22(6)：39-43

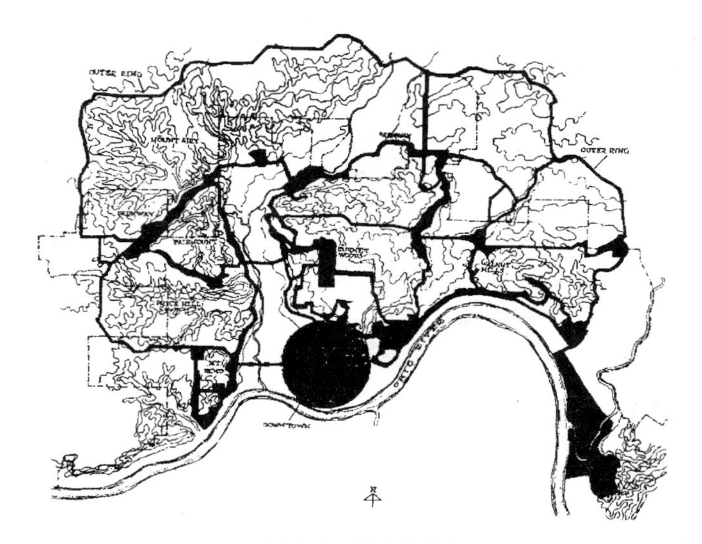

图 3-5 辛辛那提

资料来源：吴人韦，国外城市绿地的发展历程 [J]，城市规划，1998.22(6)：39-43

2. 田园城市(Garden City)

实践证明，19 世纪城市建设中大量的形体规划并不能完全解决存在于城市中的各种问题。一些有识之士对城市与自然的关系开始作系统性反思。

1898 年，霍华德出版了《明日的城市》(Tomorrow of City，E. Howard)，1915 年格迪斯出版了《进化的城市》(Citys in Evolution，P. Geddes)，这两本书写下了人类重新审视城市与自然关系的新篇章。

霍华德认为大城市是远离自然、灾害肆虐的重病号，而田园城市(Garden City)是解决这一社会问题的方法之一。城乡结合首先是城市本身为农业土地所包围，“田园城市”直径不超过2km，人们可以步行到达外围绿化带和农田；城市中心是由公共建筑环抱的中央花园，外围是宽阔的林荫大道(内设学校、教堂等)，加上放射状的林间小径，整个城市鲜花盛开、绿树成荫，形成一种城市与乡村田园相融的健康环境。霍华德的田园城市揭示了中心城市与田园城市的关系以及“正确的”城市发展图示(见图3-6)。这种接近大自然发展小城市的规划思想，推动了对城市绿地规划理论的研究，对现代城市规划产生了深远的影响[41-44]。

在这一思想指导下，英国于1904年建造了第一座田园城市——莱契沃斯(Letchworth)(见图3-7)，并于1919年建造了第二座田园城市韦林(Wellwyn)。1924年，由霍华德的“田园城市”理论而引发的国际住宅和城市规划协会会议在荷兰阿姆斯特丹召开，在大城市圈规划原则中确定“以绿带环绕已有的建成区”的思想。霍华德的“田园城市”理论和实践，给20世纪全球的城市规划与建设历史，写下了影响深远的崭新一页。

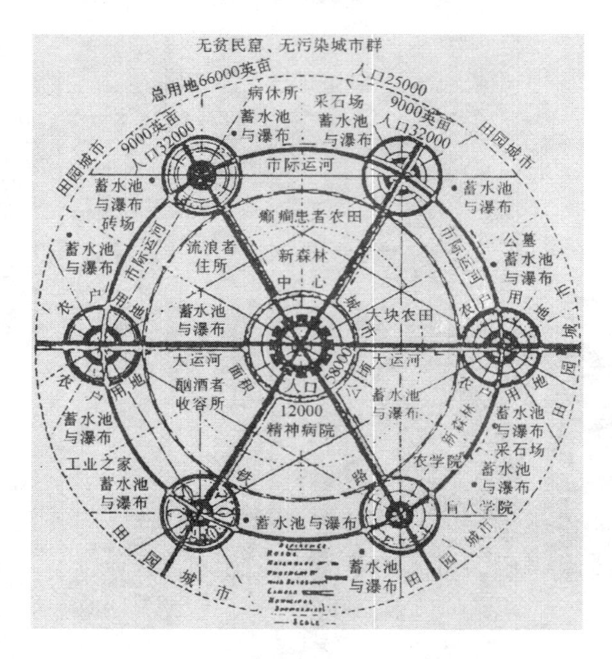

图3-6　霍华德的“田园城市”

资料来源：[英]埃比尼泽．霍华德，金经元译．明日田园城市．商务印书馆．2002

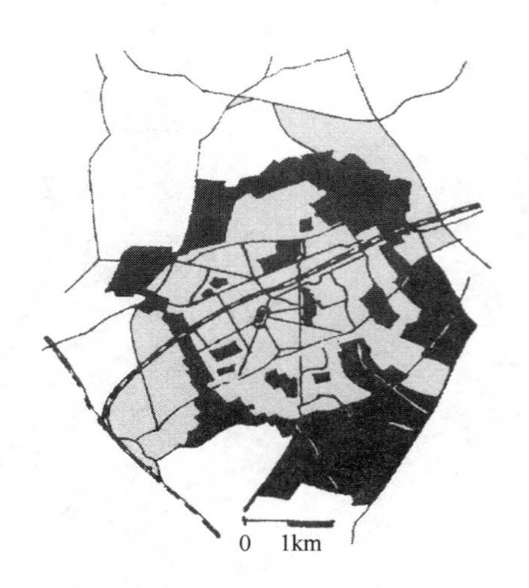

图3-7　莱契沃斯

资料来源：李铮生主编．城市园林绿地规划与设计[M]．北京：中国建筑工业出版社，2006.9

3. 有机疏散(Theory of Organic Decentralization)

“卫星城镇”是田园城市理论的发展。1927年，雷蒙·昂温在大伦敦区域规划中，建议用一圈绿带把现有的城市地区圈住，不让城市向外发展，把多余的人口和就业岗位疏散到一连串的“卫星城镇”中去。卫星城与“母城”之间保持一定的距离，一般以农田或绿带隔离，但保证便捷的交通联系[45]。

在欧洲大陆，受《进化的城市》的影响，芬兰建筑师沙里宁(E. Saarinen)提出了一种介于前两者之间又区别于前两者的思想——“有机疏散”(Organic Decentralization)理论，他的这个思想最早出现在1913年的爱沙尼亚的大塔林市和1918年的芬兰大赫尔辛基(见图3-8)规划方案(1918)中，而整个理论体系及原理集中在他1943年出版的巨著《城市，它的生长、衰退和未来》中。他认为今天趋向衰败的城市，需要有一个以合理的城市规划原则为基础的革命性的演变，使城市有良好的结构，以利于其健康发展。沙里宁提出了有机疏散的城市结构观点。他认为这种结构既要符合人类聚居的天性，又要人们过共同的社会生活，感受到城市的脉搏，同时又不脱离自然。这是一种城区联合体，城市由集中布局而变为既分散又联系的城市有机体。绿带网络提供城区间的隔离、交通通道，并为城市提供新鲜空气。

图3-8 大赫尔辛基规划方案(1918)
资料来源：转引自李敏．城市绿地系统与人居环境规划［M］．北京：中国建筑工业出版社，1999：12

有机疏散的两个基本原则是：把个人日常的生活和工作(即沙里宁称为“日常活动”)的区域，作集中的布置；不经常的“偶然活动”的场所，不必拘泥于一定的位置，则作分散的布置。日常活动尽可能集中在一定的范围内，使活动需要的交通量减到最低程度，并且不必都使用机械化交通工具，往返便捷。因为在日常活动范围外缘绿地中设有通畅的交通干道，可以使用较高的车速迅速往返。

有机疏散论在第二次世界大战后对欧美各国建设新城、改建旧城，以至大城市向城郊疏散扩展的过程都有重要影响。20世纪70年代以来，有些发达国家城市过度疏散、扩展，又产生了能源消耗增多和旧城中心衰退等新问题。“有机疏散”理论中的城市与自然有机结合原则，对以后的城市绿化建设具有深远影响。

4. 绿带理论(Green Belt)

“绿带”可视为对花园城市构想的一种具像化延伸，更多的体现为一种对现有城市及新市镇可实施、可操作的政策，而不仅仅是空间结构模式。英国现行《规划政策指导条例》明确指出设置绿带的目的在于：监督大城市建成区的无序蔓延，保护外围乡村地区免受侵蚀，防止城区的相互连接，保持历史城镇的特色，促进城市振兴，以及为城市居民提供开敞空间和就近休闲康乐场所。被划为绿带的地区只可用于开发农业、林业、户外运动场、墓地、具有开敞空间(Open Space)特色的机构或其他适合于乡村的用地形式。

1910年，乔治·佩普勒(George Pepler)提出了在距伦敦市中心16km的地方设置环状林荫道方案，并首次把设置绿带和城市空间发展联系起来。昂温(Raymond Unwin)于1933年提出了绿色环带(Green Girdle)的规划方案：绿带宽3～4km，呈环状围绕伦敦城区，用地包括公园、自然保护地、滨水区、运动场、墓地、苗圃、果园等。昂温认为环城绿带不仅是城区的隔离带和休闲用地，还应该是实现城市空间结构合理化的基本要素之一(见图3-9)。

绿带的空间组织方式多种多样，昂温在《大伦敦区发展规划》中，依据建成区与绿色空间之间的背景——镶块关系及镶块的组织形式归纳了四种空间组织模式。模式A是以建成区为背景，在其上组织绿色空间，用于绿地的土地面积较少，但需对整个城区结构作较大变动，比较适合于对小面积旧城区的改造。模式B是以绿色空间为背景在其上进行城市建设，而且在背景之上镶块的组织方式又可分为规则与不规则两类。因其对绿地的需求较大，有些类似于霍华德的田园城市构想，适合于新城市的建设。模式C旨在通过划定绿带将城区范围限定在一定规模内，同时通过楔形绿地渗透增加绿色空间的可达性，是对现有呈不断蔓延趋势的大城市区的一种对策。模式D是当前较为人们接受的城市扩散模式，但在处理卫星镇与大城市的连接方式及联系强度方面难度较大。联系过密，则其间的绿色空间可能逐渐消失；联系过疏，则有可能达不到扩散大城市人口的目的，使大城市继续向外延伸，吞食周边的绿色空间。

绿带理论在20世纪30、40年代形成初期，主要用于限制大城市的蔓延，二战后，转为致力于引导城市的有序扩张。绿带区是城市外围一个特殊用地区，它具有明确的范围，受相应政策法规的保护。如：1938年，英国议会通过了绿带法案(Green Belt Act)；1944年的大伦敦规划，环绕伦敦形成一道宽达5英里(约8km)的绿带(见图3-10)，1955年，又将该绿带宽度增加到6～10(约9.7～16km)英里。

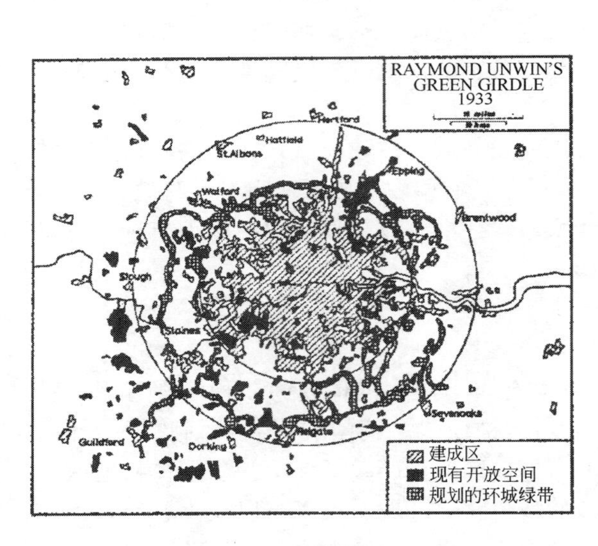

图3-9　昂温的环城绿带方案

资料来源：贾俊、高晶．英国绿带政策的起源、发展和挑战［J］．中国园林．2005(3)：69

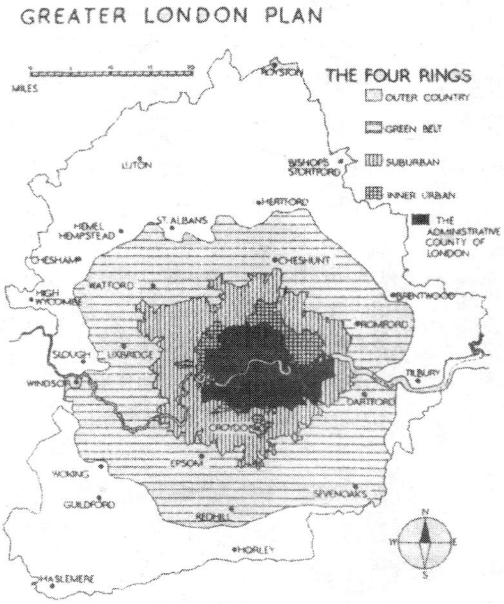

图3-10　1944年的大伦敦规划

资料来源：［英］埃比尼泽．霍华德，金经元译．明日田园城市［M］．商务印书馆．2002：22

绿带规划对欧洲城市绿地产生了巨大影响，英国政府一直沿用绿带进行区域城镇体系规划。中国一些城市正尝试建设城郊林带，如长春市已在城外建成宽达数百米的人工林带，乌鲁木齐、兰州等城市也正着力于城郊林带的建设。但其主要作用在于一般意义的城市环境改造，很少与城市未来发展的空间结构及土地开发政策相联系。

5. 绿地生态网络(Greenspace Network)

绿地生态网络(Greenspace Network)，在中国也称为绿地网络、生态网络、绿色网络、绿道网络等。此概念是指除了建设密集区或用于集约农业、工业或其他人类高频度活动区以外的、自然的或植被稳定的，以及按照自然规律而人工连接的空间，主要以植被带、河流和农用地为主，强调自然的过程和特点。北美称此概念为绿道网络(Greenway Network)，欧洲称为绿地生态网络(Ecological Network)。三者内涵基本相同，都是一种应用景观生态学、保护生物学的思想，从空间结构上解决环境问题的规划范式，如奥姆斯特德规划的波士顿公园系统、新英格兰绿道网络规划等。

19世纪60年代，绿地生态网络从提高绿地可达性及强化游客美学体验发展起来，到今天已经成为解决绿地生态空间保护，满足人们游憩需求的一大战略，其规划思想发展大致经历了四个阶段(见表3-6)。

绿地生态网络发展演变　　**表3-6**

发展阶段	特　色	功　能
第一阶段	以欧洲的轴线和美国的林荫大道为代表	为了连接、运动和视觉
第二阶段	早期的公园道与绿道，它沿河流、小溪、山脊、道路及其他廊道两旁所建	用于游憩活动和人行，最主要特征是无机动车辆通行
第三阶段	美国的绿道系统和欧洲的开放系统，空间结构朝向网络化方向发展，主要服务于某一具体问题	如开放空间保护、野生动物栖息地保护、河流保护与水质恢复等
第四阶段	多层次多目标的绿地生态网络体系，超越了单纯游憩与功能使用的范畴，功能高度复合，同时注重环境保护和提供野生生境	提供游憩活动，以及减少城市洪水灾害和提高水质等

资料来源：作者归纳整理

绿地生态网络是由具有生态意义的绿地斑块和生态廊道所组成的网络结构体系，它以城市绿地空间为基础，主要服务于保护生物多样性、恢复景观格局、保护生态环境、提升城市景观品质等整体性目的[46]。它以城市绿色开放空间为基础，在景观生态学等原理指导下，面向城市生物多样性的保护、自然景观整体性恢复，具有生态、美学、经济等多种功能。绿地生态网络与城市建设用地互为图底关系，与城市开放空间和游憩系统等在一定程度上重合(见图3-11)。

与国外众多国家相比，中国的系统性绿地生态网络规划起步较晚，但中国在很大范围内进行着相似的规划活动，如五大水系生态廊道工程等等。

3.2.2　麦克哈格的“千层饼”

20世纪70年代始，生态环境问题日益受到关注，作为宾夕法尼亚大学景观建筑学教授的麦克哈格(Lan McHarg)提出了将景观作为一个包括地质、地形、水文、土地利用、植物、野生动物和气候等决定性要素相互联系的整体来看待的观点。强调了景观规划应该遵从自然固有的价值和自然过程，完善了以因子分层分析和地图叠加技术为核心的生态主义规划方法，麦克哈格称之为“千层饼模式”(见图3-12)。

1971，麦克哈格出版了《设计结合自然(Design With Nature)》，该书提出在尊重自然规律的基础上，建造与人共享的人造生态系统的思想，进而提出生态规划的概念，发展了一整套从土地适应性分析到土地利用的规划方法和技术，这种叠加技术即“千层饼”模式。这种规划以景观垂直生态过程的连续性为依据，使景观改变和土地利用方式适用于生

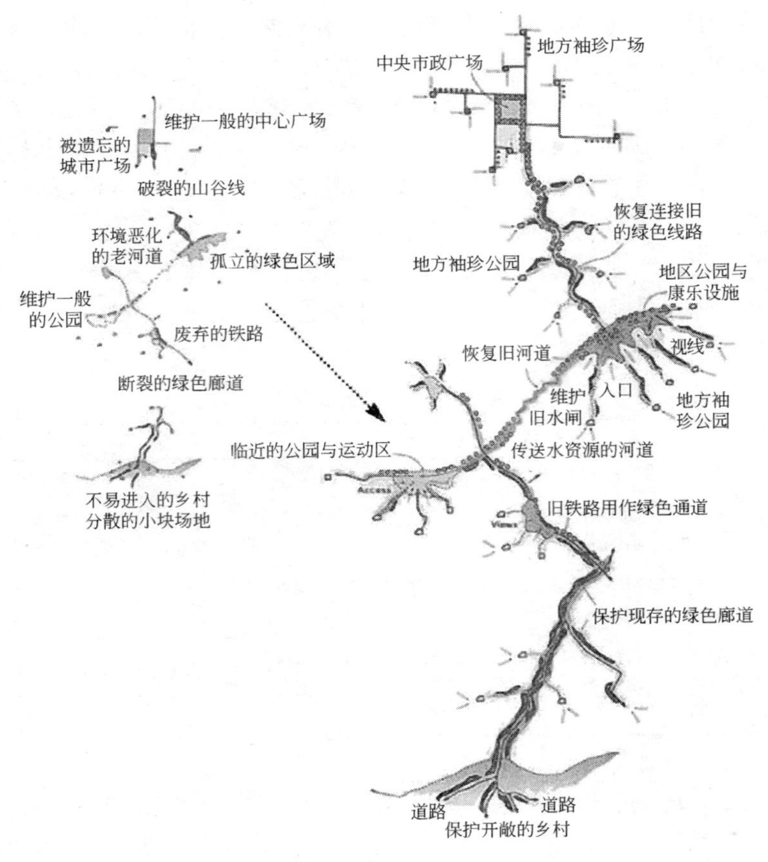

图 3-11　绿地生态网络的构建将破碎的生境恢复为一个连续的整体

资料来源：Rogers，R. etal，1999/转引自：上海城乡一体化绿化系统规划研究．编号：ZX060102

态方式，这一千层饼的最顶层便是人类及其居住所，即我们的城市[47]。

麦克哈格在《设计结合自然》一书中，提出了土地适应性的观点，并认为它由场地的历史、物理过程和生物过程三个方面来决定。麦克哈格认为，所有系统都追求一种生存与成功，这种状态可以描述为负熵—适应—健康，其对立面是正熵—不适应—病态，要达到这样的状态，系统需要找到最适宜环境。因此，我们可以判别生态系统、机体和土地利用的合适环境，也就是由土地适宜性决定的人类最佳土地利用模式。这种环境或模式，体现了最大效益—最小正本的法则。它使我们在最小投入的同时，达到生态、经济和社会的最佳效益[48-55]。这一方法可分为如下三个步骤(见表 3-7)。

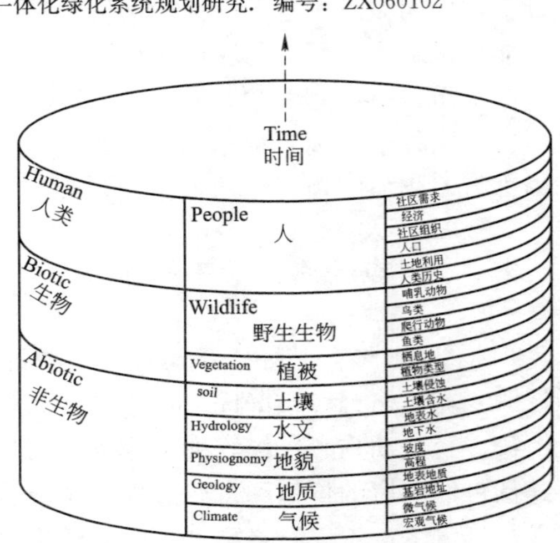

图 3-12　麦克哈格的“千层饼”模式

资料来源：刘勇，刘东云．景观规划方法(模型)的比较研究［D］．中国园林．2003(12)：37．［美］I. L. 麦克哈格著，芮经纬译，倪文彦校．设计结合自然［M］．北京：中国建筑工业出版社，1992.

千层饼研究方法　　表 3-7

步　骤	目　的	方　法
资源信息调查	确定生态因子	将场地信息分为原始信息(直接在场地内获得)和派生信息进行收集
调查图的建立与重叠	生态因子的分析与综合	根据具体项目要求，将收集的生态因子形成分析图，使用叠加技术分析得到景观分析综合图(GIS)
土地适应性	生态规划的结果	单因子分析图叠加所产生的景观综合图，揭示了具有不同生态含义的区域，每个区域都暗示了最佳土地利用方式

资料来源：作者归纳整理

"千层饼模式"的理论与方法，赋予了景观建筑学以某种程度上的科学性质，景观规划成为可以经历种种客观分析和归纳的，有着清晰界定的学科。麦克哈格的研究范畴集中于大尺度的景观与环境规划上，但对于任何尺度的景观建筑实践而言，这都意味着一个重要的信息：那就是景观除了是一个美学系统以外，还是一个生态系统，与那些只是艺术化的布置植物和地形的设计方法相比，是更为周详的环境伦理设计观念。20 世纪 60 年代，麦克哈格的"千层饼"模式名噪一时，并一度成为景观规划的金科玉律。

3.2.3　景观生态学

1. 景观生态思想

最先对麦克哈格的"千层饼模式"提出质疑的，是来自景观生态学界的学者们。他们认为："千层饼模式"将景观规划简单地认为是一个垂直的生态过程。事实上，景观结构除了垂直纵向方面的生态过程以外，还包括一个水平横向的过程。比如物种和人的空间运动、物质(水土营养)和能量的流动、干扰过程(如风灾、虫害等)的空间扩散等。

"景观生态"一词最早是由 Troll 于 1939 年提出的，科学家们利用航拍照片能有效地在景观尺度上进行生物群落与自然地理背景相互关系的分析。但直到 20 世纪 80 年代，景观生态学才真正把土地镶嵌体作为对象，在研究中逐步总结出自己独特的一般性规律，使景观生态学成为一门有别于系统生态学和地理学的学科。它以研究水平过程与景观结构(格局)的关系和变化为特色[56]。

2. 景观生态学

始于 20 世纪 30 年代而兴于 80 年代的景观生态学，为解决水平过程与景观格局的关系提供了强有力的理论指导，从而使景观的生态规划进入了一个新时代，即景观生态规划时代。无论景观的格局或是过程，都随时间的推移而变化。所以，景观生态学是研究景观格局和景观过程及其变化的科学[57]。

景观生态学是研究景观的空间结构与形态特征对生物活动、人类活动影响的科学。它以生态学的理论框架为依托，吸收现代地理学与系统科学之所长，研究景观的结构(空间格局)、功能(生态过程)和演化(空间动态)，研究景观和区域尺度上的资源、环境经营管理。用景观生态学的原理，研究园林绿地系统规划，使城市景观符合生态学意义，将有助于解决城市资源、环境和发展问题。

3. 景观生态学的基本空间理论：斑块—廊道—基质

景观是一个由不同生态系统组成的异质性陆地区域，其组成单元称为景观单元，按照各种要素在景观中的地位和形状，将景观要素分成三种类型：斑块、廊道与基质[58]（见图 3-13）。

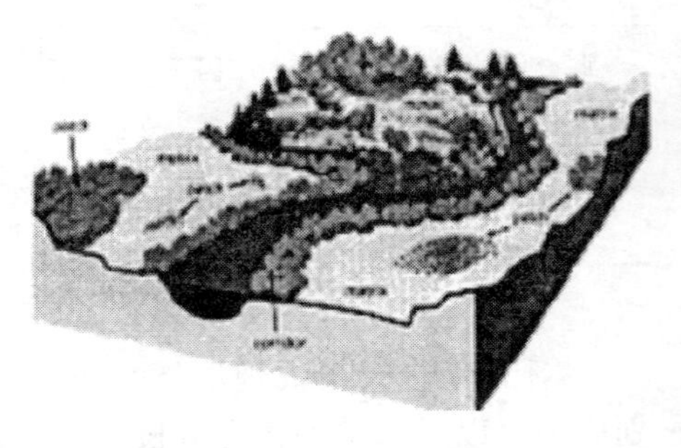

图 3-13　自然环境中的斑块—廊道—基质
资料来源：徐化成. 景观生态学［M］. 北京：中国林业出版社，1997.

（1）斑块（patch）　斑块是外貌上与周围地区（本底）有所不同的非线性地表区域。其形状、大小、类型、异质性及其边界特征变化较大。因此斑块的大小、数量、形状、格局都具有特定的生态学意义。单位面积上斑块数量关系到景观的完整性和破碎化，景观的破碎化对物种灭绝又有重要影响。斑块面积的大小不仅影响物种的分布和生产力水平，而且影响能量和养分的分布，如：斑块面积越大，能支持的物种数量越多，物种的多样性和生产力水平也随面积的增加而增加。园林绿地系统中的斑块一般指各级公园、各企事业单位、居住区等。

（2）廊道（corridor）　景观中的廊道是两边均与本底有显著区别的狭带状地，有着双重性质：其一，通过将景观不同部分隔开，对被隔开的景观来说是一个障碍物；其二，它又能将景观中不同部分连接起来，是一个通道。城市中绿色廊道一般有三种形式：第一种是绿带廊道，如上海市外环线规划了宽 500m 的防护绿带；第二种是绿色道路廊道；第三种是绿色河流廊道，如滨水带等。在我国目前大部分城市环境质量较差的状况下，城市廊道的设计应在兼顾游憩观光基本功能的同时，将生态环保放在首位。

（3）基质（matrix）　在景观要素中，基质是占面积最大、连接度最强、对景观控制作用也最强的景观要素。作为背景，基质控制影响着生境斑块之间的物质、能量交换，强化和缓冲生境斑块的“岛屿化”效应；同时控制整个景观的连接度，从而影响斑块之间物种的迁移。

斑块（patch）、廊道（corridor）和基质（matrix）是景观生态学用来解释景观结构的基本模式，普遍适用于各类景观，包括荒漠、森林、农业，草原、郊区和建成区景观（Forman and Godron，1995 年），景观中任意一点都可以落在某一斑块、廊道或是在作为背景的基质内。这一模式为比较和判别景观结构，分析结构与功能的关系和改变景观提供了一种通俗、简明和可操作的语言。这种语言同景观与城乡规划师及决策者所运用的语言尤其有共通之处，因而景观生态学的理论与观察结果很快可以在规划中被应用，这也是为什么景观生态规划能迅速在规划设计领域内获得共鸣的原因之一，特别是在一直领导世界景观与城乡规划设计新潮流的哈佛大学异军突起。美国景观生态学奠基人 Richard FT. Forman 与国际权威景观规划师 Carl Steinitz 紧密配合，并得到地理信息系统教授 Stephen Ervin 的强有力技术支持，从而在哈佛开创了又一代规划新学派（Wencheetal，1996）。目前，哈佛大学设计研究生院的高级研究中心（包括设计学博士计划）中已专门设有景观规划与生态这一方向，使景观生态学真正与规划设计融为一体。

3.2.4 绿色城市空间的探索

1. 绿色城市

"绿色城市"（Green City）这个提法，最早是由现代建筑运动大师勒·柯布西耶在1930年布鲁塞尔展出的"光明城"规划里提出的。他主张充分利用高层建筑空间，建设立体的花园城市。"绿色城市"真正得以大规模的实践探索是在二战之后前苏联与东欧等国家的重建中。其中，比较典型的城市要数莫斯科（见图3-14）、华沙（见图3-15）和平壤（见图3-16）。

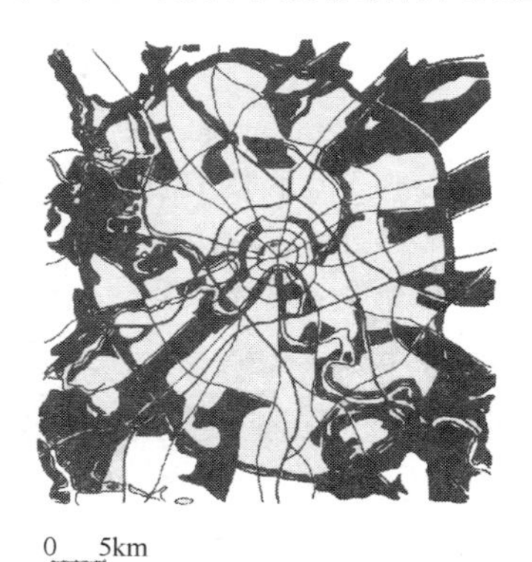

图3-14 莫斯科绿地系统规划

资料来源：李铮生主编．城市园林绿地规划与设计［M］．北京：中国建筑工业出版社，2006.

图3-15 华沙城市绿地系统

资料来源：李铮生主编．城市园林绿地规划与设计［M］．北京：中国建筑工业出版社，2006.

莫斯科、华沙和平壤的绿色城市形态，主要是通过建设完善的城市绿地系统而取得成功的。在其他的市场经济的国家中，二战以后"绿色城市"的建设也取得了相当的成就。各国都注意了城市与自然环境的有机融合，特别是利用林地与河川来形成城市绿化的基础，如大伦敦地区的绿带圈（见图3-17），德国科恩（见图3-18）、澳大利亚墨尔本市（见图3-19）是利用森林和水边地形构成环状绿地系统，利用水系组织园林绿地系统等。

图3-16 平壤城市绿地系统

资料来源：李铮生主编．城市园林绿地规划与设计［M］．北京：中国建筑工业出版社，2006.

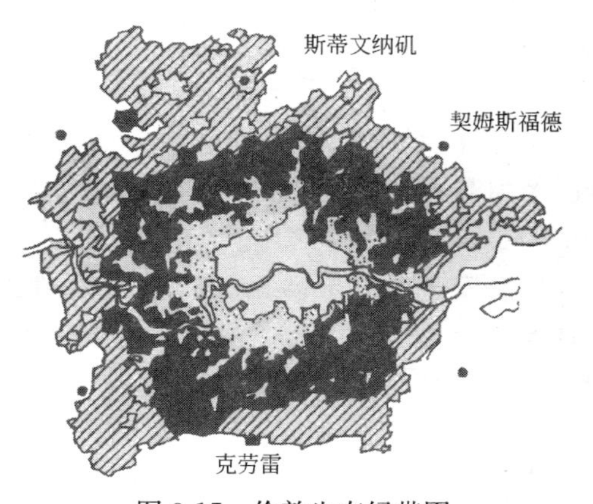

图3-17 伦敦生态绿带圈

资料来源：贾俊、高晶．英国绿带政策的起源、发展和挑战．中国园林．2005(3)：69.

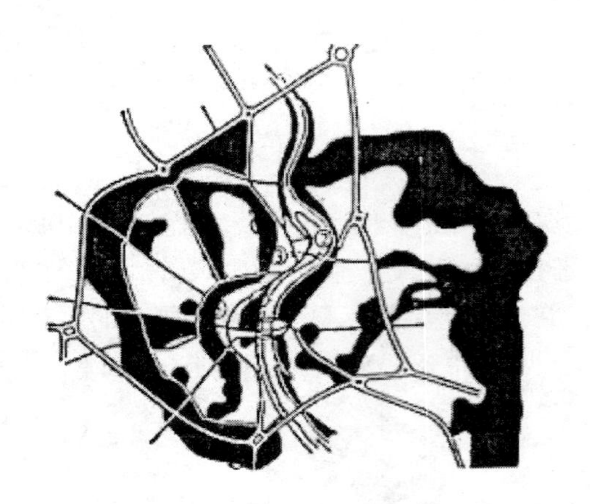

图 3-18　德国科恩市城市绿地系统

资料来源：李敏著．城市绿地系统与人居环境规划［M］．北京：中国建筑工业出版社，1999：12

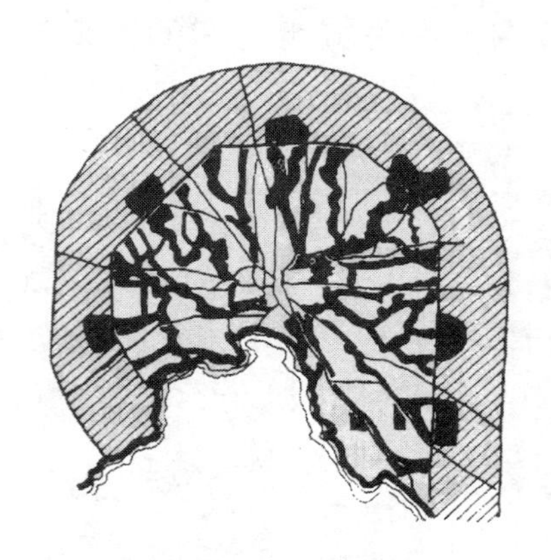

图 3-19　墨尔本市城市绿地系统规划

资料来源：吴人韦，国外城市绿地的发展历程［J］，城市规划，1998.22(6)：39-43

20 世纪 60 年代后，西方国家的社会价值观发生了新的重要变化。绿地系统的规划已经成为衡量城市先进与否的标准，由“技术、工业和现代建设”，演变为“文化、绿野和传统建筑”，提出了“回归自然界”的口号，城市绿地系统的规划与建设受到了普遍的重视。

1972 年斯德哥尔摩联合国人类环境会议以后，全球环境保护运动日益扩大和深入，以追求人与自然和谐共处为目标的“绿色革命”在世界范围内蓬勃展开。在欧美等西方发达国家里，掀起了“绿色城市”运动，把保护城市公园和绿地的活动扩大到保全自然生态环境的区域范围，并将生态学、社会学原理与城市规划、园林绿化工作相结合。1990 年，大卫·高尔敦(David Gordon)在加拿大编辑出版的《绿色城市》(Green Cities)一书中收录了世界各地二十多位专家、学者对“绿色城市”建设的认识和研究成果[59]。

在中国，“山水城市”的出现就是与“绿色城市”的规划思想相应的。20 世纪 80 年代末、90 年代初，中国著名科学家钱学森先生多次提出了“山水城市”的概念，其核心是“人离开自然又要返回自然”[60]。

2．生态安全格局理论

生态环境的破坏会造成工农业生产能力和人民生活水平下降。所幸的是，当前生态安全已经引起国际社会的高度关注，认为生态安全与国防安全、经济安全同等重要，是国家安全的重要基石。围绕生态环境与国家安全的相互关系，国际社会近年来讨论十分热烈。

生态安全(ecologicalse curity)是指在人的生活、健康、基本权利、生活保障来源、必要资源、社会秩序和人类适应环境变化的能力等方面不受威胁的状态，包括自然生态安全、经济生态安全和社会生态安全，组成一个复合的生态安全系统。一般认为包括两层基本含义：一是防止由于生态环境的退化对经济基础构成威胁，主要指环境质量状况低劣，自然资源的减少和退化削弱了经济可持续发展的支撑能力；二是防止由于环境破坏和自然资源短缺引发人民群众的不满。

景观中有某种潜在的空间格局，被称为生态安全格局(Security patterns，简称 SP)，他们由景观中的某些关键性的局部、位置和空间联系所构成。SP对维护或控制某种生态过程有着异常重要的意义。SP的组分对过程来说具有主动、空间联系和高效的优势，因而对生物保护和景观改变来说具有重要的意义。生物的空间运动和栖息地的维护需要克服景观阻力来完成。一个典型的生物保护安全格局由源缓冲区、源间联结、辐射道和战略点所组成，这些潜在的景观结构与过程动态曲线上的某些门槛相对应[61-63]。

不论景观是均相的还是异相的，景观中的各点对某种生态的重要性都不是一样的。如上所述，这些景观局部、点及空间联系构成景观生态安全格局。它们是现有的或是潜在的生态基础设施(ecological infrastructure)。在一个明显的异质性景观中，SP组分是可以凭经验判别到的，如一个盆地的水口，廊道的断裂处或瓶颈，河流交汇处的分水岭。但是在许多情况下，SP组分并不能直接凭经验识别到。因此，对景观战略性组分的识别，必须通过对生态过程动态和趋势的模拟来实现[64]。

从某种意义上讲，高效优势是SP的总体特征，它也包含在主动优势和空间联系优势之中。以生物保护为例，一个典型的安全格局包含源(source)、缓冲区(buffer zone)、源间联接(inter-source linkage)、辐射道(radiating routes)、战略点(strategic point)五个景观组分。除了辐射道和战略点以外，SP的其他景观组分在景观生态学及生物保护学中多有论及。

3. 大地园林化的主张

城市作为高密度的人类聚居地，人口与生态环境的矛盾尤为严重。工业污染也由城市逐步遍及周边地区的农村，区域性的环境保护问题已经越来越尖锐地摆在人们面前，大气污染、生态失衡、酸雨、水资源枯竭等一系列矛盾，都要求人们从城市与区域环境的协调发展方面去考虑发展出路。因此，拓展城市周围的绿色空间就成为重要的解决问题的手段之一。

1958年，在中国共产党八届六中全会上，毛泽东主席在讲话中首次提出大地园林化的概念。毛主席说："中国城乡都要园林化、绿化，像颐和园、中山公园一样。经过若干年的努力，把我们伟大祖国，逐步建设成为三分之一为农田，三分之一为牧地、三分之一为森林的社会主义美好江山"。大地园林化是具有中国特色的城市和区域规划思想，在当代已不仅仅是传统上的公园概念。在区域城市化的今天，它在走向宏观尺度，向大地景观、郊野景观和人类学领域拓展中，具有积极的现实意义[65]：

(1) 从规划学科的角度来看，主要承担协调城乡关系、调整产业结构、保护地区生态环境和历史传统、促进社区文化发展等工作，提供一个全面、准确、清晰的绿色空间环境规划目标。

(2) 为实现区域范围内生态保护、城乡规划、园林绿化和建筑工程的有机融合，创造"环境共生型"的城市结构，指明了努力方向。

(3) 将城市地区的农业绿地体系以及生态产业结构等，涉及社区经济发展的大问题，纳入城乡建设的规划范围，使物质生产活动与空间环境建设挂上钩，便于统一安排，合理布局，有利于城市化进程中实现区域人居环境建设的可持续发展。

"大地园林化"着眼于大环境绿化规划，从区域角度出发，将森林、农田、菜地、景区作为生态改善的积极因素纳入城市绿地系统规划，既增强城市生态支持，又能使市区达到一个良好的整体生态景观背景[66]。

从“田园城市”到“大地园林化”，是近百年来人类聚居环境绿色空间规划思想发展的基本轨迹。大地园林化成为人类聚居环境营造活动所共同追求的一种崇高理想[59]。

3.3 走向生态城市的绿地系统

从20世纪70年代起，全球兴起了保护生态环境的高潮。在日本，1970年6月的一项调查表明，市民开始把城市绿化与环境视作与物价、住宅同等重要。在美国，麦克哈格出版了《设计结合自然》(Design With Nature，1971，I. L. Mcharg)，该书提出在尊重自然规律的基础上，建造与人共享的人造生态系统的思想。在欧洲，1970年被定为欧洲环境保护年。联合国在1971年11月召开了人类与生物圈计划(MAB)国际协调会，并于1972年6月，在斯德哥尔摩召开了第一次世界环境会议，会议通过了《人类环境宣言》。1992年6月，世界一百多个国家首脑参加了联合国环境发展大会，并签署了三项国际公约。20世纪末，人类掀开了人与自然关系的崭新一页。

现代城市生态绿地是由城市园林绿地的基础上发展而来的，具有建设人类可持续发展生存环境的深层内涵。从其发展历程上看，经历了由可持续发展理论到生态园林思想至面向生态城市的生态绿地三个阶段(见表3-8)。

生态绿地系统的发展演变　　表3-8

阶　段	时　间	内　涵	产　物
可持续理论	20世纪70年代	既满足当代人的需要，又对后代人满足其需要的能力不构成危害的发展	园林城市
生态园林	20世纪80年代	利用环境生态学原理，规划、建设和管理城市，进一步完善城市绿地系统，有效防治和减少城市大气污染、水污染、土壤污染、噪声污染和各种废弃物，实施清洁生产、绿色交通、绿色建筑，促进城市中人与自然的和谐，使环境更加清洁、安全、优美、舒适	生态园林城市
面向生态城市的生态绿地	21世纪初	经济、社会、自然三者的和谐统一	生态城市

资料来源：作者归纳整理

3.3.1 人类聚居环境的可持续发展

可持续发展(Sustainable Development)，是指在不危及后代需要、保持和提高环境质量的前提下，最大限度地满足当代人的需求，对自然资源、人力、财力进行优化再分配。它包含了公平、持续性、和谐、需求、高效率和质量升级等六项基本原则，是人与自然共生思想、人与自然共同创造思想的理论升华[67]。

城市在发展过程中面临环境污染、水资源短缺、交通堵塞等各种危机，促使国内外学者研究如何实现城市可持续发展(Urban Sustainable Development)。1992年6月，由世界一百多个国家首脑参加的联合国环境与发展大会上，通过的《21世纪议程》中指出：“生态危机将成为21世纪全人类共同面临的最大危机和最严峻挑战”。城市作为人类聚居的重要环境，直接影响到全球生态环境问题的形成和发展，全球性的和城市的生态环境问题，已成为阻止人类社会经济健康发展的最大障碍[68]。

严格来说，城市可持续发展就是可持续发展，它涵盖了经济学、环境科学、生态学、系统科学等领域，比可持续发展理论更具体、更接近现实。围绕城市可持续发展问题，各国专家从资源环境、城市生态、经济发展、城市空间结构及社会学等五个角度对城市可持续发展展开了全面的研究[69-76]。

生态园林城市建设，是城市可持续发展的前提和基础。它在凸现城市特色的基础上，改善城市环境，整合城市社会、经济、自然复合的生态系统，是城市发展到一定阶段的内在要求。

首先，从全球城市发展的经验来看，当城市经济发展到一定程度，对生态环境质量的要求也会随之提高。如在欧洲和北美，很多大中城市都曾走过先污染、后治理的道路。

其次，环境是一座城市的支撑力。在经济全球化的背景下，它将会越来越影响公司投资方向。因此，要增强城市竞争力，吸引资本，促进发展，优美的环境是必不可少的条件。北欧的哥本哈根、巴西的阿雷格里港、西班牙的巴塞罗那、南非的开普敦和澳大利亚的昆士兰省东南部，这几个地方之所以被誉为“全球最有发展潜力的城市”。究其原因，它们不仅凭借自身的风景名胜，同时其持续性的利益保障、整体性的经济增长前景和高质量的生活服务亦对投资者产生了巨大的吸引力。

3.3.2 生态园林城市的绿地系统

生态园林起源于20世纪20年代的荷兰。我国生态园林的思想是在20世纪80年代提出的，当时北方以天津为代表，提出大环境绿化；南方以上海为代表提出生态园林[77]。生态园林城市的诞生是城市发展的必然结果[78]，它是创建生态型城市的阶段性目标[79]。“生态城市”是在联合国教科文组织发起的“人与生物圈”计划研究过程中提出的一个概念。它的内涵随着社会和科技的发展，不断得到充实和完善，生态城市理论也在不断发展，建立“生态城市”的话题也在世界各国广泛讨论。但迄今为止，全球还没有一个公认的、真正意义上的生态城市，甚至对于生态城市也没有一个公认的定义和清晰的概念。

生态城市化，就是要实现城市社会、经济、自然复合生态系统的整体协调，从而达到一种稳定有序状态的演进过程。生态城市是城市生态化发展的结果，是社会和谐、经济高效、生态良好循环的人类居住形式，是人类住区发展的高级阶段。在我国全面建设小康社会的过程中，在创建“园林城市”的基础上，把创建“生态园林城市”作为建设生态城市的阶段性目标，就是要利用环境生态学原理，规划、建设和管理城市，进一步完善城市绿地系统，有效防治和减少城市大气污染、水污染、土壤污染、噪声污染和各种废弃物，实施清洁生产、绿色交通、绿色建筑，促进城市中人与自然和谐相处，使环境更加清洁、安全、优美、舒适。

生态园林城市是生态健康、经济繁荣、社会和谐的可持续发展城市，是经济—社会—环境的三大因素的结合。创建生态园林城市就是城市的可持续发展，是实现人与自然和谐的基础，与实施创建节约型和谐社会的核心内容是一脉相承的。

3.3.3　生态绿地系统建设

生态绿地系统是人居环境中发挥生态平衡功能、与人类生活密切相关的绿色空间。它作为“人化自然”的物质空间之统称，着重表述了人类生存与维系生态平衡绿地之间的密切关系，同时也直接影响到人居环境建设的主要生态功能[59]。

20 世纪 80 年代初，城市绿地建设进入了生态绿地的理论探讨与实践摸索阶段。这一领域主要专家有拉夫(Ruff，1982)、伯克列(Buckley，1989)等等。在英国，伦敦中心城区进行了较成功的实践，如在海德公园湖滨建立禁猎区，在摄政公园建立苍鹭栖息区等。现在，伦敦中心区有多达 40～50 种鸟类自然栖息、繁衍。澳大利亚墨尔本，于 20 世纪 80 年代初全面展开了以生态保护为重点的公园整治工作。其中雅拉河谷公园，占地 1700hm^2，河流贯穿，其间有灌木丛、保护地、林地、沼泽地等等生境。为保护生物多样性、保护本地物种免受外来物种干扰，有关部门采取了一系列特殊措施，目前该公园内至少有植物 841 种，哺乳动物 36 种，鸟类 226 种，爬行动物 21 种，两栖动物 12 种，鱼 8 种，其中本地种质资源占 80％以上。

近年来，围绕建设生态型绿地系统，中国相继探讨了一些新的城市绿地规划建设思想，如城市森林、城市生物多样性保护、生态优先为指导的绿地系统规划等。其核心主要是在注重城市人工体系完整性的同时，兼顾自然生态体系的相对完整性，以协调人与自然的关系，实现可持续发展。20 世纪 90 年代后，在全国兴起的城市森林建设[80]，通过绿色网络连接城市、农村和自然景观区，将陆生生态系统中生态效益最高的森林生态系统引入城市，发挥城市自然或半自然斑块组织的保护功能，保护城市地区的生物多样性和自然景观的整体性，实现可持续的人与自然共生的景观模式[81-91]。

生态型绿地系统建设，就是将绿地作为城市生态系统中惟一具有反馈功能的生态子系统，“以生态优先、规划保护城市生态系统的多样性、保持原有的生境、增加生态意识完善法律制度”，改善城市生态环境和景观环境，创造良好的人居环境，促进城市的可持续发展。它与过去以“景观和游憩”为主的绿地系统规划相比，具有新的特征[92-93]。

21 世纪是人类重整城市与自然的关系，寻求人类与大自然共生的新时期，并将呈现三大发展趋势：

(1) 要素多元化。城市绿地系统规划建设与管理的对象正从土地、植物两大要素扩展到水文、大气、动物、细菌、真菌、能源、城市废弃物等要素。

(2) 城市中人与自然的关系将日趋密切，生物与环境的关系渠道也将日趋畅通或逐步恢复。绿地系统将逐步走向网络连接、城郊融合，这也是社会、生态、景观选择之必然。因为，网络结构能够使城市生态系统达到相对的稳定性[94]；使绿地景观具有相对连续性和良好的可达性；具有很好的连贯性和多选择性而增强城市的抗灾能力；具有很强的延展性而适应城市发展的动态性。

(3) 以生物与环境的良性关系为基础，以人与自然环境的良性关系为目的，21 世纪城市绿地系统的功能将走向生态合理化。其中包括：城市绿地系统的生产力(自然与社会生产力)将进一步提高，消费功能(人及生物间的营养关系)进一步优化；还原功能(自维持、降解能力)将得到全面加强[95]。

人类走出森林向城市集聚，与逃避城市回归自然，是一种双向的历史趋势。在21世纪，世界各国家、各城市都将趋近于同一个大目标，即：城市绿地系统将更有力地支持城市物流、能流、信息流，使之更为通畅，它与城市各组成部分之间的功能耦合关系将更为细密，生态合理的城市绿地系统将使城市系统运行更加高效和谐。以生物与环境的良性关系为基础，以人与自然环境的良性关系为目的，城市绿地系统的功能在21世纪将走向生态合理化。

3.4 本章小结

本章从两个角度展开，一是从整体规划的角度，重塑绿地系统在城市空间结构的作用；二是对近现代绿地系统布局结构的理论研究。

一、绿地系统对城市空间结构作用的再认识。绿地系统作为城市整体结构中的绿脉系统，是自然系统对城市渗透的主要载体。绿地系统以生态网络结构优化城市空间结构发展，保护生物多样性，促进人工与自然的调和，弱化城市化所带来的环境破坏，美化城市。

二、从事物发展时间纬度来看，国内外绿地系统布局结构规划理论发展是不可逆的，纵向的分析更有利于我们把握绿地系统发展的特征和规律。研究把城市绿地系统规划理论发展划分为两大阶段：第一阶段，从工业革命后至20世纪70年代初，称为经典理论发展期。在经典理论发展期中，从近代城市规划理论中衍生出来的一系列城市绿地规划思想、学说和建设模式，已经成为指导各国绿地系统建设的经典理论，是被大家所公认和熟知的。本文研究侧重于对经典理论的分析，重新归纳总结绿地系统布局结构的规划理论。第二阶段，从20世纪70年代初至今，称为生态理论发展期。可持续发展思想的提出，促进绿地系统规划理论发展进入生态绿地系统研究阶段。生态绿地系统理论是在城市园林绿地的基础上发展起来，具有建设人类可持续发展生存环境的深层内涵，经历了可持续发展理论、生态园林理论、生态绿地系统理论三个阶段，更加有力地支持城市物流、能流、信息流的运动，优化城市系统结构。

参 考 文 献

[1] 魏清泉，韩延星. 高度密集城市绿地规划模式研究——以广州市为例 [J]. 热带地理，2004(4).

[2] 吴人韦. 国外城市绿地的发展历程 [J]. 城市规划，1998，22(6)：39-43.

[3] 刘滨谊，余畅. 美国绿道网络规划的发展与启示 [J]，中国园林，2001，17(6)：77-81.

[4] Julius Gy. Fabos，Mark Lindhult，Robert L. Ryan. Making the connections：a vision plan for new England greenways. [A] ASLA. 1999 annualmeeting proceedings of the Americansociety of landscape architects [C]. ASLA：315-319.

[5] 李静，张浪，李敬. 城市生态廊道及其分类 [J]. 中国城市林业，2006(5).

[6] Berlyne，D. F. Complexity and Incongruity Variables as Determinants of Exploratory Choice Evaluating Rating [J]. Canadian Journal of Psychology，1963：274-289.

[7] (美)朱利叶斯·G·法布士，S·兰莘，付晓渝，刘晓明，译. 美国马萨诸塞大学风景园林及绿脉规划的成就 [J]. 中国园林，2005，21(6)：1-7.

[8] Grove N. Greenways：Paths to the future [J]. National Geographic，1990(06)：77-99.
[9] Hess G R，Fischer R A. Communicating Clearly about Conservation Corridors [J]. Landscape and Urban Planning，2001(55)：195-208.
[10] Honachefsky W B. Ecologically Based Municipal Planning [M]. Lewis Publisher. Boca Raton，FL，1999.
[11] 俞孔坚，李迪华. 论反规划与城市生态基础设施建设 [M] //杭州城市绿色论坛论文集 [C]. 55-68.
[12] 李迪华. 城市生态设施建设十大战略 [J]. 规划师，2001(6).
[13] nalysis ecosystem services in urban areas [J]. Ecological Ecomonics，1999(29)：293-301.
[14] cosystem health：new goals for environmental management. Island Press，California. Daily，G.，1997，Nature's Services：Society Dependence on Natural Ecosystems. Island Press，Washington，D. C.
[15] Zuebe，Ervin，1995. Greenways and the US National park system. Landscape and Urban Plann. 33：17-25.
[16] Bolund，P. and Hunhammar，S. 1999，Analysis Ecosystem services in urban areas，ecological ecomonics，29：293-301.
[17] Costanza R，B G Nortor，B D Haskell，1992.
[18] Environmental degradation and the tyranny of small decisions [J]. BioScience，1982，32(9)：728-29.
[19] H.，. Kameda，K.，Sugimura，T. and. takasaki，K. 1999.
[20] Analysis of landuse change in periphery of Tokyo during last twenty years using the same seasanal landsat data. Advanced Space research，22(5)：681-684.
[21] 1971. Design on the Land：The Development of Landscape Architecture. The Belknap Press of Harvard University，Cambridge. MA.
[22] Odum，W. E.，1982. Environmental degradation and the tyranny of small decisions. Bio Science，32 (9)：728-29.
[23] illiam，M.，Gosselink，J. and James G.，2000，The value of wetlands：importance of scale and landscape setting Ecological Economics，Volume：35(1)，P25 -33.
[24] 沈一，陈涛. 生境系统的保护、再造与利用——以银川大西湖湿地公园规划为例 [J]. 中国园林，2005，21(3)：6-9.
[25] 吴淑琴. 建设绿地系统，构筑城市生态 [J]. 北京规划建设，2005(3)：72.
[26] 于淑秋，林学椿，徐祥瑞. 我国西北地区近50年降水和温度的变化 [J]. 气候与环境研究，2002，8(1)：9-18.
[27] 范万新，陈丹. 建立温室大棚的小气候观测 [J]. 广西农学报，2002(6)：16-19.
[28] 周红妹. NOAA卫星在上海市热力场动态监测中的应用 [J]. 大气科学与应用，1998(1)：23-28.
[29] 许超. 北京城市万米集中公共绿地的建设与发展 [J]. 北京园林，2006，22(2).
[30] 张迎春. 大型生态绿地对房地产价格影响 [J]. 上海房地，2006(3)：34-36.
[31] 王欣. 建设有活力的绿色空间网络——浅谈21世纪城市绿地系统 [J]. 浙江林业科技，2001，21 (5)：20-2.
[32] Julie Hauserman. Landscape architects help design a statewide greenway etwork [J]. Landscape Architecture，1995(07).
[33] 贾建中. 城市绿地规划 [M]. 北京：中国林业出版社，2001.
[34] Seans R M. The evolution of greenways as an adaptive urban landscape form，Landscape and Urban planning，1995(33)：65-80.
[35] 王进，陈爽，姚士谋. 城市规划建设的绿地功能应用研究新思路 [J]. 地理与地理信息科学，2004，20(11)：6.
[36] 王欣. 建设有活力的绿色空间网络——浅谈21世纪城市绿地系统 [J]. 浙江林业科技，2001，21 (5)：20-2.

[37] JulieIi ausertnan Iandscape architectsh elpdesignas tatewide greenway network [J] Ⅰ. Landcape Architecture，1995，(7)

[38] 包志毅，陈波. 城市绿地系统建设与城市减灾防灾 [J]. 自然灾害学报，2004，13(2)：155-160.

[39] 唐冲等，我国城市绿地系统的规划与建设 [J]. 首都师范大学学报（自然科学版），2006，27(2)：71-74.

[40] 姜允芳. 城市绿地系统规划理论与方法 [M]. 北京：中国建筑工业出版社，2006.

[41] 千庆兰，陈颖彪. 城市绿地系统规划的理论原则与实践——以吉林市为例 [J]. 华中建筑，2004，22(3).

[42] Aleiandro Flores. Adopting a modern ecological view of the metropolitan landscape：the case of a green space system for the New York City region [J]. Landscape and Urban planning，1998，39 (4)：295-300.

[43] J G Nelson. National parks and protected areas，national conservation strategies and sustainable development [J]. Geoforum，1987，18(3)：291-319.

[44] Dennis Hardy. Regaining Paradise：Englishness and the Early Garden City Movement [J]. Journal of Historical Geography，2001，27(4)：605-606.

[45] 李敏. 从田园城市到大地园林化——人类聚居环境绿色空间规划思想的发展 [J]. 建筑学报，1995 (6)：10-14.

[46] 肖化顺. 城市生态廊道及其规划设计的理论探讨 [J]. 中南林业调查规划，2005(5)：15-18.

[47] [美] I. L. 麦克哈格著，芮经纬译，倪文彦校. 设计结合自然. [M]. 北京：中国建筑工业出版社，1992.

[48] 刘勇，刘东云. 景观规划方法(模型)的比较研究 [J]. 中国园林，2003(12).

[49] Steiner F. Ecological Planning：retrospect and prospect [J]. Landscape Journal，1987(2)：31-39.

[50] McHarg I. Human ecological planning at Pennsylvania [J]. Landscape and Urban planning，1981 (8)：109-120.

[51] Ndubisi. Environmentally sensitive areas：a template for developing greenway corridors [J]. Landscape and Urban planning，1995(33)：159-177.

[52] Steiner F. A watershed at a watershed：the potential for environmentally sensitive area protection in the upper San Pedro Drainage Basin(Mexico and USA) [J]. Landscape and Urban Planning. 2000 (11)：129-148.

[53] Steinitz C. A framework for theory and practice in landscape planning [J]. GIS Europe.

[54] Steinitz C. A Framework for Theory Applicable to the Education of Landscape Architects(and Other Environmental Design Professionals)[J]. Landscape Journal，1990(10)：136-143.

[55] Sui D Z. Modeling the dynamics of landscape structure in Asia's emerging desakota regions：a case study in Shenzhen [J]. Landscape and Urban planning，2001(53)：37-52.

[56] 徐化成. 景观生态学 [M]. 北京：中国林业出版社，1997.

[57] 邬建国. 景观生态学 [M]. 北京：高等教育出版社，2000：2-6.

[58] Richard T T，Forman. Some general principles of landscape and regional ecology [J]. Landscape Ecology，1995，10(3)：133-142.

[59] 李敏. 城市绿地系统与人居环境规划 [M]. 北京：中国建筑工业出版社，1999：4-6.

[60] 李锋，王如松，Juergen Paulussen. 北京市绿色空间生态概念规划研究 [J]. 城市规划汇刊，2004，152(4)：61-64.

[61] 俞孔坚. 生物保护的景观生态安全格局 [J]. 生态学报，1999(1).

[62] Noss R H，Harris L D. Nodes，networks，and MUMs：Preserving diversity at all scales [J]. Environmental Management，1986，10(3)：299-309.

[63] Forman R T T. Some general principles of landscape and regional ecology [J]. Landscape Ecology, 1995, 10(3): 133-142.

[64] 俞孔坚. Proc Athens International ConferenceRegional Environmental Planning and Informatics to Planning in An Era of Transition, 1997: 453

[65] 陈俊愉. 重提大地园林化和城市园林化——在《城市大园林论文集》出版座谈会上的发言 [J]. 中国园林.

[66] 王惠芳，高立平. 现代城市绿地系统规划特点 [J]. 防护林科技，2006(5): 80-81.

[67] 《21世纪议程》，联合国，2000.

[68] 沈清基. 全球生态环境问题及其城市规划的应对 [J]. 城市规划汇刊，2001(5): 19-24.

[69] 许光清. 城市可持续发展理论研究综述 [J]. 教学与研究，2006(7): 87-92.

[70] Odum. H. T. Elisabeth C. Modeling for All Scales: An Introduction System Simulation [M]. San Diego: Academic Press, 2000.

[71] Jeroen C. J., M. Van Den Bergh, Peter Ijkamp. Operationalizing Sustainable Development: Dynamic.

[72] Ecological Economic Models [J]. Ecological Economics, 1991(4).

[73] Walter Siembab, Bob Walter Betal. Sustainable Cities: Concepts and Strategies for Eco-city Development [M]. Eco-Home Media, 1992.

[74] Tjallingii. S. P. Ecopolis: Strategies for Ecologically Sound Urban Development [M]. London: Backhuys Publishers, 1995.

[75] Nijkamp Petal. Sustainable Cities in European [M]. London: Earthscan Publications Limited, 1994.

[76] Yiftachel Oetal. Urban Social Sustainability: the Planning of an Australian City [J]. Cities, 1993(5).

[77] 孙丽，廖爱军. 生态园林城市——未来人居模式 [J]. 辽宁林业科技，2005(6): 39-42.

[78] 王永义，杨晓明. 论生态园林城市 [J]. 天中学刊，2006, 21(2): 65-67.

[79] 程绪珂，等. 中国城市绿化的过去和未来——上海城市绿化的过去、现在和未来，技术与市场 [J]. 园林工程，2005(2): 21-23.

[80] 黄枢. 城市绿化建设的目标应是改善生态环境，网络资料，2002(9).

[81] 张庆费. 城市绿色网络及其构建框架 [J]. 城市规划汇刊，2002(1): 75-78.

[82] Roberts, P, The Design of an Urban-space Network for the City of Durban (South Africa). Environmental Conservation, 1994, 12(1): 11 - 17.

[83] Lyle, J. and Quinn, R. D., Ecological Corridor in Urban Southern California. In: Wildlife conservation in metropolitan environments, Ed. by L. W. Adams and D. L. Leedy., Columbia, National Institute for Urban Wildlife. 1991: 105-116.

[84] Rohde, C. L. E. and Kendle, A. D., Human Well-being, Natural landscape and wildlife in urban area: A review. English Nature Science, No. 22, Peterborough, English Natuer, 1994.

[85] Little, C. E. Greenways for Araerica. Baltimore, John Hopkins University Press. 1990.

[86] Sahmon Widman & Associates, Nature Conservation Strategies: The way forward. Peterborough, English Nature 1994.

[87] EEC. Council Directive 92/43/EEC on the Conservation of Natural Habitats and of Wild Fauna and Flora. Brussels, EEC. 1992.

[88] Dawson, D., Are Habitat Corridors Conduits for Animals and Plants in a Fragmented Landscape? A review of the scieutific evidence. English Nature Research Report No. 94, Peterborough, English Nature, 1994.

[89] Forman, R. T. T., Corridors in a Landscape: Their ecological structure and function. Ekologia, 1983. 2(3): 375 - 387.

[90] Box, J. and Harrison, C. , Natural Space in Urban Places. Town and Country Planning. 1993, 62(9): 231-235.

[91] 赵振斌，朱传耿，蒋雪中. 结合城市自然保护的城市绿地体系构建——以南京市为例 [J]. 中国园林，2003(9).

[92] 尤阿辛·福格特(Joachim Vogt)、孟广文，城市生态学导向的空间发展规划及存在问题 [J]，城市环境与城市生态，1998，11(2)：23-27.

[93] 仝用. 城市生态规划的理论与方法 [J]. 环境导报，1998(3)：4-6.

[94] 张浪等. 营造生态园林，注重群落景观 [J]. 中国城市林业. 2006(5)：23-25

[95] 陈国平. 21 世纪城市绿地系统规划的认识与思考 [J]. 湖南城市学院学报，2004，13(1)：28-30.

第四章　国内外特大型城市绿地系统布局结构的构建研究

随着特大型城市的发展瓶颈问题越来越突出，城市与乡村的空间环境之间不协调发展问题的加剧，许多城市尤其是城市空间结构存在诸多问题的特大型城市为此进行了长期不懈地实践探索，探寻更为合理的城市绿地系统布局模式，试图在城乡建设领域实现其“绿色理想”[1]。

4.1　国外特大型城市绿地系统布局结构的构建

城市绿地对改善城市生态环境有重要作用；同时，又提供给人们户外休闲娱乐和接近大自然的场所。在欧美城市化与工业化迅猛发展初期，城市绿地的作用并未得到充分认识。在城市系统中配置绿地的思想是随着人们对城市功能的再认识逐步发展起来的。城市，更重要的是作为人们的聚居地，应该给人们提供一个具有舒适性的生活空间，给人类社会提供一个可持续发展的空间。在20世纪城市化浪潮和城市功能的重新定位中，绿地由原来的单个私人或公共庭院设计逐步发展成为城市范围的绿地系统规划，并且随着大城市群的出现，又形成了区域范围的绿地系统规划。这里，通过回顾近现代欧美和日本的城市绿地系统形成与发展，总结国外绿地系统规划布局结构的相关理论。

4.1.1　英国伦敦绿带的构建

英国是最早建设环城绿带的国家，并成为世界各国的典范。1890年，伦敦郡议会公园和开放空间委员会第一任委员长密斯访问了芝加哥、波士顿等城市，对美国的城市公园系统留下了深刻的印象。回到英国后，提议在伦敦郡的外围设置环状绿带。

1910年，为了纪念英国住宅和城市规划法的成立，伦敦举办了由英国皇家建筑师协会主办的城市规划会议，参加该会议有来自世界各国的规划师和设计师。会议的中心议题是如何解决大城市的过度集中问题。会议上，针对当时伦敦等城市规模过大、交通拥挤等问题，乔治·派普勒进一步发展了密斯的环状绿地带规划思想，提出在距离伦敦市中心16km的圈域设置环状林荫道的方案。乔治·派普勒认为，建设横穿市区的新道路会由于建设费用过高而变得脱离实际，通过建设环绕伦敦的林荫道可以有效缓解伦敦市区的交通压力，还可以连接外居住区和大规模公园，促进郊外田园城市的开发，保护开放空间等。环状林荫道路幅宽度约为100m，中央是用于高速交通的下沉式车行道，两侧是绿化坡地，再往两侧分别是人行道和地面车行道。乔治·派普勒的方案侧重于解决交通问题，采用了车行道和人行道分离、根据速度划分车道的设计手法，预见到了即将到来的由于机动车所带来的交通方式的革命。

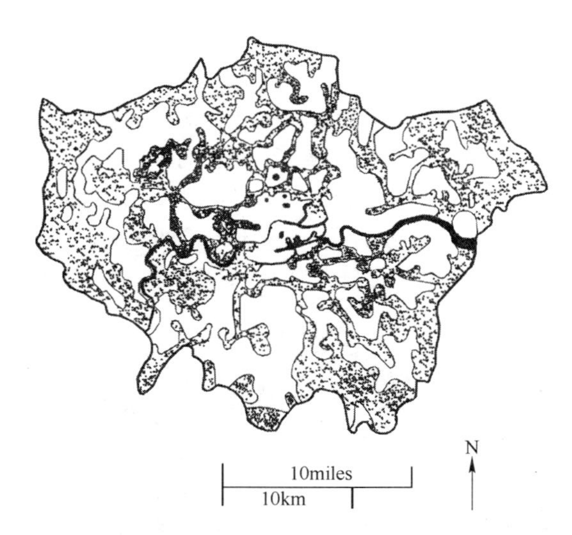

图 4-1 1929 年伦敦开放空间规划

资料来源：Turner T. City as Landscape：A Post-postmodern View of Design and Planning. Oxford：Great Britain at the Aiden Press，1996.

1918 年，第一次世界大战结束后，城市又恢复了生机。1924 年，伦敦郡议会召开了关于在伦敦周围设置绿带的咨询会。会议认为绿带的宽度应该至少为 800m 左右，但是没有对绿带的形态、培植、内容做进一步的阐述。1927 年英国召集，伦敦区域规划委员会，讨论了卫星城建设和在大城市圈和新城之间设置绿色隔离带等问题。1927 年，雷蒙德・恩温（Raymond Unwin)在编制大伦敦区域规划中提出用一圈绿带把现有城市地区圈住，把多余的人口和就业岗位疏散到一连串的"卫星城镇"中去，在卫星城与"母城"之间以农田或绿带隔离作为开放空间，并保持便捷的交通联系(见图 4-1)[2]。1932 年，以法律的形式规定在伦敦外围建一个"绿带"，具有三方面的功能：即一是阻止城市进一步向外扩张；二是保护城郊农业；该规定在 1933 年的伦敦绿带规划中得以体现。伦敦规划绿带宽度 3～4km，呈环状围绕伦敦城市区，构成绿带的用地包括公园、运动场、自然保护地、滨水区、果园、机场、墓地、苗圃等。并且认为，环城绿带不仅作为城区的隔离带和休闲用地，还应该是实现城市构造合理化，特别是大都市圈的构造合理化的基本条件之一。

1935 年，伦敦郡议会通过决议，规定环城绿带内用地的购买由地方政府负责。1938 年，在该决议的基础上，议会通过了大伦敦《环城绿带保护法》(Green Belt Act)，该法案强调了确保公众在绿带地区的通行权，根据法案购买的绿地面积达到 14175km^2。而明确的绿带概念则是在 1947 年《英国城镇与乡村规划法》中形成，确定伦敦市区周围保留 13～14km 宽、面积 5780km^2 的环城绿带用地。

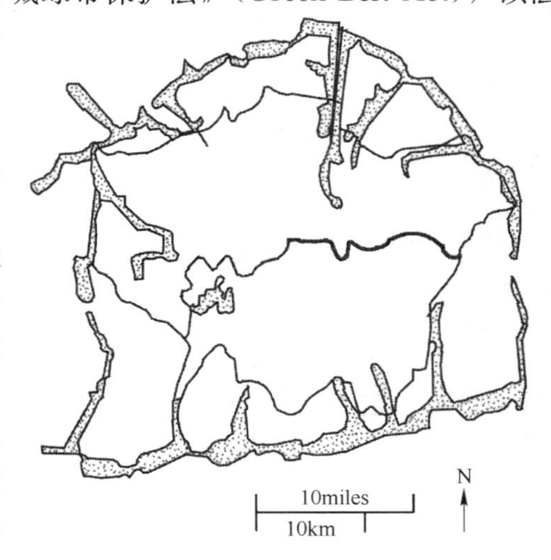

图 4-2 1944～1945 年伦敦开放空间规划

资料来源：Turner T. City as Landscape：A Post-postmodern View of Design and Planning. Oxford：Great Britain at the Aiden Press，1996.

1944 年，帕特里克・阿伯克龙比(Patrick Abervrombie)等人推进了 1929 年的规划思想，用绿道将内城的开放空间与大伦敦边缘的开放空间连接起来，创建伦敦的绿色通道网络(见图 4-2)[2]，这些连接性公园扩大了绿地服务半径[3]。同时规划分散了伦敦城区过密的人口和产业，在伦敦行政区周围划分了四个环形地带，每个环形地带的规划目标各有不同。其中，Inner Urban Ring 贴近伦敦市区，目标是迁移工厂、减少人口；Suburban Ring 为郊区地带，重点在于保持现状，遏制人口和产业的增加趋势；Green Belt

Ring 是宽 16～24km 的绿带，包括了受 1938 年《绿带法》保护的森林、公园农业用地等绿地。伦敦环城绿带对引导城市格局形成与建成区的有序发展起到重要作用，既可作为伦敦的农业与游憩地区，又可抑制城市过分扩张[4]。二战后，环城绿带的概念在英国很多城市应用，也在世界上一些大城市，如巴黎、柏林、莫斯科、法兰克福、渥太华等应用。

20 世纪 70 年代后，伦敦郡内的很多行政区都制定并公布了关于绿带建设和管理的政策措施。其他大城市区域也相继划定了绿带范围。时至今日，伦敦绿地数量规模大、绿地率高，绿地和水体占土地面积的 2/3[5]。1991 年，人均公园绿地 24.64m^2，住宅、道路、停车场、建筑物等硬质地面(hard surfaces)占 36%，而软质地面占 64%，其中居住区花园占 19.3%、公园占 7.8%、农田占 6.7%、运动场占 5%、草地和灌丛占 3.7%[6]。2001 年，伦敦有林地(Woodland) 7000hm^2，草地和牧场 110000hm^2，农地 120000hm^2[7]。

伦敦城区内大型绿地比例较大，大于 20hm^2 的大型绿地占绿地总面积的 67%(见表 4-1)[8]。绿地系统形成绿色网络(Green Network)，环城绿带呈楔入式分布(见图 4-3)[9]，通过绿楔(Green Wedge)、绿廊和河道等，将城市各级绿地连成网络。

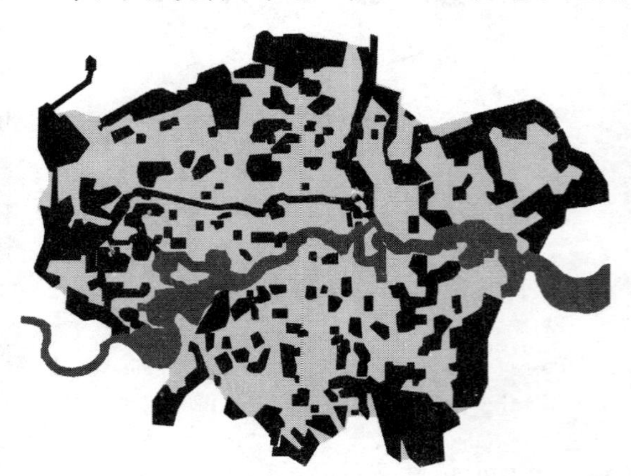

图 4-3 伦敦绿色空间框架

资料来源：The London Planning Advisory Committee. Planning for Great London-A guide to LPAC's strategic polices for the green & built environment [M]. 1998

伦敦公园的数量、面积和规模特征 **表 4-1**

公园类型	面积等级(hm^2)	数量(个)	比例(%)	面积(hm^2)	比例(%)
小游园	<2	776	45.52	649.6	4.05
社区公园	2～20	746	43.50	4910.8	30.58
区级公园	20～60	132	7.70	4332.9	26.98
市级公园	>60	61	3.56	6164.0	38.39
合 计		1715	100	19057.3	100

资料来源：Stuart Carruthers, Jane Smart, Tom Langton, et. al. Green Space in London [M]. London: The Greater London Council, 1986.

伦敦公园绿地分级系统完整，根据规模、功能、服务半径、位置等将绿地分为 6 级(表 4-2)[10]。并根据伦敦市民的绿地满意度，判断各区域居民对绿地的享有状态，再规划发展新的绿地(张庆费等，2003)[11](高芸，2000)[12]。

伦敦绿地的分级系统 **表 4-2**

类 型	面积(hm^2)	服务半径(km)	类 型	面积(hm^2)	服务半径(km)
区域性公园	>400	3.2～8	小区级公园	>2	0.4
市级公园	>60	≥3.2	小型公园	<2	<0.4
区级公园	>20	1.2	带状绿地	不确定	各处均适宜

资料来源：London Planning Advisory Committee. Advice on Strategic Planning Guidance for London [M]. 1994.

伦敦绿地的主要特色包括五方面：开敞空间标准(Open Space Standards)、环城绿带(the Green Belts)、内在联系的公园系统(an Interconnected Parks Systems)、公园分级系统(a Park Hierarchy)、自然保育和绿链(Nature Conservation and Green Chains)。近年来，更加重视绿地空间的公众可达性，提高绿地的连接性，提供花园到公园、公园到公园道、公园道到绿楔、绿楔到绿带的便利通道。绿地空间规划也从公园系统转为多功能的绿道，拓展大型绿地的影响和服务半径，增加与周边地区的内在联系，通过绿色网络连接，形成高质量的绿色空间[7,13-14]。

4.1.2 美国波士顿公园系统的构建

1. 波士顿的“翡翠项链”

波士顿位于美国东部马萨诸塞州的半岛上，美国独立运动的发祥地之一。该地区的冰河地貌特征明显，丘陵众多，地形富于起伏。1625 年英国牧师布拉库斯顿最先踏上这块土地，到 18 世纪末期，教会、议事堂、公共墓、市政厅等城市基础设施基本建设完工。19 世纪开始，欧洲来的大量移民涌入波士顿，城市化发展要求有更多土地，而人口的增加使富裕阶层从市区前往郊区，并要求建设大规模的居住区。1826～1840 年，波士顿当局填平了查尔斯河畔的沼泽地，并且将其建设成了郊外居住区。

波士顿第一块开放空地叫做“波士顿公地”，形成于 1634 年，原来是公共放牧地。1821 年，为了确保水力的供应，在后海湾地区建设了水车大坝。由于海水的循环被隔断，后海湾地区的污染日渐严重。1852 年，州议会将后海湾地区填土，并在形成的陆地上建设了四条和水坝平行的道路，组成了格子状街区城市。其中的主干道是发源于“公众花园”的联邦大道，路宽 60m，两车道，中央为 40m 宽的植物带，两侧的建筑均后退道路红线 6m 并附带有连续的前庭，成为一条名副其实的公园路。

波士顿的市民运动推动了公园建设的发展。1869 年，40 名市民递交请愿书，要求政府建设公园。同年，马萨诸塞州通过法令，同意建设一个大公园或者几个小公园，并设立了公园委员会。一位景观建筑师撰文指出：波士顿需要的不是一个中央公园，而是一个包括农场、郊外风景地的绿地系统。奥姆斯特德也指出波士顿所面临的城市化问题，提倡应该树立与此相适应的公园规划意识。社会上也出现了各种关于公园系统的提案，从绿地网络化、郊外水源保护、丘陵景观等多种观点讨论了公园系统的建设方向，有的甚至超出了波士顿市区的范围，从区域的角度探讨了公园系统成立的可能。

1875 年，波士顿公园法成立，设立了公园委员会。第二年，制定了波士顿公园系统总体规划。波士顿公园系统从 1878 年开始建设，历经 17 年，1895 年基本建成现在的格局。

波士顿公园系统是在城市扩张过程中建立起来的，特色在于公园的选址和建设与水系保护相联系，形成了一个以自然水体保护为核心，将河边湿地、综合公园、植物园、公共绿地、公园路等多种功能的绿地联系起来的网络系统。其中，后海湾地区河边湿地的整治，不仅恢复了原来已经遭到破坏的生态系统，还为城市居民创造了接触自然、修身养性的场所，开创了城市生态公园规划与建设的先河。各类公园绿地的设计充分考虑了基地特性，功能分离的规划思想与手法使其成为美国历史上第一个比较完整的城市绿地系统。波士顿公园系统后来被称作“翡翠项链”，它的建设从本质上改变了波士顿由于殖民城市格子状街区格局，所造成的缺少变化的景观与城市结构，被后来的美国其他城市竞相效仿。

2. 大波士顿区域公园系统

波士顿市在19世纪末期基本形成了市内的公园系统格局。然而，由于经济的快速发展，郊区逐渐城市化，城市周围的自然环境受到破坏。随着公园法的适用范围逐渐覆盖了整个马萨诸塞州，客观上要求超越波士顿的行政界线，在更大的区域范围内对波士顿及周围地区进行统一的公园绿地规划。

1891年底，在公共保护地区托管局的呼吁下，大波士顿区域(包括波士顿市和周围的中小城市，面积121500hm^2，1903年人口126万)内各个公园委员会汇聚一堂，一致认为公园绿地的建设和保护应该超越各自的行政界线，有必要设置大波士顿区域公园委员会，在更大的范围内对绿地进行统一规划和管理。1892年，州议会通过决议，同意设置区域公园委员会。同年，大波士顿区域公园委员会成立，埃利奥特受命展开了现状调查，于1893年提出了大波士顿区域公园系统规划方案。该方案中，除了对现状的植被、地形、土质等的调查以外，还总结了17世纪以来人口的迁入对当地自然环境造成的影响。考虑到预防灾害、水系保护、景观、地价等因素，确定了129处应该保护和建设的开放空间，并且将这些开放空间分为海滨地、岛屿和入江口、河岸绿地、城市建成区外围的森林、人口稠密处的公园和游乐场五大类(见图4-4)[15]。

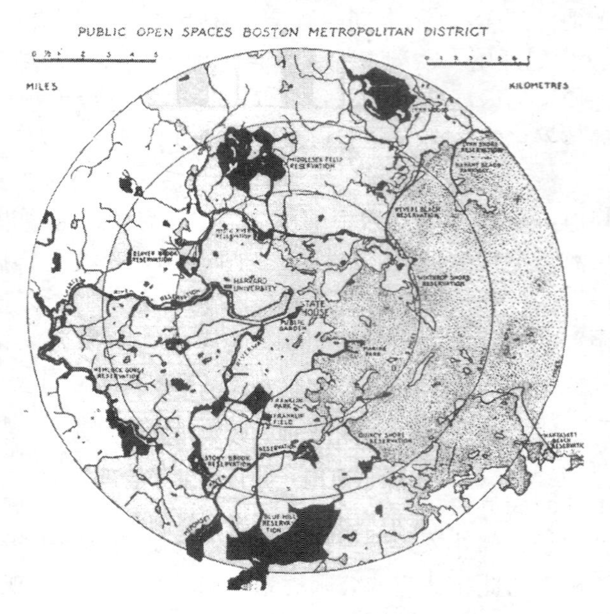

图4-4　大波士顿区域公园系统方案(1907)

资料来源：许浩著. 国外城市绿地系统规划. [M]. 北京：中国建筑工业出版社，2003：26.

1894年州议会通过了林荫道法案，着手建设林荫道系统。为了筹集建设大波士顿区域公园系统和林荫道的资金，州政府发行了大量的公园债券。到1901年共筹集了1067万美元的资金。1907年，大波士顿区域公园系统的格局基本形成，面积达4081hm^2，总长度为43.8km。

4.1.3　日本东京城市绿地系统的构建

1. 城市绿地的历史演变

日本“绿地”思想的形成深受霍华德的田园城市论、欧洲区域规划(Regional Planning)思想以及开敞空间论(Open Space)的影响[16]。19世纪中叶，随着来日本居住的外国人增多，1866年英国大使向日本政府提出为在日外国人开辟专用游园地的要求，这些公共游园地成为日本城市公园的前身[17]。明治维新后，日本政府从欧美先进国家大量借鉴包括公园绿地制度在内的各种资本主义政治、经济和建设制度，用于本国的建设。1873年，太政官第16号布告被认为是日本近代城市公园的起点。1889年的东京市区改正设计规划了49处公园，总面积达330hm^2，试图起到卫生、防灾、缓和交通等效果。

第一次世界大战之后，日本经济迅速成长。1919年颁布的《都市计画法》（日），引入了分区规划(Zoning)和图地区化整理制度，并确定了至少3%以上的公园用地的规定。1923年，关东大地震促进了日本防灾型公园系统的发展。1932年，东京绿地规划成为日本第一个区域性的绿地规划。1933年，各类城市规划和公园规划的技术标准纷纷颁布。

二战后，日本大部分公园绿地毁于战火，随着经济的复苏，产业和人口向东京等大城市聚集，城市问题日益严重，整备规划意图控制建设混乱的局面，公园绿地规划和建设也要求相应的法律确保。在此背景下，1956年第一部《都市公园法》诞生，确定了公园的管理主体和配置标准等。

20世纪70年代后，环境污染等问题持续恶化。1972年颁布了《都市公园整备紧急措施法》，开始实施公园建设的“五年计划”；1973年，以保护开敞空间为目的，颁布了《都市绿地保全法》，规定了绿地保护制度，进一步强化对开发行为的控制和引导[16,18]。

根据所有权和相关法律，日本绿地可以分为都市公园系统绿地和非都市公园系统的绿地。其中都市公园系统是基于《都市公园法》所设置的，由政府所有、管理和设置，包括住区基干公园、都市基干公园、特殊公园、广域公园、休闲都市、国营公园、缓冲绿地、都市绿地以及绿道（见表4-3）。非都市公园系统的绿地所有权和设置主体比较复杂，主要为地方团体和个人所有。

日本都市公园系统的分类 **表4-3**

种　类		面积(hm^2)	服务半径(km)
住区基干公园	街区公园	0.25	0.25
	近邻公园	2	0.5
	地区公园	4	1
都市基干公园	综合公园	10～50	市　区
	运动公园	15～75	市　区
特殊公园		—	市　区
广域公园		>50	跨行政区
休闲都市		>1000	都市圈
国营公园		>300	跨县级行政区
缓冲绿地		—	—
都市绿地		>0.1	—
绿　道		宽10～20m	—

资料来源：本表转引自许浩．日本东京都绿地分析及其与我国城市绿地的比较研究［J］．国外城市规划，2005(6)：27-30

2. 战争时期的东京绿地规划

在欧美的绿地规划和广义城市规划思想的影响下，1932～1939年间，首次编制了《东京绿地规划》[19]。1932年，东京市和周围的82处农村合并，成立东京府，市域面积扩大到550km²，人口497万。同年10月，在北村德太郎的倡导下，成立了专门研究绿地规划的组织——东京绿地规划协议会，该协议会制定了东京绿地规划(见图4-5)。除了景园地、行乐道路以外，沿东京外围设计了面积13600hm²的环状绿带。由于新的市域还没有进行公园绿地规划，而郊外的开发活动频繁，自然环境受到很大的破坏。该协议会认为“有必要在风致地区、史迹名胜天然纪念物法、森林法的基础上进行统一的绿地规划”。

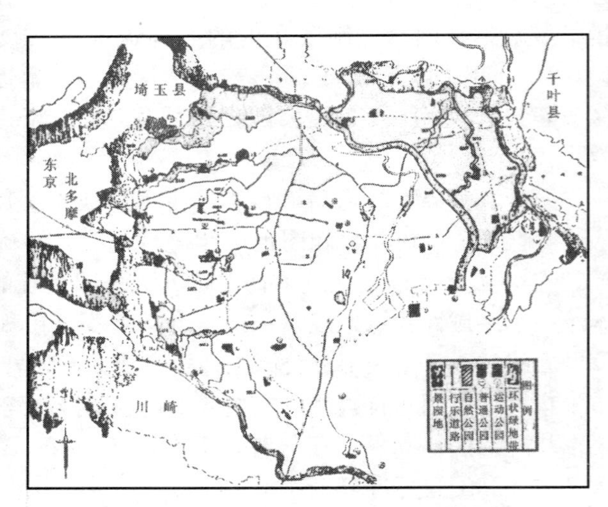

图4-5　东京绿地规划图(1932)
资料来源：许浩. 对日本近代城市公园绿地历史发展的探讨 [J].

东京绿地规划协议会将绿地分为普通绿地、生产绿地、准绿地三大类，普通绿地指直接以公众的休闲娱乐为目的的绿地，包括公园、墓苑、寺院辖地等公开绿地、学校校园共用绿地和游园地等；生产绿地指农林渔地区；准绿地指庭园和其他受法律保护的保存地和景园地，包括史迹名胜天然纪念物指定地、风致地区等。在分类的基础上，协议会制定了各类绿地的标准，对设施、面积、服务半径、范围等作了详细规定。

协议会同时还总结了关于绿地规划的各种调查项目、图面的表达方式、着色种类等。其中规定现状调查应包括行政区划图、行政区面积、人口、人口密度、地形图、上下水道、气象图和说明书、土地所有关系现状图和说明书、土地价格图和说明书、普通绿地分布图和说明书、生产绿地和荒芜地地图、史迹名胜天然物和风景地等调查图和说明书；调查还应包括河岸利用现状和规划图、道路改良规划图、庭园调查图等。

在该协议会制定的东京绿地规划中，包含了40处大公园(其中普通公园和运动公园分别为19处，自然公园2处，总面积1681hm²)、591处小公园(近邻公园98处，儿童公园493处，总面积674hm²)、3处游园地(54hm²)、37处景园地(289143hm²)、180条行乐道路(长度3883km)、116处公开绿地(51540hm²)、26处共用绿地(118921hm²)。

另外，为了防止城市规模无限制的扩大，在东京市域外围规划了环状绿地带。这条绿带面积13623hm²，宽幅1～2km左右，长度72km，呈楔状深入市区中心，以山林、原野、低湿地、丘陵、滨水区、耕地、村落为主要组成部分，同时包含了公园、运动场、农林试验场、游园地等设施。

东京绿地规划方案确定后，作为实施的第一步，东京在以东京车站为圆心、半径20km的环状绿地带规划范围内设置了六大绿地. 六大绿地分别为砧(81hm²)、神代(71hm²)、小金井(91hm²)、舍人(101hm²)、水无(169hm²)、筱崎(124hm²)，相互间隔

4～8km。六大绿地用于日常的运动、休闲、体育、教育、野外训练等，非常时期又能够作为防火避难场所和防空据点。

到1943年8月为止，除了六大绿地，东京、川崎、横滨相继确定建设的绿地有26处，其中东京22处(776.48hm^2)，川崎2处(222.68hm^2)，横滨2处(189.43hm^2)。1943年3月，由于战争原因，出台《防空法》，东京环状绿地带中的绿地基本上被指定为空地带。东京的空地带由内环和外环，以及放射状的空地带组成。空地带成为战争状态下军队的防空阵地或者粮食生产基地，禁止建设农林畜产业和运动场以外的建筑物。由于财政困难，公园绿地的预算基本为零，根据《防空法》，空地带的用地购买和建设、管理费用从国库中支取。

尽管战争时期公园绿地的功能基本被停止，但是在国库补助金的支持下，东京环状绿地带基本上以空地带和防空绿地的形式被保留下来。这些绿地成为今天东京都23区外围主要的公园绿地。到1943年为止，在东京以外，大阪、名古屋等31个城市内相继设置了大小151处、总面积4485hm^{2}的防空绿地。现在日本城市中的一部分绿地大多是从这些战争年代设置的防空绿地转化而来。

3. 战后公园绿地的重建

1945年底，日本政府设置了负责战后重建工作的机构——“战灾复兴院”，由内阁总理大臣直接领导，并且于12月30日通过了《战灾复兴计画基本方针》(日)。该方针包括复兴规划区域、复兴规划目标、主要设施、土地整理、建筑、预算等内容，其中基本性方针为“控制城市过度膨胀和振兴地方中小城市”。同时，吸收大地震重建工作的经验，方针强调应重视土地区划整理制度的实施。

1946年，《特别都市计画法》(日)公布。根据该法案，包括东京城区部等的115城市被评定为受灾城市，实施重建工作，在土地利用规划的基础上，将城市规划范围划分为城市化区域、绿地区域和保留区域三类。绿地区域设置于20万人口以上的受灾城市。

东京城区的土地利用规划保留了战前和战时的环状空地带结构，并且根据《特别都市计画法》将环状空地带指定为绿地区域。另外规划大公园3处、小公园20处，并沿干线道路配置绿地。绿地区域总面积18933hm^2，占城区面积的33.9%。

然而，东京战后重建规划仅仅停留在构想阶段。到1947年，东京人口达到382完(万)，突破了人口的控制界线。1949年，政府通过了战后重建规划的改编方针：重点重建儿童公园和邻里公园；限定土地区划整理工作的实施范围等。公园绿地规划于1950年全面改编，铁道和干道沿线的绿地基本被取消。

1957年，《特别都市计画法》取消，绿地区域的制定同时也废除。到1969年原来的绿地区域全部被解除时，指定的绿地面积已经削减了9870hm^2。

4. 经济成长期东京大都市圈规划的绿地建设

随着人口和产业向大城市集中、城市区域扩大和汽车交通的不断发展，1950年公布了《首都建设法》，用于调整东京建设的秩序。由于施行区域局限于东京城区部，无法从根本上解决东京面临的城市化问题。1956年制定了《首都圈整备法》，施行区域扩大到以东京车站为中心、以100km为半径的圈域内，包含了东京都和周围的7个县。1958年，在《首都圈整备法》的框架内，制定了第一次东京大都市圈规划。

受大伦敦规划的影响，第一次东京大都市圈规划将规划区域由内向外划分为建成区（母城）、近郊地带、周边地域三类。其中近郊地带类似于伦敦的绿地带，处于距离城市中心10～15km的位置，在近郊地带设置开发区，重点建设卫星城。

然而，由于开发限制导致了土地所有者经济遭受损失，而当时没有制定相应的补偿办法，近郊地带的城市化进程没有得到有效的控制。1968年，在第一次东京大都市圈规划的基础上进行了第二次规划。第二次规划将规划区范围扩大到1都7县全部行政区。近郊地带被改为“近郊整备地带”。在近郊整备地带内进行有计划、有步骤的城市建设，同时重视对绿地的保护。1966年，为了从法律上明确绿地保护范围的划定标准和管理、资金等措施，公布了《首都圈近郊绿地保全法》。该法律指定了近郊绿地保护区，并且在保护区内指定了特别需要保护的地区——“近郊绿地特别保全地区”。“近郊绿地特别保全地区”面积一共757.6hm^2，分布在9处。

东京都行政区的公园绿地规划于1957年进行了大的规划改动。共规划了5处大公园（2676hm^2）、356处小公园（237hm^2）、14处绿地（3175hm^2）。1957年后基本没有进行大的改动。

5. 日本现在的公园绿地保护和规划制度

日本现行的城市绿地规划体系由“绿地总体规划”和“绿地基本计画（以下称为‘绿地基本规划’）”两种目标和内容的规划组成。绿地总体规划由各都道府、县政府主持编制，以城市绿地和其他开放空间的综合性建设和保护为主要目标，是城市规划体系中的基本规划之一。绿地总体规划设定分期建设目标，确定绿地配置方案和目标实现的措施与方针。其主要内容为：

（1）规划基本方针

明确绿地总体规划对于城市发展和建设的意义和课题，确定具有城市本地特色的绿地整治和保护的基本方针。

（2）公园绿地建设目标

绿地数量上的建设目标：绿地面积（包括在城市化区域周围规划的、与城市内部绿地具有较强联系的绿地）应该占城市化区域面积的30%以上。

都市公园的建设目标：原则上人均面积20m^2以上；居住区的人均住区基干公园面积4m^2以上，人均都市基干公园面积2.5m^2以上；同时根据规划确定绿道、缓冲绿地等的建设目标。

（3）绿地的配置

为了保护和建设良好的生活环境，充分发挥绿地的各种功能，在确保能够达到建设目标的基础上确定绿地配置形态。因此，以现状调查为基础，从环境保护、休闲、防灾、城市景观构成4个方面分析、评价绿地，然后根据分析和评价的结果设定绿地的配置形态。通过各个绿地系统具体配置方式的不断探讨和相互间调整，将各类绿地连成紧密的有机整体进行配置。

a. 环境保护系统：具备那些包括小规模绿地的、有特色的景观，通过与大自然的调和，对人类社会的成长发挥重要支撑作用的绿地系统。

b. 休闲系统：满足多样化的休闲需求，以适应日常和周末的休闲活动为主要功能的绿地系统。

c. 防灾系统：能够防止灾害或者确保避难通路、避难所，缓和城市公害的绿地系统。

d. 景观构成系统：构成城市良好景观的绿地系统[20-24]。

4.2 国内特大型城市绿地系统布局结构的构建

中国城市目前正处于快速发展与建设的过程中，1990 年实行的《中华人民共和国城市规划法》明确规定城市总体规划中包括绿地系统规划，1992 年国务院颁布的《城市绿化条例》也指出，城市人民政府应当组织城市规划行政主管部门和绿化行政主管部门等共同编制城市绿化规划。可见绿地系统规划在我国城市规划中的重要地位。下面介绍近年来我国几个具有代表性的城市绿地系统规划实践。

4.2.1 北京城市绿地系统布局结构的构建

1. 现状与问题

近年来，随着北京市城市绿化建设的全面推进，特别是隔离地区绿化、万米大绿地建设、城市道路绿化、水系绿化等多项工程的实施，北京市区绿化有了很大发展。2000 年城市绿化普查的数据显示，城市建设区绿地达到 21152hm^2，其中公共绿地 5512hm^2，分别比 1995 年增加了 4575hm^2 和 1446hm^2。人均绿地面积为 33.32m^2，人均公共绿地面积为 8.68m^2，绿地率为 37.2%，绿化覆盖率为 36.34%。

从国内目前的资料看，北京城市绿化水平在 19 个“国家园林城市”中处于中等水平，人均公共绿地面积位居第十，绿化覆盖率低于平均水平，城市绿化存在着总量不足、发展失衡、布局和结构不尽合理、系统不完善等方面的问题。据 2000 年的统计，拥有全市 37.55%人口的城区，其绿地面积仅占全市的 10.52%，公共绿地面积也仅占 15.67%。隔离地区绿地和以往规划的几处插入城市中心的楔形绿地没有得到很好的实施，城市中心区已逐渐失去与自然空间的联系和沟通。特别是根据近 5 年的资料对比分析，城市中心地区绿地增长缓慢，旧城区的绿地率和绿化覆盖率甚至呈现出下降趋势，导致城市热岛效应进一步加剧。另外，中心城区各类公共绿地尚未达到分级均布，各级公共绿地的分布和服务半径普遍达不到规范要求，与居民生活密切相关的服务半径约 500m 的中小型公共绿地尤其缺乏。从以上的分析比较中可以看出，与国内外的很多城市相比，要解决日益凸显的环境和生态问题，达到可持续发展的目的，北京市的绿地系统从数量、布局等各个方面都还有待于进一步改善和提升。

2. 规划背景

2001 年开始编制的北京市城市绿地系统规划历时两年多，于 2003 年结束。期间既有北京申奥成功的重大历史性事件发生，也有《城市绿线管理办法》等相关政策法规的颁布实施，还有标志着北京城市规划与建设进入新的发展阶段的《北京城市空间发展战略研究》和随后进行的城市总体规划修编工作的展开，这些都对本次绿地系统规划的编制产生了积极而深刻的影响。继《城市规划法》、《环境保护法》、《城市绿化条例》等国家级法律、法规之后，建设部于2002年9月审议通过，并于2002年11月1日开始实施《城市绿线管理办法》，为本次绿地系统规划奠定了政策基础，使规划建立并严格实行城市绿线管理制度成为可能。

2008年，第29届奥运会将在北京举办，围绕着“绿色奥运、科技奥运、人文奥运”的基本理念，北京市委、市政府确定了“新北京、新奥运”的城市绿化行动计划。这就要求绿地系统规划要做更加深入而细致的工作，进一步明确城市绿化至2008年之前不同阶段以及2008年以后更长期的发展目标，落实城市绿地的总量，划定相应的发展用地；同时优化城市绿地系统的结构布局，完善其功能、质量，改善城市环境，塑造城市风貌，使规划切实成为指导城市绿地建设的基本蓝图，为2008年奥运会展现良好的城市面貌和生态环境奠定基础。《北京城市空间发展战略研究》中首次提出了北京应成为“宜居城市”的崭新理念，并为随后展开的城市总体规划修编指明了方向。要实现这一目标，从市域的治山治水、防风固沙、风景名胜、自然保护到市区的绿化隔离带、公园建设、文物保护等很多工作都需要在绿地系统规划中得到落实。

3. 规划的过程与内容

（1）规划过程

a. 资料收集：各区县地方政府普查区域内绿地的分布地点、规模、结构、功能和所有权等，同时利用遥感等手段估测绿地的总体概况，并将资料汇集到市级规划行政管理部门。

b. 现状分析：根据绿地分级标准，确定现状绿地的服务范围、方式和对象，评价其质量、性质，探讨其未来保留、改造或发展的可能性。

c. 初步规划：确定规划目标、原则与指导思想，初步确定市域与市区绿地系统的空间布局结构和主要规划指标。在此基础上提出现状绿地改造利用的方式；同时利用遥感手段识别可转化为绿地的用地，提出其改造利用的模式。

d. 方案反馈与修改：就初步规划方案与各区县地方政府及市规划行政管理部门多次交换意见并取得反馈信息，以此为依据对规划方案进行修改和完善。

e. 编制成果：深化规划方案，确定近期建设内容，制定实施规划的措施，并进一步划定绿线，确保规划的可实施性。

（2）规划主要内容

a. 确定绿地系统规划的各项指标。规划确定至2010年城市建设区各项绿地系统指标为：绿地率40%，绿化覆盖率45%，人均城市绿地39m^2，人均公共绿地15m^2。市区绿地总面积562.14km^2，城市建设区绿地总面积381.07km^2，绿地规模和数量有了较大的提升。

b. 扩大城市中心城区的绿地总量。通过规划调整，在四环路以内的城市中心地区新增城市绿地279hm^2，使中心地区的绿地总体布局得以完善，并达到了城市中心地区和旧城区人均公共绿地6m^{2}的指标，进一步改善了中心城区的生态环境和景观风貌，提高了城市居民的生活质量。

c. 完善绿地系统布局结构。在市域层面上，确定了“青山环抱，三环环绕，十字绿轴，七条楔形绿地”的生态绿化格局。山地绿化占到了市域面积的62%，五、六环路间的

绿色生态环、隔离地区的公园环以及二环路绿色景观环由外向内环环相套，长安街与南北中轴及其延长线十字相交，还有七条从不同方向沟通市区和郊区的绿色通道，形成了点、线、面相结合的绿地系统。同时，以滨水绿地为纽带，结合文物古迹保护、旧城改造及新的开发建设，完善二环路绿色景观环和城市十字景观轴线，开辟公园绿地，形成系统完整、结构合理、功能健全的中心区绿地布局(见后彩图4-6，4-7)[25,26]。

4.2.2 上海城市绿地系统布局结构的构建

1. 存在的问题

上海市从1995年开始实施“国家园林城市工程”，至2003年城市绿地率达34.51%，绿化覆盖率为35.78%，人均公共绿地面积超过9m^2，特别是1998年以来，上海城市绿化建设取得突破性进展，这说明在城市快速发展时期，通过超常规的投入和集中力量进行绿化建设，改善生态环境的作法是可行的。

上海的绿地建设近期虽然取得突破性发展，但与国内外绿化先进城市相比，在城市绿地规划的定位、规模以及绿地布局结构、水平等方面仍存在差距，特别是与上海建设国际经济中心城市的目标要求相比仍有距离。

从全市看，中心城特别是内环线以内的绿化建设仍处于还历史旧帐阶段，绿地布局和总量建设的结构性“瓶颈”仍然存在。

(1) 绿地布局结构和网络体系不够完善，各类公园、绿地分布不均匀。

(2) 绿化水平有待提高，绿化的生态效应和生物多样性有待改善。

(3) 绿化指标仍然较低。按照国家园林城市标准：城市人均公共绿地应达到7m^2，城市建成区绿地率30%，绿化覆盖率35%；到2001年底，上海市城市人均公共绿地为5.56m^2，市区绿地率为21%，绿化覆盖率为23.8%。离国家园林城市标准还有一定距离。

(4) 绿化建设平均投入不足，绿化建设的持续投入有待进一步加强。

世界主要城市人均公园面积比较 **表4-4**

城市人均公园面积	(m^2/人)	城市人均公园面积	(m^2/人)
柏　林	26.1	罗　马	11.4
伦　敦	25.4	莫斯科	21.0
日内瓦	15.1	纽　约	14.4
维也纳	70.4	巴　黎	8.4
洛杉矶	18.06	华　沙	22.7
东　京	3.41	上　海	5.56(2001年)

资料来源：上海城乡一体化绿化系统规划研究，上海绿化管理局. 2005年科学技术项目，编号：ZX060102

2. 规划指导思想、原则及目标

根据上海“国际经济、金融、贸易和航运中心”的城市定位，上海绿化应以现代化国际大都市的发展为核心，以增强城市综合竞争力为主线，以建设“生态城市，绿色上海”

为目标，瞄准世界发达国家先进水平，通过解放思想、实事求是、与时俱进的思想，全面加强城市生态环境和绿化建设，走出上海生产环境高效、生活质量优越、生态效应优先的人口、资源、环境协调的可持续发展之路。

规划原则：

（1）体现可持续发展的思想。贯彻人口、资源、环境协调发展，创建人与自然和谐的生态环境。

（2）体现大都市圈发展的思想。规划城乡一体、具有特大型城市特点的绿化体系。

（3）体现以人为本的思想。提高居住环境质量和绿化水平，满足市民居住、生活、休憩功能。

规划目标：

根据上海城市总体规划，按照人与自然和谐的原则，规划上海城乡一体、各种绿地衔接合理、生态功能完善稳定的市域绿地系统。

总体布局：

根据绿地生态效应最优以及与城市主导风向频率的关系，结合农业产业结构调整，规划集中城市化地区。以各级公共绿地为核心，郊区以大型生态林地为主体，以沿“江、河、湖、海、路、岛、城”地区的绿地为网络和连接，形成“主体”通过“网络”与“核心”相互作用的市域绿地大循环，市域绿地总体布局为“环、楔、廊、园、林”（图 4-8，见文后彩图）。使城在林中，人在绿中，为林中上海、绿色上海奠定基础[27]。

（1）环——环形绿化

指市域范围内呈环状布置的城市功能性绿带。包括中心城环城绿带和郊区环线绿带，总面积约 24km^2。

（*a*）郊区环林带

（*b*）外环林带

（2）楔——楔形绿地

指中心城外围向市中心楔形布置的绿地。将市郊清新自然的空气引入中心城，对缓解中心城热岛效应具有重要作用。规划中心城楔形绿地为 8 块，分别为桃浦、吴中路、三岔港、东沟、张家浜、北蔡、三林塘地区等，控制用地面积约为 69122km^2。

（3）廊——防护绿廊

为沿城市道路、河道、高压线、铁路线、轨道线以及重要市政管线等布置的防护绿廊，总面积约 320km^2。

（*a*）河道绿化

（*b*）道路绿化

（4）园——公园绿地

主要指以公园绿地为主的集中绿地。公园绿地是指对公众开放的、可以开展各类户外活动的、规模较大的绿地。规划公园绿地主要有三部分，一是中心城公园绿地，二是近郊公园，三是郊区城镇公园绿地和环镇绿化。总面积约 221km^2。

（*a*）中心城绿地

（*b*）近郊公园

（*c*）郊区城镇绿化

(5) 林——大型林地

指非城市化地区对生态环境、城市景观、生物多样性保护有直接影响的大片森林绿地，具有城市“绿肺”功能。总面积约 671.1km^2。

(*a*) 大型片林

(*b*) 生态保护区、旅游风景区

(*c*) 大型林带

4.2.3 广州城市绿地系统规划布局结构的构建

1. 规划背景

广州是华南最大的沿海开放城市，位于广东省中部、珠江三角洲北部，总面积 7434.4km^2。其中市区面积 1443.6km^2，城市建成区面积 266km^2，这为建设现代化的广州岭南“山水城市”提供了物质基础。广州市自然山水资源丰富，北靠峰峦叠嶂的白云山，南部直达伶仃洋畔，珠江水穿城而过，城市河网交织，腹地深广，具有平原、台地、丘陵等多种地形。拥有山、城、田、海的独特生态景观，形成典型的“青山半入城，六脉皆通海”的山水城市风貌。

但是，随着城市不合理的“摊大饼式”蔓延，使城市生态形体的组织困难增大。由于盲目发展城市建设用地，城市整体景观格局受到人为破坏。不注重山地的生态特性，侵占大量山地、农田。高楼、大厦、道路交通等的无序开发建设正蚕食着广州的自然景观，城市绿色空间不断减少，环境污染问题严重，广州自然的山体、水体处于被割裂的状态，城市的特色和个性正逐渐减退。

2. 战略目标及规划原则

在历次广州市城市总体规划中，始终以珠江为轴心不断着力于山水的布局和开发建设。进入 20 世纪 90 年代以来，广州市加强了城市生态规划与建设，在城市绿化建设方面取得了长足的进步。广州城市建设总体战略概念规划根据其所处的区域位置、自然环境特点和城市生态环境要求，对生态绿地系统进行了规划，对广州城市的生态绿化建设具有重要的指导作用(管东生，2000)[28]。

战略目标：

建构与城市建设体系相平衡的自然生态体系，形成城乡生态安全格局，实现城乡生态良性循环，促进城市与自然的共生，保障、促进、引导城市可持续发展，为把广州建设成最适宜创业发展、居住生活的山水型生态城市创造条件。

规划原则：

(1) 整体协调原则

规划必须兼顾社会、经济和自然的整体利益，必须公平地满足不同地区和不同代际间的发展需求。加强区域合作，建构超越行政区域的生态结构模式。

(2) 系统整合原则

规划必须改变以往单因单果的链式思维模式，而应以系统观念和网络式思维为基础，使规划能够符合和体现城市的社会、经济、自然各因素间错综复杂的时空网络特征。

（3）区域分异原则

根据自然环境本底状况，因地制宜，合理引导城市与自然系统的发展。

（4）城乡结合原则

城乡同属一个大循环系统。要改变只注重城市发展的观念，重视城、乡整体功能的完善和协调，确保两者平衡发展。

3. 生态结构

（1）以山、城、田、海的自然特征为基础，构筑“区域生态环廊”，建立“三纵四横”的“生态廊道”，建构多层次、多功能、立体化、网络式的生态结构体系。

（2）维护“山、城、田、海”的自然生态特征，塑造广州“山水城市”的生态格局，使负山、通海、卧田成为广州城市发展的最基本生态特征。规划因此在“云山珠水”的基础上进一步提出：从大区域出发建设“山、城、田、海”的山水型生态城市基本构架。

（3）构筑“区域生态环廊”：广佛都市圈外围通过区域合作，建立广州北部连绵的山体，东南部（番禺、东莞）的农田水网以及顺德境内的桑基鱼塘，北江流域的农田，打造以绿化为基础的广州地区环状绿色生态屏障——生态环廊，从总体上形成“区域生态圈”。而且东北部山体自东北向西南延伸至环廊内，而接南海的珠汀水系则自珠汀口向西北直入环廊，使山水相互融合贯通（图 4-9，见文后彩图）。

（4）建设“三纵四横”生态廊道：为了更有效地控制城市无限制蔓延，提高和改善城市环境质量，同时维持生态系统良好的结构，以保证其功能的正常发挥，在广州市域规划形成三纵四横的七条生态主廊道，构成广州市域生态格局（见图 4-10）。

（5）在“区域生态环廊”和“三纵四横”基础上，打通汇集到珠汀、沙湾水道、市桥水道等密布城乡地区的河网水系形成网状的“蓝道”系统，加之城市基础设施廊道、防护林带、公园等线状和点块状的生态绿地，共同构成了多层次、多功能的复合型网络式生态廊道体系，形成了“山水中的城市，城市中的山水”的山水城一体化城乡生态格局[29]。

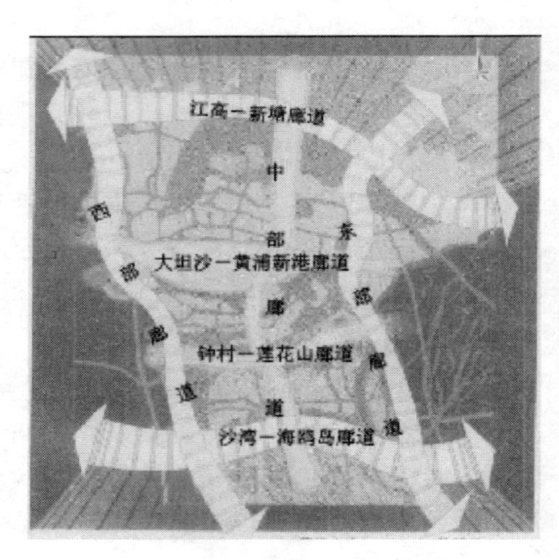

图 4-10　广州市域生态结构分析
资料来源：詹洲延. 谈广州绿地系统规划 [J]. 南方建筑，2004（01）：9-11.

4.3　国内外特大型城市绿地系统规划布局结构比较

4.3.1　国外几种主要结构模式及其优劣势

国外城市绿化系统布局呈现出以下几种布局形态：集中型（块状）、线型（带状）、组团型（集团状）、链珠型（串珠状）、放射型（枝状）、嵌合型（楔形）、星座型（散点状）、网状等等，结合国外特大城市实践，我们将其归纳为四种布局模式(表 4-5)。

国外城市绿化系统布局模式类型比较　　表 4-5

布局模式	城　市	绿地系统布局形态	布　局　图
环状圈层式	“田园城市”及其建设案例	霍华德的田园城市图示揭示了中心城与田园城的关系以及“正确的”城市发展图示。他认为城乡结合首先是城市本身为农业土地所包围，“田园城市”直径不超过 2km，人们可以步行到达外围绿化带和农田。城市中心是由公共建筑环抱的中央花园，外围是宽阔的林荫大道(内设学校、教堂等)，加上放射状的林间小径，整个城市鲜花盛开、绿树成荫，形成一种城市与乡村田园相融的健康环境。这一思想成为以后许多城市的建设思想。在这一思想指导下，英国于 1908 年建造了第一座田园城市莱契华斯(Letchworth)(左下图)，于 1924 年建造了第二座田园城市维列恩(Wellwyn)(右图)	田园城市 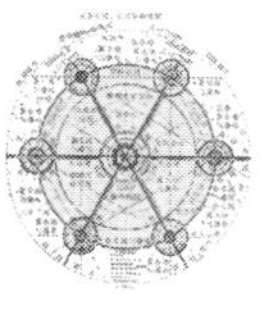 　维列恩　莱契华斯 
	伦敦	伦敦绿地系统形成绿色网络(green network)，环城绿带呈楔入式分布。同时，通过绿楔(green wedge)、绿廊和河道等，将城市各级绿地连成网络。伦敦绿地空间布局最明显的特征为绿链和环城绿带。伦敦的环城绿带宽约 8km，在大伦敦范围内超过 90000 英亩($36422hm^2$)，绿带呈楔入式分布，促进市区与郊区空气的交换，改善城市地区的小气候状况；同时，提供大伦敦最主要的野生生物生境资源，形成野生生物廊道，对伦敦自然保育具有重要意义	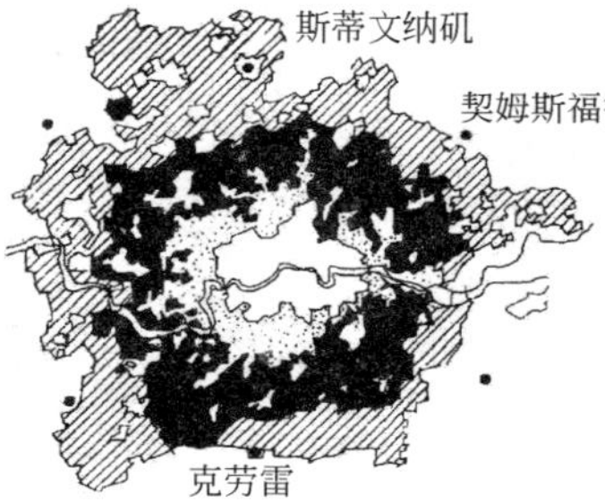 斯蒂文纳矶　契姆斯福德　克劳雷
	莫斯科	结合被莫斯科河及其稠密的支流网所分割的多丘陵地形，在城市外围建立了 10～15km 宽的森林公园带，并采用环状、楔状相结合的绿地系统布局形式，将城市分割为多中心结构，使城市在总体上呈现出扇形与环形相间的空间结构形式	
	巴黎	1987，巴黎市政府批准，距城市中心 10～30km 内实施环城绿带工程，面积达 $1187km^2$，有效地防止城市“摊大饼式”蔓延	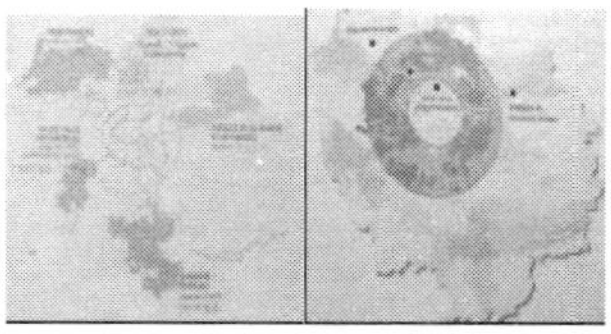
	东京	1932 年，东京绿地协议会明确规定绿地被定义为“永续性的空地”，并制定了东京的绿地规划，除了景园地、行乐道路以外，沿东京外围设计了面积为 $13600hm^2$ 环状绿带。之后，作为环状绿带的一部分，在东京的神代、小金井、水元等处设置了六大绿地，用于日常的运动、休养、保健、避难以及防空等目的	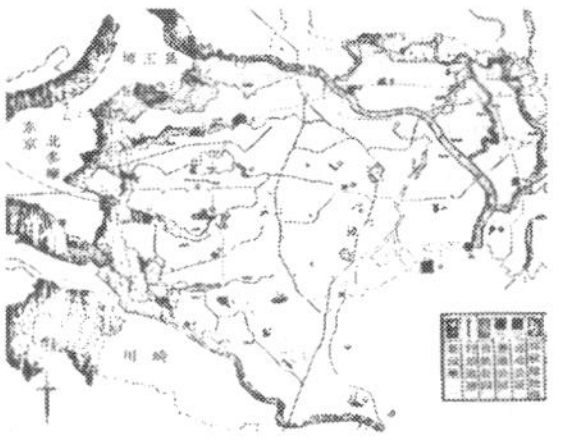

续表

布局模式	城 市	绿地系统布局形态	布 局 图
廊道网络式	波士顿	1880年，美国设计师奥姆斯特德(F. L. Olmsted)等人设计的波士顿公园体系，突破了美国城市方格网格局的限制。该公园体系以河流、泥滩、荒草地所限定的自然空间为定界依据，利用200～1500英尺(约60～460m)宽的带状绿化，将数个公园连成一体，在波士顿中心地区形成了景观优美、环境宜人的公园体系(Park system)	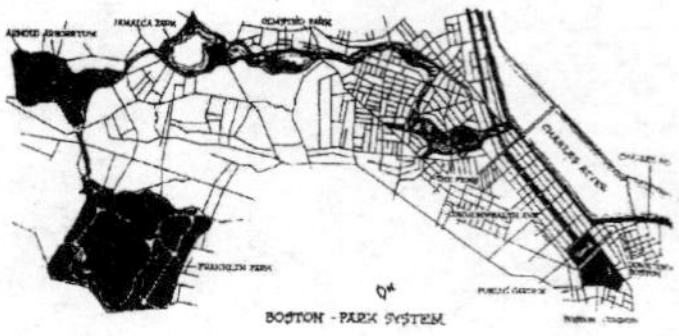
	美国新英格兰地区	建立连接新英格兰绿道网络规划，其提出在多种尺度下相互间连接的绿道网络：新英格兰州域、市域和地块层面。21世纪新英格兰的工作就是"建立连接"，以建立州域或多州域、市域和地块层面完整的绿道网络体系。该绿道网络规划尝试达到三个相互关联的目标：为民众提供更多的游憩机会；保持及改进环境品质；通过适度旅游活动促进经济发展	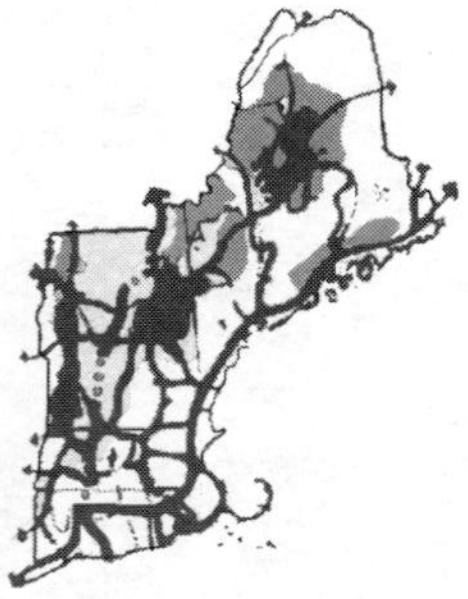
	伦敦	伦敦绿地空间布局最明显的特征之一为绿链(green chains)：彼此接近的开敞空间，通过有路标的人行道和其他步行路连接成整体，穿越居住区和其他建筑密集区域，构成"绿链"，并通过高密度的绿化措施，增加开敞空间的可进入性和环境质量，它对伦敦的绿地框架、游憩和自然保育都很重要	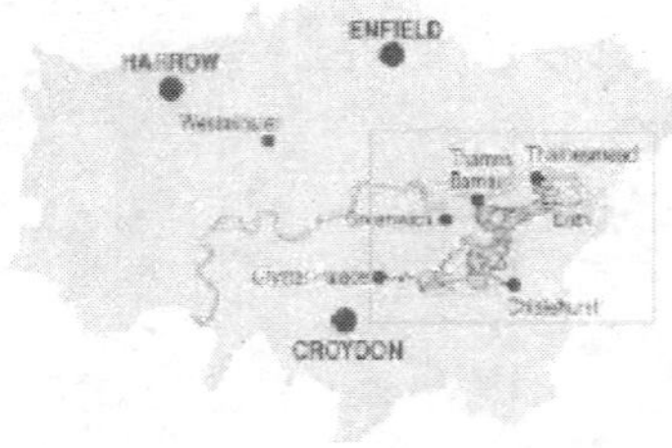
	华沙	1945年的"华沙重建计划"，决定限制城市工业，扩大绿地面积。其中，拓展绿化走廊产生了明显作用。经过一段时间的建设与改造，形成了完善的城市绿地系统，成为城市中保持优美环境的佳例	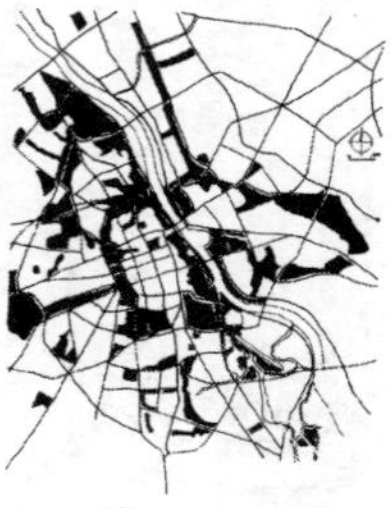
楔向放射式	墨尔本	澳大利亚墨尔本市的绿地系统，依托优越的土地资源条件，在生态思想的影响下，规划并建成了"自然中的城市"。城市绿地系统规划以五条河流和湿地为骨架组成楔状绿地系统，其头部为大规模的公园，连接城市内部的林荫道及公园，楔状绿地系统的外侧为计划的永久性农业地带，总体上形成了"楔向网状"布局结构	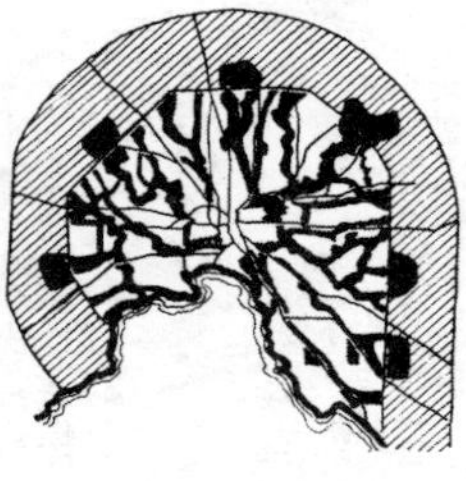

续表

布局模式	城　市	绿地系统布局形态	布　局　图
楔向放射式	哥本哈根	丹麦哥本哈根，星状(五手指状)城市发展模式，绿地系统规划注重在“手指”与“手指”间楔入绿地及农田，形成指状布局形态	
	慕尼黑	由于慕尼黑市南为大片自然保护区，受自然保护区的影响，城市开发方向只能向东北、北、西北发展，形成具有明显的“头重脚轻”感的星状城市发展模式。城市绿地穿插于星状轴线之间，城乡结合部发展“农村包围城市”的森林建设，与城市布局形态融为一体，彼此呼应	
依城市地理人文特点发展式	哈罗新城	1946 年，吉伯德(F. Gibberd) 规划的英国哈罗(Harlow) 新城，保留和利用原有的地形和植被条件，采用与地形相结合的自然曲线。经过后期建设的补充完善，造就了一种绿地与城市交织的宜人环境	
	平壤	1954 年的平壤重建规划，绿地系统以河流等自然条件为骨架，把城市分隔为几个组团，绿地系统与城市组团形成了互相交织的有机整体	

资料来源：上海城乡一体化绿化系统规划研究，上海绿化管理局 2005 年科学技术项目，编号：ZX060102

1. 环状圈层式

环状圈层布局模式的主要特征为城市的环城绿带或绿化控制带，即指在城市周围建设绿化植被带。绿化隔离带由政府统一规划，最初的目标是控制城市扩张，避免大城市扩展与周边城市融合，保护城市和乡村景观格局的特征差异。如伦敦、巴黎、柏林、莫斯科、法兰克福、东京等，这些特大城市建设的绿化控制带，对控制城市格局、改善城市环境、提高城市居民生活质量具有显著的作用。

城市绿化控制带的规划和建设，通常是根据城市自身的条件，如地形、水文、气候、城市的历史文化特征，以及与周边地区和城市发展的关系，来规划建设具有明确功能的绿化控制带(见表 4-6)。

世界部分大城市绿化控制带特征比较 表 4-6

	人口(百万)	地形	绿化带规模					绿化系统环绕城市扩展范围	绿化带内建筑密度
			内径(km)	外径(km)	绿带宽度(km)	绿带长度(km)	绿带面积(km^2)		
巴 黎	9.3	地形平坦	30～45	约 90	风景保护区的宽度约 10～25km	约 130	整个风景保护区面积 3000 多 km^2	约 800km^2	市中心为高密度、郊区为低密度或中密度
伦 敦	9	地形平坦、河流	40～50	60～75	7～15	200	5450	约 1400km^2	市中心为高密度、郊区为低密度或中密度
鹿特丹		地形平坦、大量的水体	—	—	—	—	约 1800	—	—
鲁尔区/爱莫莎公园	5	地形平坦，两条河流	15～70	25～80	0.5～5	约 160	—	约 1200km^2	市中心高密度，一般地区为中密度
柏 林	3.4	地形平坦，河流和湖泊	20～25	40～50	约 5～10	约 110	约 500	约 600km^2	通常为高密度，在郊区为低密度或中密度
莫斯科	13	平地、丘陵、河流	28～38	无明确的界线	无明确的界线，大约 10km	100～120	无明确界限，超过 1000km^2	约 800～900km^2	中密度
法兰克福内环	0.6	小山、河流	5～10	8～18	0.5～3.5	40	70	—	高密度
法兰克福外环	0.6	小山、河流	10～18	18～25	1～6	70	80	约 100km^2	中密度
慕尼黑	1.2	地形平坦，河流	18～20	从绿化带连续过渡到乡村风景区	无明确界限，约 10～15km	约 70～80	无明确界限，大约 500km^2	约 180km^2	市中心为高密度、郊区为低密度或中密度
科 隆	0.9	地形平坦，河流	—	—	0.5～1.0	12	8	—	市中心为高密度、郊区为低密度或中密度
惠灵顿		海湾和半岛，被大片山地环绕	—	—	0.5～2	20	20～30	沿海岸分布的城市外围，面积约 90km^2	中密度和高密度

资料来源：欧阳志云等. 大城市绿化控制带的结构与生态功能. 城市林业，2004(4)

绿化控制带的形态结构呈现出：环形绿化控制带(Green Belt)、楔形绿化控制带(Green Wedge)、廊道环形绿化控制带(Green Corridor)、环城卫星绿化控制带(Green Zone)、缓冲绿化控制带(Green Buffer)和中心绿地(Green Heart)等六种形式(见图 4-11)，如伦敦的环城绿化控制带，莫斯科、柏林的楔形绿化控制带，巴黎的环城卫星绿地，德国鲁尔的缓冲绿带等都是典型代表。

2. 廊道网络式

绿色廊道指具备较强自然特征的线性空间，具有优良的生态功能，综合了休闲、美学、文化等多种功能。绿色廊道可以是一条两边有足够缓冲带的蓝道(Blueway，即包括两侧植被、河滩、湿地的水道)或是公园道(Parkway，是绿色廊道的一种重要形态，源于欧洲林荫道，起初主要是为了引导人们进入公园的道路，重视交通性，两侧风景优美)，还可以是城市中的线性公园、狭长的自然保护区以及绿篱、防护林等，还可以由废弃的铁路、公路等城市线性空间改造而成。

绿色廊道最主要的作用是将各绿色斑块及城市周边的森林连接起来，形成网络。它可以创建生态廊道，为野生动物的迁移提供安全路线，保护城市生物多样性。另外，绿色廊道对于引入外界新鲜空气、缓解热岛效应、改善城市气候以及提升整个城市的景观效果具有重要的作用，如波士顿公园体系、美国的新英格兰绿道网络规划、伦敦的绿链开敞空间、华沙的绿色走廊等。其中，美国的新英格兰绿道网络规划可称得上是绿色廊道应用的典范(见图 4-12)[30]，它提出了在多种尺度下相互连接的绿道网络，并具有一定的宽度。对于物种的迁移而言，廊道越宽越好，但不同的物种对廊道宽度的要求也是不同。

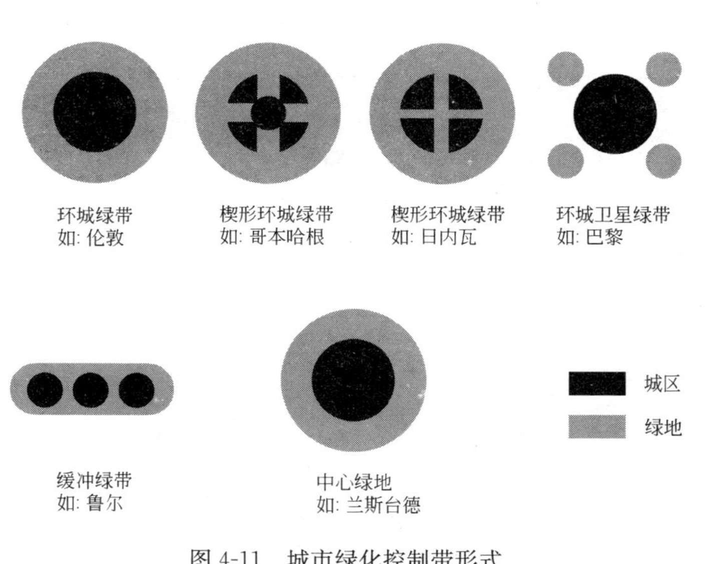

图 4-11 城市绿化控制带形式

资料来源：欧阳志云等，大城市绿化控制带的结构与生态功能，城市规划，2004 年 28 卷 4 期：41-45.

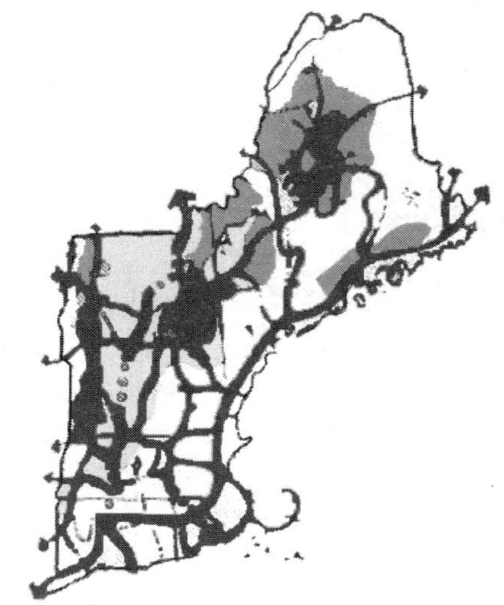

图 4-12 新英格兰地区绿色通道规划框架

资料来源：刘东云，周波. 景观规划的杰作——从“翡翠项圈”到新英格兰地区的绿色通道规划 [J]. 中国园林. 2001 (3)：59-61.

美国在公园运动和开放空间规划浪潮之后，留下来的开放空间和绿地已具有一定的规模。在 21 世纪，美国政府通过绿地系统规划，将全国各个层面上分散的绿地空间以绿道的形式进行连接，从而形成整体性的绿色网络。

3. 楔向放射式

楔形绿地是由郊区伸入市中心的由宽到窄的绿地，一般都是利用河流、起伏地形、放射干道等结合市郊农田、防护林布置。这种绿地对于改善城市小气候效果尤其明显，它将城市环境与郊区的自然环境有机地结合在一起，促进城镇空气流动，缓解城市热岛效应，维持城市生态平衡。另外，楔形绿地对于改善城市的艺术面貌、形成人工和自然有机结合的现代化都市也有不可忽视的作用。例如莫斯科在市区边界环线公路的外侧，楔形绿地从城郊深入城区，形成一圈平均宽度 10～15km(北部最宽处达 28km)、总面积约 1727km^2 的森林公园带(见图 4-13)[31]；澳大利亚墨尔本的绿地系统、丹麦哥本哈根的指状绿地(见图 4-14)[32]、慕尼黑的星状楔形绿地等。

图 4-13　莫斯科城市绿地系统图

资料来源：裘江．转型期的特大城市绿地系统规划初探：[硕士学位论文]．上海：同济大学，2001

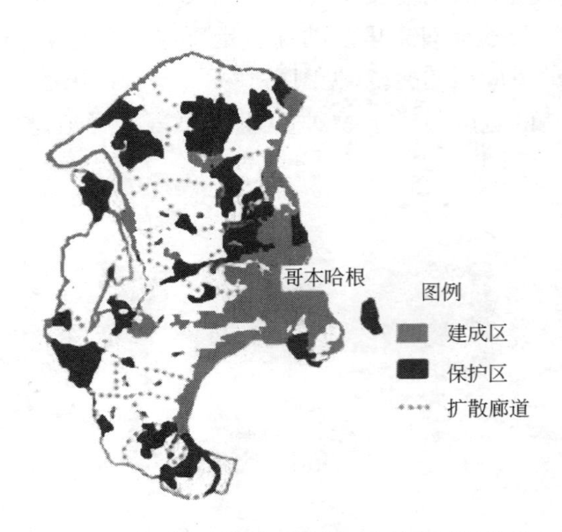

图 4-14　大哥本哈根地区保护区及扩散廊道体系

资料来源：赵振斌，包浩生．国外城市自然保护与生态重建及其对我国的启示 [J]．自然资源学报，2001，16(4)：390-396 整理

楔形绿地的布局模式通常和其他形态模式组合形成城市绿化系统布局模式。如环形与楔形组合的布局模式，即城市外围以绿色空间围绕，楔形绿地连接嵌入城市郊区与城市建成区之间；又如多环与楔形组合的布局模式，即有些城市用地具有类似同心圆扩展的特征，城市中心区与城市建成区外围均以绿化环包绕，继而形成所谓两个以上的环形绿带，与楔形绿地延伸进入城市建成区内部空间组合而成的布局模式。[33]

4. 依城市地理人文特点发展式

城市绿地系统的规划布局，没有一个固定的模式。如 1946 年吉伯德(F・Gibberd)规划的英国哈罗新城(Harlow)，在保留和利用原有地形和植被条件下，采用与地形相结合的自然曲线，造就一种绿地与城市交织的宜人环境。

城市绿地规划布局往往依托于城市地理、人文景观特点形成其他的模式，如在山水格局较明显的城市，绿地系统布局往往体现城市山水格局结构；在组团式发展的城市，绿地系统布局会形成明显的组团绿地，如平壤的重建规划。绿地系统以河流等自然条件为骨架，把城市分隔为几个组团，绿地系统与城市组团形成相互交织的有机整体。除此之外，很多城市绿地布局常采用点、线、面结合的混合布局形式，形成一个分布均匀、有利城市小气候改善及良好人居环境形成的布局结构。

在绿地系统规划布局中，没有一个固定的模式可以套用或推广，任何一个城市的绿地布局都要从自身的绿地现状及自然条件出发，综合城市总体规划，最终达到合理布局。

4.3.2 国内几种主要结构模式及其优劣势

国内城市绿地系统的布局模式非常多样，与城市发展和结构、自然山水条件等紧密结合，突破了传统的“点、线、面”结构，从绿地的生态性、人文性和景观性等功能入手，结合城市居民的休闲游憩，形成多功能复合的城市绿地系统布局模式。

城市绿地系统布局模式(见表 4-7)。

国内城市绿化系统布局模式分类 表 4-7

布局模式	城市	绿地系统布局形态	布　局　图
环网放射型模式	上海	根据绿化生态效应最优以及与城市主要风向频率的关系，结合农业产业结构调整，规划集中城市化地区。以各级公共绿地为核心，郊区大型生态林地为主体，以沿“江、河、湖、海、路、岛、城”地区的绿化为网络和连接，形成“主体”通过“网络”与“核心”相互作用的市域绿化大循环。市域绿化总体布局为“环、楔、廊、园、林”。使城在林中，人在绿中，为林中上海、绿色上海奠定基础	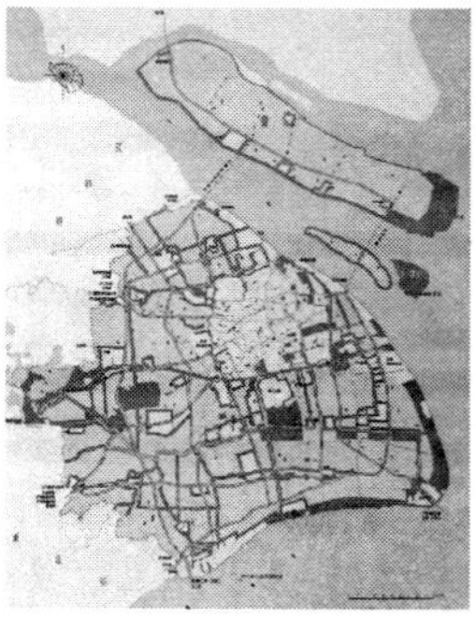
	北京	与北京市的分散组团式城市结构布局相呼应，绿地系统采用放射状的楔形布局形式，将田园的优点引进城市，为城市提供秩序和弹性。在市域层面，确定了“青山环抱，三环环绕，十字绿轴，七条楔形绿地”的生态绿化格局，及由绿色通道串联公园绿地，形成点、线、面相结合的绿地系统。北京市绿色空间生态概念规划提出：未来北京的土地利用格局应是四方型为核、糖葫芦串型为翼、葡萄串型为网，相互有机衔接、疏密有致、红绿蓝相嵌、生态服务功能完善的景观生态格局	

续表

布局模式	城市	绿地系统布局形态	布　局　图
环网放射型模式	南京	建立以绿色空间为先导的城市空间布局：根据南京的山水骨架结构、绿地系统建设历程、城市总体发展趋势和"生态园林城市"的目标构想，构建以四大主城区绿地为核心，以长江绿色景观廊道为绿轴，以都市圈大环境绿地为圈带，以3个绿环及8条对外快速国道绿廊为网架，以切入城市的四片楔体——5组自然保护区和30片主要风景林地为生态斑块，构成一个"心、轴、圈为主体，环、廊、网为基础，楔、区—网络状绿色空间结构"	
	合肥	合肥市城市绿地系统规划(2002～2010)以景观生态学整体优化原则为依据，依托市域丰富的山、水、林等自然生态资源，形成"一核、四片、一带、多廊"的绿地系统结构，形成城区外围生态保护空间。在城区内继承和发扬"合肥方式"的精髓，构筑了"翠环绕城，园林楔入，绿带分隔，'点'、'线'穿插"的环网结构。 规划首先从市域大环境绿化着手，利用城市之间、城乡之间的道路、河流水系等各种自然、人工廊道，将市域内的山、水、林、田等生态资源进行连通，在城市外围形成了稳定的区域生态背景；其次在城区内通过"点、线、环、楔、带"的有机结合形成生态格局稳定的环网结构，塑造出"园在城中，城在园中，城园交融，园城一体"的景观格局	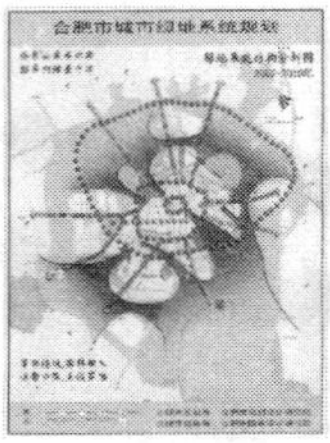 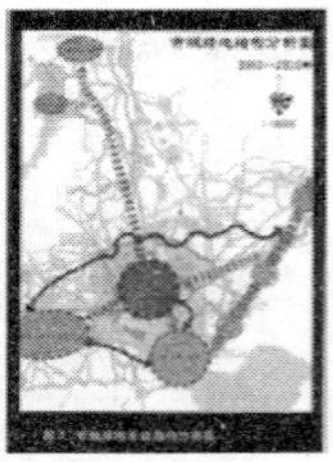
	大连	大连新市区绿地系统结构依托规划区内众多山林，以海缘绿带、防护林为主线，以城市道路为纽带，形成绿色廊道网络，协同山林绿色辐射整个城市；在山林绿色影响盲区，集中布置公园绿地斑块；加强各单位、居住区所属范围的绿地建设，使这些破碎的绿色空间通过道路绿地等绿色廊道连成一片，共同形成城市的绿色生态保护网络体系。结合城市自然绿色空间布局和城市总体规划，新市区的绿地系统空间布局归纳为：一环、五横、六纵、七点、八块	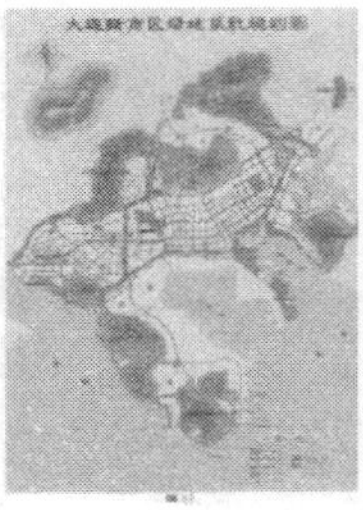 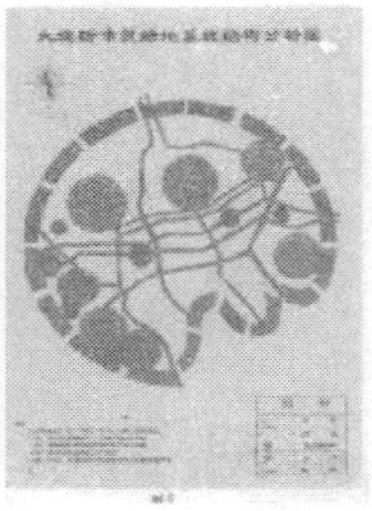
	厦门	根据总体规划及绿地现状，基于"环、轴、廊、园"的绿地系统模式，确定绿地系统布局结构为：以东西海域为生态核心，形成五个绿楔，六个绿色片区，各片区绿地网络交织的绿地系统格局。中心城区形成："一环、一区、两片、一轴"绿色网络交织的绿地系统布局结构	

续表

布局模式	城市	绿地系统布局形态	布　局　图
环网放射型模式	无锡	根据生态学的“斑块—廊道—基底”的格局，结合无锡市城市总体规划和城市用地现状，在无锡市域“太湖延边、绿山插入、河湖密布、良田广置”的自然基础上，构建“山水城市”的框架，将无锡市域绿地系统规划结构定为“一个生态圈、三个生态环、十一条生态廊道”，多廊道穿插、多点渗透，形成覆盖整个市域，城乡一体化的绿地系统。 根据无锡市城市总体规划及绿地现状，并且基于“环、楔、廊、园”的绿地系统模式，确定无锡市区绿地系统以楔入式绿环为整体骨架，并通过绿轴，绿色廊道进行贯穿，在环、楔、轴、廊的交叉点形成由大型中心绿地、生产绿地组成的绿核。规划布局模式可概括为“一心三环，两楔三轴六廊、多核匀布”	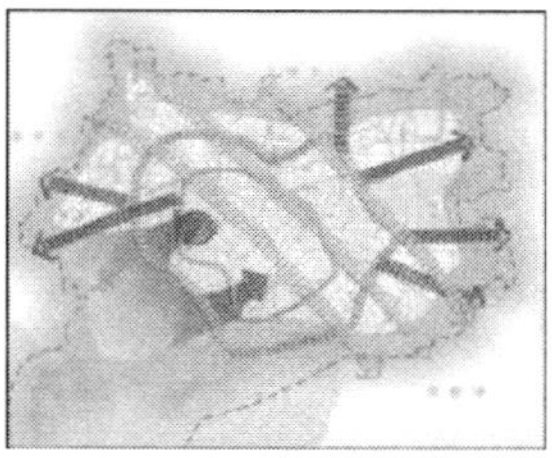 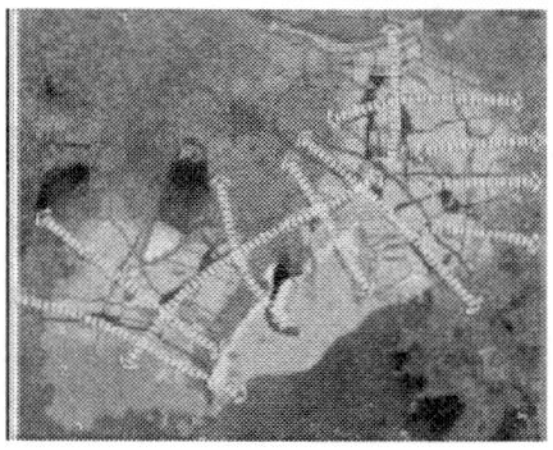
	佛山	2004年市域绿地整体规划中的规划目标明确提出：城区绿地与四周生态林地、农田相互贯通、大城市外围绿带环绕、中小城市绿带纵横交错，城市绿地均衡布局。并根据佛山市市域范围内现有绿地的分布情况和自然地貌，提出“两带、两区、两环、九廊”的市域绿地系统结构	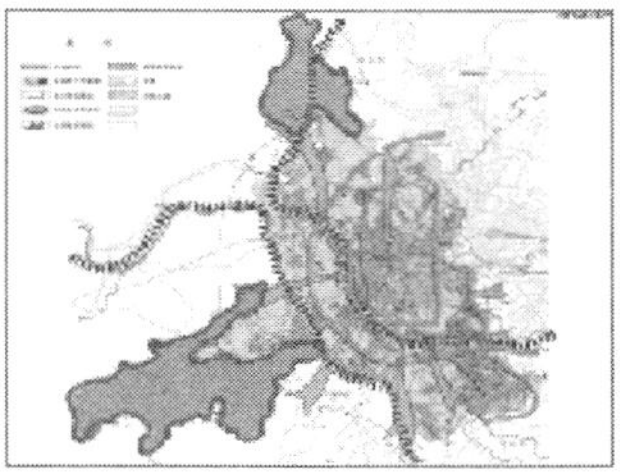
结合城市山水格局的模式	杭州	通过建立“山、湖、城、江、田、海”的都市区生态基础网架及构筑“两环一轴生态主廊”的结构，同时配以多条次生态廊道和斑块生态绿地，形成环绕中心城区的环状绿地系统，共同构筑了多层次、多功能、复合型、网络状生态结构体系，强调“四面荷花三面柳，一城山色半城湖”的独具魅力的山水城市格局	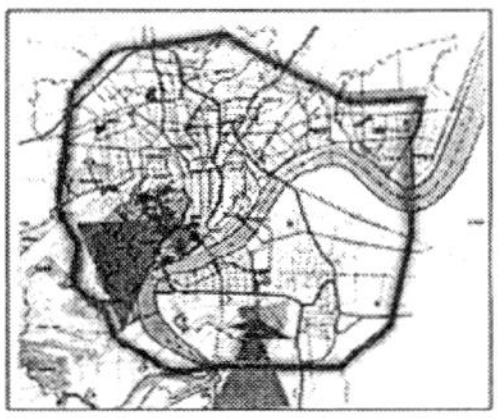
	苏州	根据城市布局，充分利用自然条件及人文景观，形成“五片八园、四楔三带、一环九溪”的布局结构体系，构成环形带状加楔形绿地的布局形态。利用水系网络形成网格式布局，在古城内保持“假山假水城中园”和路河平行的“双棋盘”格局，在古城外创造“真山真水园中城”和“路河相错套棋盘”的格局，建成特色鲜明的“自然山水园中城，人工山水城中园”的绿地系统	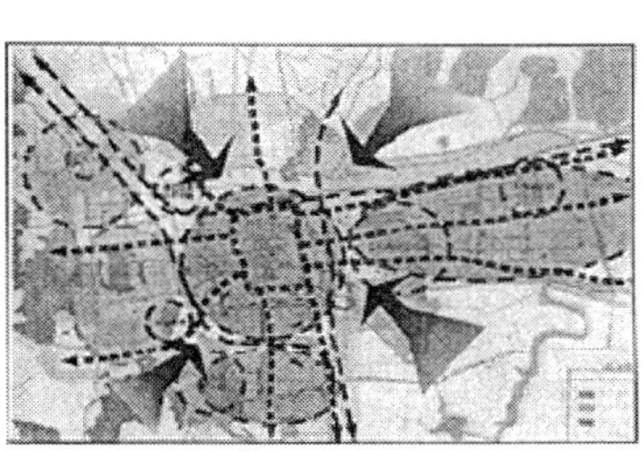
	兰州	城市受地形限制沿河谷呈带状布局，盆地型地形结构决定了绿地系统的空间结构以改善生态环境、缓解城市污染为出发点和立足点，城市绿地系统布局形成带状骨架、环状围合、楔形与点状补充的格局	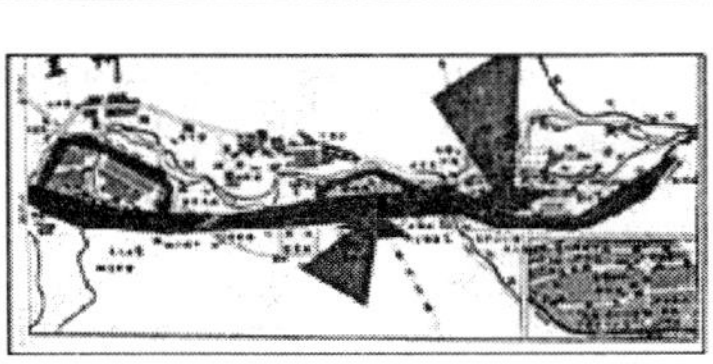

续表

布局模式	城市	绿地系统布局形态	布　局　图
绿心模式	广州	以山、城、田、海的自然特征为基础，构筑“区域生态环廊”，建立“三纵四横”的“生态廊道”，建构多层次、多功能、立体化、网络式的生态结构体系。在“区域生态环廊”和“三纵四横”基础上，打通密布城乡地区的河网水系，形成网状的“蓝道”系统，加之城市基础设施廊道、防护林带、公园等线状和点块状的生态绿地，共同构成多层次、多功能的复合型网络式生态廊道体系，形成了“山水中的城市，城市中的山水”的山、水、城一体化的城乡生态格局	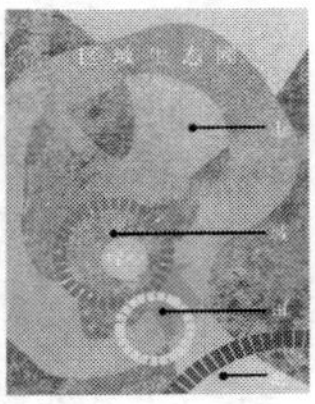 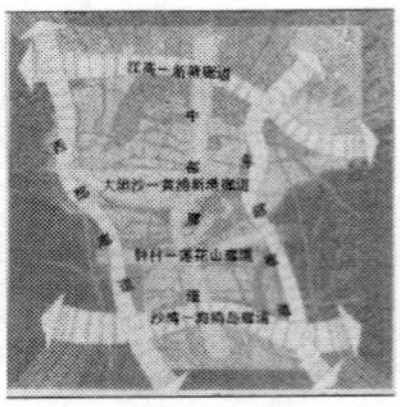
	乐山	乐山绿心环形生态城市模式：以生态学理论为指导，结合乐山的自然、生态环境条件，中心城区采取“绿心环形生态城市”的布局结构，一反传统城市发展的同心圆理论即布吉斯(E. W. Burgess)城市结构模式，由大片的“绿心”取代那拥挤、密集、喧闹的城市中心地区，形成“山水中的城市、城市中的山林”大环境圈的总体构思	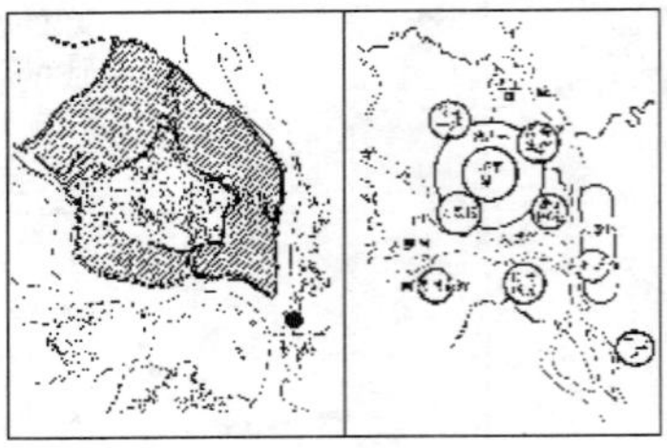
以功能性为主导的模式	深圳	分别在市域绿地系统和建成区绿地系统两个层面，突破传统的“点、线、面”结构，从绿地的生态性、人文性和景观性三大功能入手，将城市绿地系统分解为生态型城市绿地子系统(“区域绿地—生态廊道体系—城市绿化空间”组成的生态绿地系统)、游憩型城市绿地子系统(“郊野公园—城市公园—社区公园”的公园体系)、景观型城市绿地子系统三大部分，构筑多层次、多结构、多功能的绿地系统	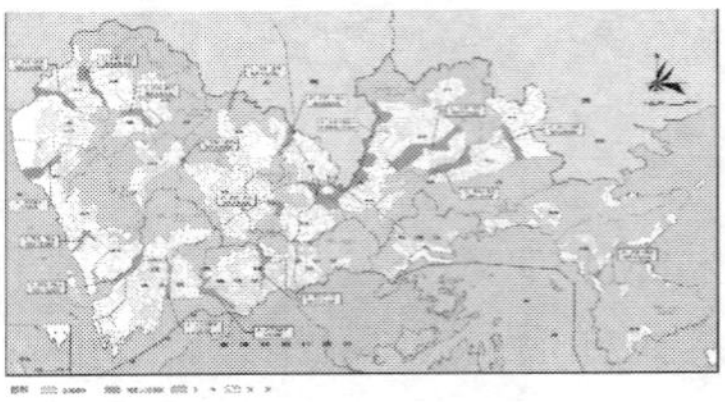
	吉林	结合城市居民游憩休闲的行为方式和时空规律及吉林市山城、江城特色，提出城市绿地系统空间布局的一般模式，即将绿地空间布局分为波状和辐射状两种分布态势。波状态势又分为三个层次，即三个绿圈。辐射状态势即沿江、沿路的楔型绿地穿插于三个绿圈之间，使城市形成整体的辐射状楔型绿地网络系统	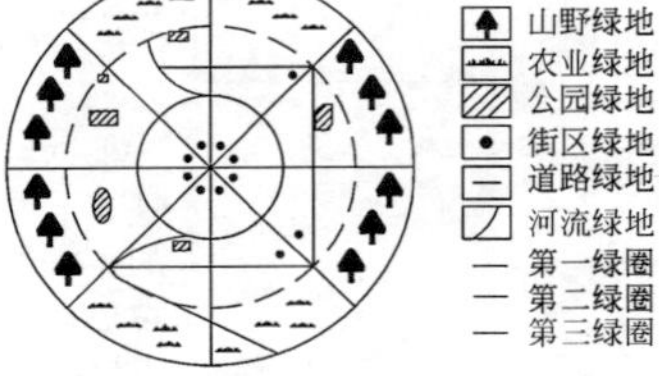 山野绿地 农业绿地 公园绿地 街区绿地 道路绿地 河流绿地 第一绿圈 第二绿圈 第三绿圈

资料来源：作者归纳整理

1. 环网放射型模式

以北京、上海、南京、合肥等大城市为代表。绿地布局结合城市组团布局结构形成环形绿化控制带，从城市生态的角度出发，结合城市主要风向频率和农业结构调整，沿“江、河、湖、海、路、岛”以楔形绿地的形式将田园风光引入城市，并与郊区大型生态林地结合，形成“环、楔、廊、园、林”为基础，区、片、林相交融的环网放射型布局结构(图 4-15，见文后彩图)。

2. 城市山水格局的模式

以杭州(图4-16，见文后彩图)、苏州、无锡、兰州等为代表。充分利用城市优越的自然山水条件及人文景观，建立“山、湖、城、江、田”的生态基础构架，并配合次生态廊道和斑块生态绿地，形成环绕中心城区的环形带状加楔形绿地的布局形态，体现独具魅力的山水城市格局。

3. 绿心模式

以广州为代表。以“山、城、田、海”的自然特征为基础，构筑“区域生态环廊”，并建构纵横交错的生态廊道，以河网水系形成网状“蓝道”系统，配合城市基础设施廊道、防护林带、公园等线状和点块状生态绿地，共同构筑多层次、多功能的复合型网络式的生态廊道体系(见图4-9，图4-10)。

4. 以功能性为主导的模式

该模式以深圳为代表。在市域和城市两个层面上，突破传统绿地系统规划中的“点、线、面”布局模式，从绿地的生态性、人文性和景观性三大功能入手，将城市绿地系统分解为生态型城市绿地子系统、游憩型城市绿地子系统、景观型城市绿地子系统三大部分，构筑多层次、多结构、多功能的绿地系统结构。其中，生态型城市绿地子系统由“区域绿地——生态廊道体系——城市绿化空间”所组成，游憩型城市绿地子系统由“郊野公园——城市公园——社区公园”等组成的公园体系为主(图4-17，见文后彩图)。

4.3.3 国内外特大型城市绿地系统布局结构模式比较

通过对比不难看出，国外城市绿地系统规划理论研究起步较早，早期形成的布局结构模式比较单一，以环状圈层式、楔向放射式、廊道网络式及地理人文式等四种结构模式为主。相对而言，中国城市绿地系统规划理论研究起步较晚，在国外城市绿地系统规划理论基础之上，发展较快。城市绿化系统布局非常多样，并与城市的发展和结构有着紧密地联系，一般采用环网放射型的模式，这也是目前城市绿化系统布局的趋势和走向。还有一些城市形成结合城市山水格局的绿化系统布局模式，与当地优越的自然条件结合，造就绿地与城市交织的宜人环境。绿心模式多在中小城市及新城的通过建设，可以形成“山水中的城市，城市中的山水”的山水城一体化城乡生态格局。另外当今有些城市突破传统的“点、线、面”结构，从绿地的生态性、人文性和景观性的功能性入手，以及结合城市居民的休闲游憩行为，满足城市绿地的游憩功能形成了以功能性为主导的城市绿化系统布局模式。[34]绿地布局结构朝向多层次、多结构、多功能综合的方向发展(见表4-8)。

客观地说，在城市绿地的规划布局中，没有一个固定的模式可以套用或推广，任何一个城市的绿地布局都要从自身的绿地现状及自然条件出发，结合城市的总体规划，特别是地域广阔、人口密度高的特大型城市，绿地系统规划需要遵循城市绿地布局原则、结合城市自然条件和人文历史，规划合理布局，形成完整的城市绿色网络结构。

国内外城市绿化系统布局模式类型比较　　**表 4-8**

模式类型	主要功能特征	案例城市
以环城绿带为特征的环状圈层式	在城市周围建设环城绿带或绿化控制带，宽度多为5～15km之间，控制城市扩张，避免大城市与周边城市融合，保护城市和乡村景观格局	伦敦的环城绿化控制带
		莫斯科、柏林的楔型绿化控制带
		巴黎环城卫星绿地
		德国鲁尔的缓冲绿带
以楔形绿地为特征的楔向放射式	由郊区伸入市中心、由宽到窄的绿地，一般是利用河流、起伏地形、放射干道等结合市郊农田、防护林布置。改善城市小气候，将城市环境与郊区的自然环境有机地结合，缓解城市中的热岛效应，维持城市的生态平衡；改善城市的艺术面貌，形成一个人工和自然有机结合的现代化都市	澳大利亚墨尔本
环网放射型模式	1983年规划环状绿带，引入楔形绿地；1994年规划大环境绿化，形成“一心两翼、三环十线、五楔九组、星罗棋布”的布局结构；2002年根据城市风频、农业结构调整，形成“环、楔、廊、园、林”的生态绿地结构	上海
	与城市分散组团式结构布局相呼应，采用放射状楔形布局形式，将田园的优点引进城市，为城市提供秩序和弹性	北京
	结合城市山水骨架结构，以都市圈大环境绿地为圈带，以绿环、绿廊为网架，以片林为楔体，自然保护区和风景林地为生态斑块，构成一个“心、轴、圈为主体，环、廊、网为基础，楔、区—网络状绿色空间结构”	南京
以绿色廊道联结成网的廊道网络式	将各绿色斑块及城市周边的森林连接起来，形成网络，连接城乡；创建生态廊道，为野生动物提供安全的迁移路线，保护了城市中生物的多样性；引入外界新鲜空气、缓解热岛效应、改善城市气候	美国新英格兰绿道规划
绿心模式	以山、城、田、海的自然特征为基础，构筑“区域生态环廊”，建立“三纵四横”的“生态廊道”，以大型片林为“绿心”，构筑“山水中的城市，城市中的山水”生态格局	广州
依城市地理人文特点而发展的模式	在具有山水格局的城市，或组团式发展的城市，在城区间形成多条带状的城市绿带、或将城市分隔成几个绿地组团	哈罗新城、平壤组团式布局
结合城市山水格局的模式	结合自然山水格局建构都市区生态基础网络，以多条生态廊道和斑块生态绿地形成环绕中心城区的环状绿地系统，形成独具魅力的山水城市格局	杭州“山、湖、城、江、田、海”的多层次、多功能、复合型、网络状生态结构体系
以功能性为主导的模式	从绿地的生态性、人文性和景观性三大功能入手，将城市绿地系统分解为生态型、游憩型、景观型城市绿地子系统三大部分，构筑多层次、多结构、多功能的绿地系统	深圳

资料来源：作者归纳整理

4.4 特大型城市绿地系统布局结构对城市空间结构的重要意义

随着中国城市建设进入快速发展期，特大型城市中心城区用地开发建设、改造挖潜的空间已显不足，而城区外围良好的环境资源和低廉的地价，对发展具有较强的吸引力，很多特大型城市普遍呈现出突破原有城市总体规划所确定的城市规模，向外不断蔓延的现象，如上海。

国外为了防止城市蔓延，对规划引导城市发展作了很多的实践探索。其中，城市绿地规划就是重要的措施之一，如伦敦、莫斯科、巴黎的城市环形绿带，哥本哈根、斯德哥尔摩的城市外部空间轴向扩展等，都是成功的典范。

1983 年版的上海城市绿地系统规划，开辟了 3 条环状绿带，引入楔形绿地，提出了郊区园林绿化设想，有效控制了城市发展的“摊大饼”趋势；同时预防特大型城市后工业化时期“城市空心化”现象的出现。

从特大型城市可持续发展的角度来看，因资源高度集中、人口高度聚集所引发的空间结构上的问题，合理的绿地系统规划对于整个区域资源配置、城市规模控制、城市发展的生态承载力等发挥至关重要的、决定性作用。由此可见，城市绿地在城市发展中扮演着极为重要的角色，可体现在以下四方面：

4.4.1 提高城市空间的生态性

在特大型城市中，城市绿地是城市生态系统中最活跃、最富有生命力的部分，可以增强自然环境容量，明显改善城市的生态环境。因此，对于城市空间生态的考虑，主要是通过城市绿地系统的建设来实现的。

绿色空间在相互沟联、形成系统后，能发挥群体的更大生态效应，完善的绿地系统是城市与自然共存的必要条件。合理布局的城市绿地系统，通常在城市中，运用河道、道路、高压走廊、楔形绿地把城市地区与郊区大片绿地联系起来，使城市绿地与区域生态网络连通，把郊区凉爽空气引入城市，降低城区“热岛”的温度，增加湿度。另外，城市绿化与城市自然要素结合，充分绿化沿河地带，建设亲水场所，结合当地气候，使绿化布局与夏季主导风向相协调，更好调节城市气候。这种基于生态平衡考虑的，科学合理的城市绿化系统布局是促进整个城市生态系统成良性循环发展的保障[35-41]。

4.4.2 控制城市结构扩张，保护和体现城市主体风貌

城市绿化系统是构成城市肌体和文脉的有机组成部分。首先，在空间建设上，良好的绿地系统可以引导城市绿色规划，限制城市的粗放式发展，保护城市各个组团的特色，有效降低城市化与资源环境的冲突程度，有助于保持整个城市系统的稳定性、协调性和舒适性。城市绿地在城市中的合理化布局可以有效地抑制灾害的扩展和城市的无序扩张，协调城乡有序发展，成为城市安全和空间扩展的隔离带。其次，在景观形象建设上，城市绿地的布局可以保留城市空间文脉特征，维持城市主体风貌。作为具备自身特色的城市绿地，以条状、块状、点状及其他分布形态、物种组成，往往成为各个区域景观形象的表征，并

进而成为城市的标志[42-47]。在回归“田园、山水城市”的绿色城市浪潮中，通过道路、水系、绿带为主的廊道建设，维持和恢复城市景观格局的连续性和完整性；维护山林、水体等自然残遗斑块的空间联系；维持城内残遗斑块与作为城市景观背景的自然山地或水系之间的联系，构筑城市自然生态有机结合的绿色空间系统，改变城市的集中布局，使其变为既分散又联系的有机体，实现城市的可持续发展。

4.4.3　构筑城市绿色空间系统，满足人的需求

城市绿化系统是城市景观的主体，与城市要素相结合，形成城市的风景园、轴线和视觉走廊等，成为城市风貌的主体和人们游憩、娱乐、锻炼、郊游、野营等休闲活动的主要场所，满足人们回归大自然的需求。

绿地系统规划布局的功能性主要体现在公园绿地服务半径的确定，它是绿地能够直接为多大范围内居民服务的量化，并由公园绿地的性质、面积大小及所在位置决定。科学、合理布局的绿地系统，能够使城市绿地的分布具有清晰的整体性、协调性和有序性，可以让身处其间的人们产生熟悉感和条理感，能形成更好的城市意象，更合理地满足人们在生理和心理上的需求。

4.4.4　完善城市的防灾减灾体系，加强保护作用

在城市的综合防灾减灾体系中，城市绿地系统占有十分重要的位置，它能起到防洪、防震、防火、减轻灾害的功能。但是分散、混乱的城市绿地只能以单元绿地对小范围进行有限的保护，不能形成整体的防灾系统；而合理布局的城市绿地系统则可在宏观规划中，分析城市灾难的几率性和最佳防灾形式，从整体上调整城市防灾绿地的布置形式并和其他防灾措施相协调统一，从而形成合理高效的防灾系统[48]。

同时，合理布局的城市绿地系统在规划时就已经尽可能地把历史遗迹、历史文物和古树名木等具有无法估量价值的历史记忆完整地、系统地、保护性地融入了城市绿地之中，并且从宏观上确定并加强了绿地的保护性质和作用，更加保证了保护的科学性和实施的可行性。

综上所述，城市绿地的合理布局对城市空间结构发展是非常重要的，同样的绿地指标，不同的空间布局所起到的景观与生态效应有着很大的差别。加强绿地布局的合理性，实现绿化的均匀分布，其指导思想是实现绿化空间和非绿化空间的相互嵌套，让绿色网络嵌入城市人居环境中去，把绿色空间化整为零，切碎建筑空间，增加绿色空间与非绿色空间的接触线，以形成大范围的局部环流，发挥最大的环境调节功能。即通过合理、科学的布局，经历从分散—联系—整合的过程[49]（见图4-18），使城市中的绿点、绿线、绿网彼此有机地联系，才能发挥最大效能，故城市绿地系统布局是城市绿地系统规划中的重要及核心环节。

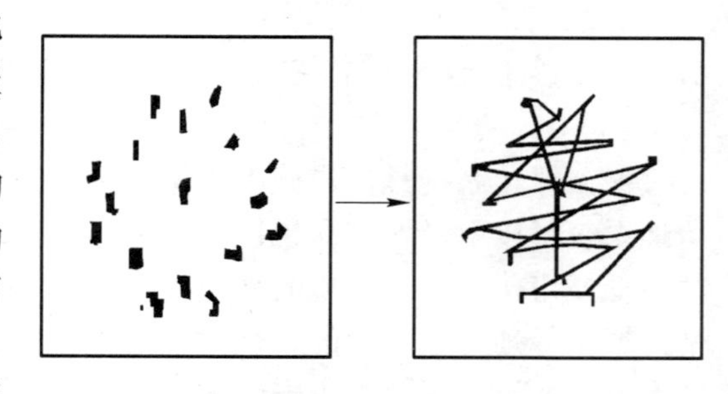

图4-18　分散—联系—整合

资料来源：[美] 埃德蒙·N·培根著. 城市设计. 黄富厢，朱琪译. 北京：中国建筑工业出版社，2003

4.5 特大型城市绿地系统规划布局结构的进化趋势

4.5.1 网络化

从国外城市绿地系统的发展历程与趋势来看，城市绿地系统由集中到分散、由分散到联系、由联系到融合，呈现出逐步走向网络连接、城郊融合的发展趋势，城市中生物与环境的关系也将日趋畅通或逐步恢复，绿地系统布局也将趋于网络化。

中国城市绿地系统布局借鉴国外大都市经验也在向网络化发展，形成城市绿色网络。绿色网络以保护、重建和完善生态过程为手段，利用绿廊、绿楔、绿道和结点(core site)等，将城市的公园、街头绿地、庭园、苗圃、自然保护地、农地、河流、滨水绿带和郊野等纳入绿色网络(Green Network)，组建扩散廊道(Disperal Corridors)和栖地网络(Habitat Network)，构成一个自然、多样、高效、有一定自我维持能力的动态绿色网络体系，促进城市与自然协调。

针对城市结构和布局发展出现的诸多问题，很多特大型城市在寻求解决办法的过程中，多以城市绿地的网络布局作为较好的选择，这进一步促进了城市绿地系统布局向网络化发展的趋势。

4.5.2 多元化

中国幅员辽阔、资源丰富，在广阔的国土上分布着各种不同类型的城市。因各个城市的自然地理条件和社会经济条件的差异，以及生产、生活的需要，形成了不同类型城市布局的不同特点，而绿地系统以城市总体规划为依据，其布局与城市布局相互影响，故也呈现出多元化的布局形态。

4.5.3 立体化

城市绿化的立体化，是绿化生态效应的进一步扩大化，它跳出对用地的依赖，并能缓减城市热岛效应，丰富城市再生空间的多层次、多形式。

城市绿化向立体化发展是发达国家的一种趋势。如纽约在高楼里营造绿色，如福特基金会大楼营造垂直的庭院空间，周围各层办公室都能看到庭院的绿树花草(刘晓博等，2005)[50,51]。新加坡高楼也营造“半空花园(mid-level-garden)”，推广屋顶花园，空中绿地，园箱式种植；立交桥和人行天桥绿化等已纳入建筑设计中；同时加强建造植物种植槽和自动灌溉系统。

4.5.4 城乡一体化

城市绿化打破过去建成区的概念，城市的“肺”不再仅仅是城市公园，还包括城乡之间广阔的生态绿地。尤其在特大型城市形态中，要解决城市环境问题就要保护好生态绿地空间，把城市和区域生态系统充分结合，走可持续发展之路。[52-53]

2002 年《城市绿地系统规划编制要求》中，明确提出我国城市绿地系统规划应规划建设城乡一体化大绿化，这充分说明了当前我国城市绿地系统已经跨越了过去就城市论城市的阶段，发展到从整体结构方面来规划市域、城市、中心城区的绿地系统，使其系统性的生态效应发挥与区域生态保持整体的关联性，形成城乡绿地的一体化。

4.5.5　区域化

绿地系统不再仅仅停留于城市本身范围内，而是从区域的角度出发，特别是特大型城市。特大型城市往往是某一区域内的经济、政治、社会文化中心，对周边城市具有强有力的辐射作用，不能单纯地从城市的布局和自然地理以及人文社会条件出发，而是要将城市放在城市带或城市群中一起来考虑，形成一个系统性的整体。结合周边城市的绿化布局特色，以连通的河流和干道绿化形成廊道，联结成大都市地区的生态网络，成为现在城市绿化系统规划布局结构考虑的问题。[54-57]

国际上的特大城市绿化系统规划就是城市区域性总体规划，其城市绿化的布局寻求城市与自然协调的区域性模式，（如图 4-19）“纽约大都市地区”的区域性规划——1996 年提出的“大都会植被战役”（greensward campaign），试图通过开放空间和绿色空间的规划和有所改善的自然资源管理，来着手解决他们之间的矛盾，并把城市绿地空间和大规模的自然保护区结合在一个统一的绿地系统中，其目的就是在于保护和恢复城市、郊区和乡村的环境生态系统(裘江，2001)[31]。因此这些大城市都注重从大的区域角度组织和规划城市绿化系统布局结构。

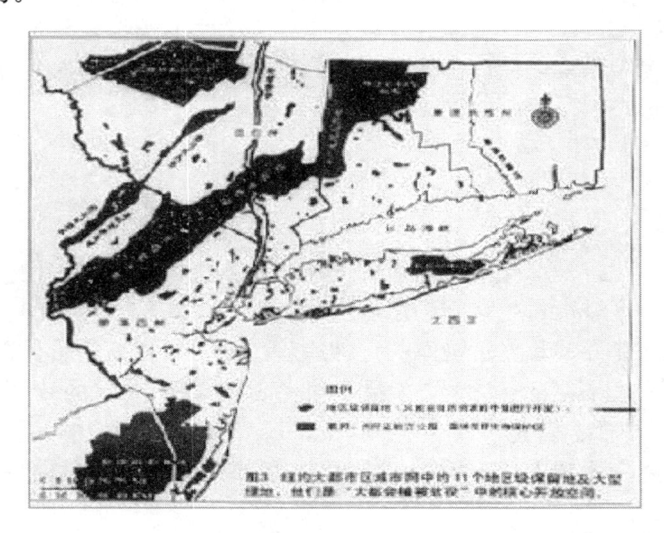

图 4-19　纽约“大都会植被战役中的核心开放空间”

资料来源：裘江．转型期的特大城市绿地系统规划初探：[硕士学位论文]．上海：同济大学，2001.

对于上海来说，作为长江三角洲的主要特大城市和核心城市，应结合长三角的其他城市的绿化格局来考虑，如苏州、杭州等，正如新英格兰的绿道规划对上海的启示。在全国各个层次上将这些分散着的绿地空间以绿道的形式进行连通，从而形成整体性的绿道网络[58]。上海市从远期发展着眼，要考虑对城市之间绿地进行系统性连接，因此，基于城乡一体化的、甚至基于长三角的绿道网络规划必将提上议事日程。

4.6 本章小结

本章对国内外典型特大型城市的绿地系统布局结构进行横向比较，探讨各城市主要时期的绿地系统布局结构，并提炼、概括为最基本的几种发展原型。国外城市绿地系统布局结构发展归纳为环状圈层式、廊道网络式、楔向放射式及依城市地理人文特点发展式等四种基本发展原型；中国城市绿地系统布局结构发展归纳为环网放射型模式、结合城市山水格局的模式、绿心模式及以功能性为主导的模式等四种基本发展原型。通过对比不难看出，国外城市绿地系统规划理论研究起步较早，早期形成的布局结构模式比较单一；相对而言，中国城市绿地系统规划理论研究起步较晚，在国外城市绿地系统规划理论基础之上，发展较快。城市绿地系统布局结构呈现复合型，与城市发展和结构有着紧密地联系，这也是目前城市绿地系统布局规划的趋势和走向。

客观地说，特大型城市绿地规划不是一、两个发展原型就可以解决复杂的发展问题的，绿地布局结构将朝向多层次、多结构、多功能综合的方向发展。

参 考 文 献

[1] 上海城乡一体化绿化系统规划研究，上海绿化管理局. 2005年科学技术项目，编号：ZX060102.

[2] Turner T. City as Landscape：A Post-postmodern View of Design and Planning. Oxford：Great Britain at the Aiden Press，1996.

[3] 韩西丽，俞孔坚. 伦敦城市开放空间规划中的绿色通道网络思想 [J]. 新建筑，2004(5)：7-9.

[4] 汪永华，环城绿带理论及基于城市生态恢复的环城绿带规划.

[5] Great London Authority. Connecting with London's Nature-The mayor's draft biodiversity strategy [M]. 2001.

[6] London Ecology Unit. The Amout of Each Kind of Ground Cover in Greater London [M]. 1992

[7] Great London Authority. Connecting with London's Nature-The mayor's draft biodiversity strategy [M]. 2001.

[8] Stuart Carruthers，Jane Smart，Tom Langton，et. al. Green Space in London [M]. London：The Greater London Council，1986.

[9] The London Planning Advisory Committee. Planning for Great London-A guide to LPAC's strategic polices for the green & built environment [M]. 1998.

[10] London Planning Advisory Committee. Advice on Strategic Planning Guidance for London [M]. 1994.

[11] 张庆费，乔平，杨文悦. 伦敦绿地发展特征分析 [J]. 中国园林，2003(10)：55-58.

[12] 高芸. 现代西方城市绿地规划理论的发展历程 [J]. 新建筑，2000(4)：65-67.

[13]　Green Spaces Investigative Committee. Scrutiny of Green Spaces in London [M]. Greater London. Authority，2001.

[14]　Turner Tom. Towards a Green Strategy for London：Strategic Open Space and Green Chains [M]. London：London Planning Advisory Committee，1991.

[15]　金经元. 奥姆斯特德和波士顿公园系统(下) [J]. 上海城市管理职业技术学院学报，2002(4)：10-12.

[16]　许浩. 对日本近代城市公园绿地历史发展的探讨 [J].

[17]　许浩. 日本东京都绿地分析及其与我国城市绿地的比较研究 [J]. 国外城市规划，2005(6)：27-30.

[18]　日本公园百年史刊行会. 日本公园百年史.

[19]　雷芸. 日本的城市绿地系统规划和公众参与 [J]. 中国园林，2003(11)：33-36.

[20]　许浩. 国外城市绿地系统规划 [M]. 北京：中国建筑工业出版社，2003.

[21]　Elizabethbarlow Rogers. Landscape Design，A Clutural and Architectural History. New York：Harry N. Abrams，Incorporated，New York，2001.

[22]　Frederick Steiner. The Living Landscape，An Ecological Approach to landscape Planning. McGraw Hill College Div，1999.

[23]　Charles E. Beveridge，Paul Rocheleau. Frederick Law Olmsted Design the American Landscape. St Martins Pr. 1998.

[24]　Mary Corbin Sips，Christopher Siliver. Planning the Twentieth Century American.

[25]　陈万蓉，等. 特大城市绿地系统规划的思考——以北京市绿地系统规划为例 [M]. 城市规划，2005(2)：93-96.

[26]　北京市城市规划设计研究院. 北京市区绿地系统规划 [Z]. 2003.

[27]　张式煜. 上海城市绿地系统规划 [J]. 城市规划汇刊，2002(6)：14-16.

[28]　管东生，钟晓燕，郑淑颖. 广州地区森林景观多样性分析 [J]. 生态学杂志，2001，20(4)：9-12.

[29]　詹洲延. 谈广州绿地系统规划 [J]. 南方建筑，2004(01)：9-11.

[30]　刘东云，周波. 景观规划的杰作——从"翡翠项圈"到新英格兰地区的绿色通道规划 [J]. 中国园林，2001(3)：59-61.

[31]　裘江. 转型期的特大城市绿地系统规划初探：[D]. 上海：同济大学，2001

[32]　Sukopp H et al. Urban ecology as the basis of urban planning [M]. Amsterdam：SPB Academic Publishing，1995. 163-172.

[33]　姜允芳. 城市绿地系统规划理论与方法：[D]. 上海：同济大学，2004

[34]　上海城乡一体化绿化系统规划研究，上海绿化管理局 2005 年科学技术项目，编号：ZX060102

[35]　李敏. 城市绿地系统与人居环境规划 [M]. 北京：中国建筑工业出版社，1999.

[36]　(Canada) David Gordon. Green Cities：ecologically sound approaches to urban space. Black Rose Books，1990.

[37]　(USA)Richard Register. Ecocity Berkeley. North Atlantic Books，1987.

[38]　(U. S. A) Anne Whiston Spirn. The Granite Garden urban nature and human design. Basic Books，1984.

[39]　(Canada)Peter Calthorpe. The Next American Metropolis. Princeton Architectural Press，1993.

[40]　(U. S. A)Randall Arendt，MRTPI. Rural by Design：Maintaining，1994. Small Town Character. Planners Press.

[41]　胡长龙等. 江苏省城市绿地系统布局模式的研究 [J]. 江苏林业科技，1998(9)：91-95.

[42]　徐英. 现代城市绿地系统布局多元化研究 [M]. 南京：南京林业大学. 硕士学位论文，2005.

[43]　Anthong Walmsley. Greenways and the making of Urban form. [J]. Landscape and urban planning 1995，33(1)：81-127.

[44] London Planning Advisory Committee. Open Space Planning in London [M]. London：Artillery House，1992.

[45] August Heckscher. Open Space-the Life of American City [M]. New York：Harper & Row，1984.

[46] Tom Turner. Open Space Planning in London [M]. Town Planning，1994. 3.

[47] Ahern，J. Greenways as a planning strategy. [J]. Landscape Planning 1995(33).

[48] 洪金祥. 城市园林绿化与抗震防灾—唐山市震后绿地作用与建设的思考 [J]. 中国园林，1999(3)：57-58.

[49] [美] 埃德蒙·N·培根，黄富厢，等，译. 城市设计 [M]. 北京：中国建筑工业出版社，2003.

[50] 刘晓博等. 我国城市绿色空间网络发展水平及提升策略研究 [J]. 生态经济，2005 (6)：42-45.

[51] Urban waterways：changing historical users in a southwestern desert city《Landscape and Urban planning》Ruth Yabes 1997//39P167-185.

[52] 欧阳志云等，大城市绿化控制带的结构与生态功能，城市规划，2004(4)：41-45.

[53] 刘东云，周波. 景观规划的杰作——从“翡翠项圈”到新英格兰地区的绿色通道规划 [J]. 中国园林. 2001(3)：59-61.

[54] 赵振斌，包浩生. 国外城市自然保护与生态重建及其对我国的启示 [J]. 自然资源学报，2001，16 (4)：390-396.

[55] 金云峰，高侠. 构建城园交融的绿色网络——合肥市城市绿地系统规划研究 [J]. 技术与市场(原林工程)，2005(4)：24-26.

[56] 杭州市城市绿地系统规划(2002～2020 年)，杭州市园林文物局，杭州市城市规划设计院.

[57] 深圳城市绿地系统规划(2004～2020)，深圳市城市管理局，深圳市规划局，深圳市城市规划设计研究院.

[58] 张浪等. 构筑多模式的现代复合交通体系 [J]. 城市规划. 2007(1)：83-85.

第五章　中国特大型城市绿地系统布局结构的进化——以上海跨越式发展为例

结构是指系统内部各组成要素之间，在空间或时间方面的有机联系与相互作用的方式或顺序。它所揭示的是系统要素的内在有机联系形式。与此相对应，系统与外部环境相互联系和作用过程的秩序和能力称为系统的功能。系统功能体现了一个系统与外部环境之间的物质、能量和信息的输入与输出的变换关系。功能是一个过程，揭示了系统外部作用的能力，通过系统整体的运动表现出来，但是首先由系统的结构所决定。城市绿地系统功能的优化，首先建立在城市绿地系统布局结构优化的基础上。

5.1　上海城市经济建设的跨越式发展

城市的产生、发展是一个连续不断的过程，是不断增加的复杂性和非线性，并由一些阶段(阶梯，层次)所构成。因此，从历史发展来看，早在建城之初，上海就已经决定其以经济建设为中心的历史必然性。从早期的农业经济开始，上海城市发展经历了五个重要的发展阶段(见表 5-1)。

上海城市经济中心建设的发展演变　　表 5-1

阶　段	城市建设的基本动力机制		城市形态结构
初步形成阶段(1267～1840)	地理区位	冲积平原，东濒东海、南临杭州湾、北界长江入海口	宋朝以后，今上海市大陆地区基本上全部成陆
	城市经济	魏晋以后，南方被确立为中国的经济重心	
		农业经济发展是上海出现的前提，海洋贸易发展是上海成长的基础	
缓慢发展阶段(1840～1949)	时代背景	近代外国资本主义的强力楔入使中国自给自足的自然经济逐渐解体，上海所受影响最深，开放程度较高	1. 传统城市空间结构被迅速打破，新建的公共租界和法租界对城市空间产生深刻的影响 2. 经济发展使城乡之间功能分工日益明显，城乡之间的联系也更加紧密 3. 与南京之间形成双中心性城市结构
	城市经济	代表了那种受外力影响最深的新兴通商口岸城市，经济成为城市发展的根本动力，外力楔入使其向近代以发展资本主义工商业为中心的新型经济中心转变发展	
稳定发展阶段(1949～1978)	时代背景	上海解放揭开了发展新的历史篇章	—
	城市经济	城市功能调整使上海城市功能单一化，集中体现在其城市金融、流通、交通枢纽等功能的削弱	
		“变消费城市为生产城市”，工业发展极大地推动城市化进程	

续表

<table>
<tr><th>阶　段</th><th colspan="2">城市建设的基本动力机制</th><th>城市形态结构</th></tr>
<tr><td rowspan="5">快速发展阶段
(1978～2000)</td><td rowspan="2">时代背景</td><td>对外开放使外力重新成为城市发展的重要动力，特别是90年代浦东新区的开放</td><td rowspan="5">规划建设“1个中心城，9个新城，60个左右新市镇，600个左右中心村”的城乡空间结构</td></tr>
<tr><td>1992年，十四大明确提出了“尽快把上海建成国际经济、金融、贸易中心之一”的战略决策</td></tr>
<tr><td rowspan="2">城市经济</td><td>成为中国最大的经济中心城市，并向国际经济、金融、贸易和航运中心之一的目标迈进</td></tr>
<tr><td>“双重转轨”，即经济增长方式由粗放型向集约型的转轨、经济体制的根本性转变</td></tr>
<tr><td>城市规划</td><td>1986年、1996年两轮城市总体规划确定了城市经济建设的发展定位，给城市建设指明了方向</td></tr>
<tr><td rowspan="4">跨跃式发展阶段
(2001至今)</td><td rowspan="2">时代背景</td><td>2001年5月国务院批复并原则同意《上海市城市总体规划(1999～2020)》，明确指出，上海是全国重要的经济中心</td><td rowspan="4">从区域整体出发，以中心城为主体，形成“多轴、多层、多核”的市域空间结构，中心城区形成“多心、开敞”的空间结构</td></tr>
<tr><td>“十一五期间”全面贯彻落实科学发展观，以增强城市国际竞争力为发展主线，深入实施科教兴市主战略，走全面协调可持续发展之路。</td></tr>
<tr><td>城市经济</td><td>以技术创新为动力，贯彻“三、二、一”产业发展方针，中心城以第三产业为主，加快以服务经济为主的产业结构调整</td></tr>
<tr><td>城市规划</td><td>明确提出要把上海建设成为现代化国际大都市和国际经济、金融、贸易、航运中心之一</td></tr>
</table>

资料来源：作者归纳整理

5.1.1　初步形成阶段(1267～1840)

上海自宋朝起，开始设镇建制，经历北宋初期的经济发展，逐渐成为一个新的市集，经济功能十分明显。魏晋之后，中国经济重心逐渐南移，也直接影响到上海城市的经济建设。从历史发展的连续性来看，上海在建城之初，以经济建设为中心就已是历史的必然。受时代的影响，初步建设阶段的上海以农业经济为主，而且处于边缘地位。这种状态是农业经济时代城市发展的必然结果，直到鸦片战争以后，才得以根本的转变。

5.1.2　缓慢发展阶段(1840～1949)

鸦片战争打开了中国封闭的大门，中国自给自足的自然经济状态被打破，开始由农业时代向工业时代转变，外力的楔入成为城市发展道路与发展方向改变的根本原因。

上海是当时中国最早开埠的五个通商口岸城市之一，租界成为当时城市的主要地域空间载体，传统城市空间结构被迅速打破。中国沿海、沿江、沿边地区开放的一系列通商口岸，随中国被强行纳入世界资本主义体系，成为外国资本主义在中国经济活动的区域核心，以上海为代表，开放程度最大。

近代中国半封建半殖民的状态，决定了中国同一区域内，不同等级、规模的城市之间处于一种松散联系的状态，经济上虽紧密联系，但具有现代意义的城市体系，城市经济的发展尚未形成，仍处于一种缓慢的发展状态。

5.1.3　稳定发展阶段(1949～1978)

中华人民共和国的建立，使中国的现代化发展进入一个全新的阶段，上海城市发展被纳入到国家整体范围之内。1954 年，《关于撤销大区一级行政机构和合并若干省、市建制的决定》通过后，上海作为一个直辖市的城市地位被确定下来，并一直持续至今。

从城市进化的角度来看，城市发展是非线性的。解放后，由于当时片面的强调“变消费城市为生产城市”，城市生产功能被强化，而流通、贸易、金融等生产服务性功能被忽略。某种意义上，城市功能的调整使上海城市功能单一化，其城市金融、流通、交通枢纽等功能被削弱，上海纳入世界经济体系的步伐趋缓。文化大革命时期，城市绿地建设几乎处于停滞状态。

5.1.4　快速发展阶段(1978～2000)

改革开放成为中国历史发展的又一个重要转折点，特别是 20 世纪 90 年代初上海浦东的改革开放，对上海城市发展而言，不仅是一次突变，更是一种进化突变，对城市发展具有有利性。

对外开放使上海区域优势得以重新体现，城市借助地理优势、政策优势，以要素市场、金融市场培育为契机，带动存量资产和生产要素的优化与重组，推动经济加速发展。特别是，1996 年城市总体规划确定了城市经济建设的发展定位，城市功能显著提升，综合实力不断增强。

5.1.5　跨越式发展阶段(2001～至今)

2001 年 5 月，国务院正式批复并原则同意《上海市城市总体规划》(1999 年～2020 年)[1]明确提出要把上海建设成为现代化国际大都市和国际经济、金融、贸易、航运中心之一。

在“十五”期间，上海在国际经济、金融、贸易和航运中心建设方面取得重要突破，城市综合竞争力显著增强，国际影响力明显提升。据统计，“十五”期间，全市生产总值年均增长率达到 11.5%，实现连续 14 年保持两位数增长[2]，城市经济处于高速发展期。上海已经具备了由区域中心城市向国际化、区域化跨越式发展的实力。

2006 年，上海市人民政府按照党中央、国务院对上海的发展定位，组织编制了《上海市国民经济和社会发展第十一个五年规划纲要》，纲要指出：“‘十一五’时期是上海全面贯彻落实科学发展观、深入实施科教兴市主战略、加快‘四个中心’建设进入关键阶段的五年”。[3] “十一五”期间，上海以增强城市国际竞争力作为发展主线，深入实施科教兴市主战略，紧扣“四个中心”和社会主义现代化国际大都市建设的奋斗目标，实现“四个率先”，加快自身发展和主动服务全国，走全面协调可持续发展之路。“十一五”规划为上海跨越发展指出了明确的方向。

5.2　上海绿化建设的跨越式发展

上海城市绿化建设经历了由慢到快、由小到大、由量变逐步到质变的发展阶段，形成了今天的格局和特点(见表 5-2，图 5-1)[4]。

历年上海绿地建设发展情况　　表 5-2

	市区绿化(hm^2)	公共绿地(hm^2)	人均公共绿地(m^2)	绿化覆盖率(%)
1949～1978 年	761		0.47	
1986～1998 年	8278	2777	2.96	19.1
1998～2000 年	13319	5730	5.50	23.5
2001～2005 年	28865	12038	11.01	37.0

资料来源：上海绿地系统规划建设后评估(讨论稿). 上海市城市规划设计研究院，2006.12

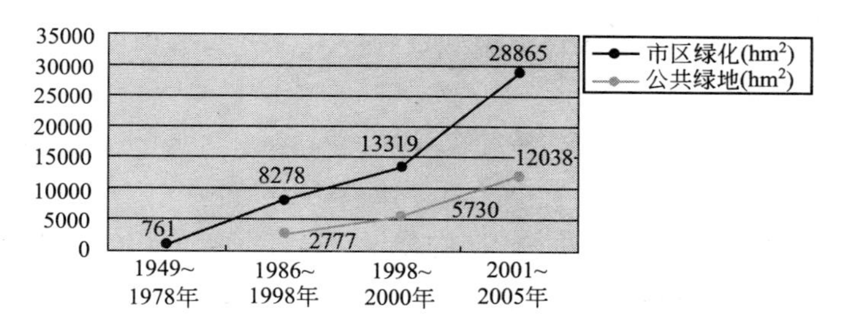

图 5-1　历年上海绿地建设情况发展

资料来源：上海绿地系统规划建设后评估(讨论稿). 上海市城市规划设计研究院，2006.12

5.2.1　缓慢发展阶段(1949～1978)

1949 年前的百年间，上海市平均每年仅开辟 0.6hm^2 的绿地，各种公园绿地约为 89hm^2。这些绿地绝大部分集中于租界和上层人士聚居地住宅区，市民群众居住集中的南市、普陀、杨浦等地区没有一块公共绿地。

解放后，上海绿地建设逐步展开，特别是结合旧城改造，相继建成第一条外滩滨江绿带、肇嘉浜林荫道、人民公园、杨浦公园、长风公园、西郊公园等。到 1978 年，市区绿化面积达到 761hm^2，人均公共绿地面积已由解放初的 0.13m^2 增加到 0.47m^2；29 年间绿地年均增长约 23hm^2。

5.2.2　稳定增长阶段(1986～1998)

自土地有偿使用、引进外资参与城市建设等政策推行以来，上海绿化建设结合城市道路交通、市政基础设施以及城市居住区的规划建设，成效显著。其中，比较有代表性的是城市外环绿带、陆家嘴中心绿地、滨江大道、上海大观园、植物园、共青森林公园、东平国家森林公园、佘山国家森林公园等项目。

至1998年底，上海市区绿化总面积达到8278hm²，其中，公共绿地面积2777hm²，人均公共绿地面积达到2.96m²/人，绿化覆盖率为19.1%，郊区各区基本实现每区一个公园的目标。十几年间，绿地年均增长413hm²。

5.2.3　跨越式发展阶段(1998～2005)

1998年以来，在国家、上海市委、市政府有关进一步加强城市环境建设的精神指导下，上海市紧紧围绕改善上海生态环境这个目标，积极探索具有时代特征、上海特色的绿化发展之路。遵循科学合理、因地制宜的原则，从“见缝插绿”转变为“规划建绿”，结合大市政建设、旧城改造、污染工厂搬迁等，辟出成片绿化用地，以生态学理论为指导，建设“城乡一体化、平面与垂直结合的立体绿化”，形成具有特大城市特点的绿化发展之路，城市生态环境质量取得较大改善。

(1) 1998年起，实施每个街道至少建设一块500m²以上的公共绿地。两年间，全市共建140块公共绿地。

(2) 1999年起，实施每个街道至少建设一块3000m²以上的公共绿地，已建成120块。

(3) 2000年起，实施中心城区每个区至少建设一块4hm²以上的大型公共绿地，目前已建成约20块。在郊区开展“一镇一园”的建设，营建了大面积的人造森林。

(4) 2000年起，组织实施了《生物多样性计划》。三年内，城市绿化常用植物从500种增至800种。

2001年底，市区绿地总面积达到了13319hm²，其中，公共绿地5730hm²，人均公共绿地提高到5.5m²，绿化率提高到23.5%。这些绿地建设提升了城市生态环境质量，缓解城市中心热岛效应，对于改善人民生活质量具有重要作用。

(5) 林业建设。从1989年到2001年，上海森林覆盖率从5.46%提高到10.4%，郊区林地面积从146.4km²增加到373.3km²。上海林业发展初步形成以沿海防护林、河道水源涵养林、道路景观林等生态公益林为屏障，桃、梨、柑桔、葡萄、竹等经济林为主体，大型苗木基地为基础的林业发展格局。

“十五”是上海绿化林业经历功能性提升、跨越式发展、体制性变化的重要阶段，绿地林地建设快速推进，绿化林业管理不断加强，为民服务能力显著提升。2005年底，上海城市园林绿地总量达28865hm²，林地面积89197hm²；人均公共绿地11.01m²，绿化率37%，森林覆盖率11.63%(见表5-3、图5-2)。

上海绿地建设发展情况(1999～2005) **表 5-3**

	城市园林绿地(hm^2)	公共绿地(hm^2)	人均公共绿地(m^2)	绿地率(%)
1999 年	11117	3856	3.62	17.67
2000 年	12601	4812	4.60	19.56
2001 年	14771	5730	5.50	21.48
2002 年	18758	5820	7809	27.76
2003 年	24426	9450	9.16	32.10
2004 年	26689	10979	10.11	34.14
2005 年	28865	12038	11.01	35.01

资料来源：作者归纳整理

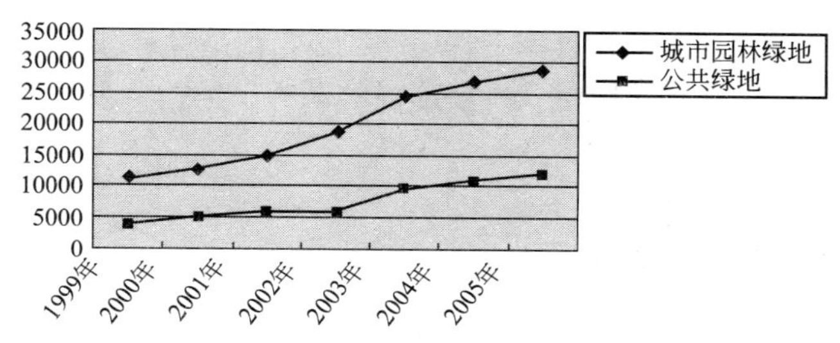

图 5-2 上海城市绿地建设情况(1999～2005)

资料来源：作者整理绘制

5.2.4 质量跃升阶段(2005～至今)

"十一五"是上海绿化林业发展的"战略机遇期"，又是"矛盾凸显期"。绿化林业发展以邓小平理论和"三个代表"重要思想为指导，以科学发展观为统领，以构建社会主义和谐社会为目标，抓住"迎接世博会"和"建设生态型城市"两大契机，稳步推进绿地林地建设；坚持"建管并举，重在管理"的方针，全面强化绿化林业管理，努力实现绿化林业全面、协调和可持续发展。

"十一五"绿化林业发展的总体思路实现四个转变：[5]

一是工作重心上，从重建设向重管理转变。在继续保持绿地林地建设发展稳步增长的基础上，着力将工作重心进一步向管理转移，切实把"重在管理"的要求落实到绿化林业工作的各个环节。

二是发展理念上，从重数量向重质量转变。按照建设资源节约型、环境友好型社会的要求，坚持科技创新，注重建设管理的集约化、资源化，不断提升绿地林地建设的内涵品质和养护管理精细程度。

三是结构布局上，从单一领域向多领域转变。按照建设生态型城市的要求，大力发展屋顶绿化、垂直绿化，推进郊区农田林网、道路林网、河道林网建设，不断改善城市生态环境。

四是系统功能上，从单一功能向多功能转变。注重体现绿化林业的多种属性，不断优化拓展绿地林地功能，提升城区绿地服务社会市民的综合功能，增强郊区林地的生态、经济综合效益。

“十一五”期间，上海绿化林业发展转向“建管并举”、重在提升绿化林业规划建设、管理养护的质量内涵、科技内涵、功能内涵，在系统功能的有效性、养护管理长效化等方面实现新的跨越。

5.3　上海城市绿地系统布局结构的突变

突变是从量的角度研究各事物的不连续变化，强调变化过程的间断或突然转换的意思。突变论的创始人法国数学家雷内托姆认为“系统从一种稳定状态进入不稳定状态，随参数的再变化，又使不稳定状态进入另一种稳定状态，那么，系统状态就在这一刹那间发生了突变”。突变认为自然界或人类社会中任何一种运动状态，都是稳定态与非稳定态相互交错。

从上海近年来城市绿地系统跨越式发展形成的动力、结构、发展来看，上海城市绿地系统布局结构的发展，着实经历“突变”。

5.3.1　两次规划布局结构的突变

1. 三次主要绿地系统规划综述

上海绿地系统规划在改革开放后，分别于1983、1994和2002年进行了三次系统性地规划，随着人们对绿地系统规划理论认识的不断深入，绿地系统布局结构也在发生突变(见表5-4)。其中，1994版、2002版两次规划对城市绿地系统布局结构产生关键性作用。

上海绿地系统布局结构的演变　　　　**表5-4**

阶　段	规划指导思想	布局结构突变特点
20世纪80年代初	园林绿化	提出中心城园林绿地规划设想和郊区园林绿化设想，开辟3条环状绿带，布置楔形绿地、公共绿地、专用绿地，完成了城市绿化建设从“见缝插绿”到“规划建绿”历史转变
20世纪90年代初	生态学原理	打破“城乡二元化结构”，规划大环境绿化
		建成区绿地的均匀分布
		规划环城绿带和楔形绿地
21世纪初	大都市圈	“环、楔、廊、园、林”的市域绿化结构
十一五期间	绿化林业布局结构	结合“环、楔、廊、园、林”总体布局结构，推进“二环二区三园、多核多廊多带”的绿化林业布局结构

资料来源：作者归纳整理

(1) 1983版

1983年编制的《上海市园林绿化系统规划》，并作为专业规划纳入了《上海市城市总体规划》方案中。1984年上报国务院审批实施。

此次规划主要是在上海中心城区，提出了中心城园林绿化的设想，开辟3条环状绿带，布置楔形绿地、公共绿地、专用绿地；提出了郊区园林绿化设想，搞好城镇绿化，建设郊区风景游览线，发展沿海、沿江防护林带，逐步实现农田林网化。把公共绿地分为市级、区级、地区级、居住区级及小区级，并以行道树、林荫道、绿带与外围楔形绿地、郊区农田沟通，形成点、线、面结合的绿化系统，以美化城市、改善中心城的生态环境质量。

1983年的绿地系统规划还未成系统，结构和布局比较简单，城市绿地分类不全，缺少生物多样性保护与建设规划、古树名木保护、分期建设规划及实施措施等。由于当时对城市绿地系统规划缺乏足够的认识和重视，并未认识到城市绿地功能和作用对于社会、经济发展的重要作用。因此，城市绿化建设与经济发展、城市基础设施建设不能同步。

(2) 1994版

20世纪90年代初，上海城市建设确定了“建设国际经济、金融、贸易中心和建成清洁、优美、舒适的生态城市”的总体目标，配合城市总体规划的修编，1994年编制完成了《上海市城市绿地系统规划(1994～2010)》，规划期限与城市总体规划期限一致。

规划指导思想上生态学原理的应用，布局结构以郊区环防护林、滨海林地、滩涂绿化、果园、经济林、风景区为城市外围大环境绿化圈；以人民广场、人民公园、外滩和苏州河河滨绿化、公园、游园及各种特殊空间绿化组成的市中心绿化核心；以道路、河道绿地为框架网络；框架内公共绿地；专用绿地、各种绿色空间合理布置；十条放射的快速干道绿带、5大片楔形绿地为绿色通道将新鲜空气导入市区；全市形成中心增绿，四面开花；南引北挡，绿楔插入；路林结合，蓝绿相间；星罗棋布，经纬交织；多功能的、有特色的、多效益的、完整的绿地系统。全市绿地布局归纳为：一心两翼、三环十线、五楔九组、星罗棋布。即：市中心为绿色核心，浦东和浦西联动发展，三圈绿色环带、十条放射绿线、五片楔形绿地、九组风景游览区、线，各种绿地星罗棋布。[6,7]这是绿地系统布局结构的第一次重要突变。

规划对全市绿地系统和各类绿地进行合理布局、综合平衡，规划范围为市域范围($6340km^2$)，分主城、辅城、郊县(二级市)中心城区和郊县集镇等四个层次展开。规划涉及生物多样性保护行动计划的规划，并转变了观念，实行城乡结合，注重大环境绿化，使发展绿地与调整农业结构结合，建成区与市郊绿化协同发展，公共绿地与专用绿地、生产绿地齐头并进。

20世纪90年代初，上海根据建设国际经济、金融、贸易中心和生态城市的总体目标，在1994版的城市绿地系统规划编制上，体现了不少的创新之处：

1) 引入了生态学原理，按照“城市与自然共存”的原则，体现以人为本，改善市民生存环境和改善经济发展必备的投资环境，使生态环境建设和经济、社会协调持续发展。

2) 打破“城乡二元化”的局限性，面向全上海实行城乡结合的大环境绿化，各类绿地建设全面推进，整体发展。

3) 合理调整城市绿地的布局，结合旧区改造，拆房建绿，使绿地均匀分布。

4) 把国外特大城市绿地系统布局中的“环、楔”结构引入，规划环城绿带和楔形绿地。

5) 规划中提出公园分类分级和服务半径的理念。

1994版绿地系统规划为上海城市绿地的建设和管理提供了依据，为上海城市绿化跨越式发展提供了充足的依据，使上海提前进入了国家园林城市行列。

(3) 2002版

2001年国务院正式批准了《上海市城市总体规划(1999～2020)》，把上海定位为“现代化国际大都市和经济、贸易、金融和国际航运中心之一”。20 世纪 90 年代编制的绿地系统规划已经不能满足上海作为现代化国际大都市的发展建设需要。2002 年编制的《上海市城市绿地系统规划(2002～2020)》[8]，在上海与国外现代化国际大都市差距的比较基础之上展开。

20 世纪 90 年代初修编的绿地系统规划的结构和布局，已经满足不了上海作为现代化国际大都市的发展。于是，进行了《迈向二十一世纪上海城市绿化研究》、《上海与英国伦敦等主要城市绿化及管理的比较研究》等课题研究。通过分析比较上海与国外现代化国际大都市在城市绿化方面的差距，引进国外先进理念与上海实际结合，在 2002 年版绿地系统规划中，体现大都市圈发展的思想，规划城乡一体、具有特大型城市特点的绿化体系，以生态性和系统性为原则，完善绿地类型和布局。

2002 版绿地系统规划，涉及整个市域范围。根据绿化生态效应最优以及与城市主要风向频率的关系，结合农业产业结构调整，规划集中城市化地区以各级公共绿地为核心，郊区大型生态林地为主体，以沿“江、河、湖、海、路、岛、城”地区的绿化为网络和连接形成“主体”。通过“网络”与“核心”相互作用的市域绿化大循环。市域绿化总体布局为“环、楔、廊、园、林”。使城在林中，人在绿中，为林中上海、绿色上海奠定基础。[9]中心城区公共绿地规划的结构以“一纵两横三环”为骨架、“多片多园”为基础、“绿色廊道”为网络、开敞通透为特色，环、楔、廊、园、林相结合(见图 5-3 同附件一中图 5-3[8]，5-4 同附件一中图 5-4[10])。这是绿地系统布局结构的第二次重要突变。

2002 版规划通过加强绿化建设作为城市环境建设发展的关键，在中心城特别是内环线以内地区挖潜增绿，大幅度增加上海的绿化规模和效应，以绿化生态效应为核心、各级绿地协调发展，从根本上改善上海的生态环境质量，并坚持：

1) 结合中心城旧区改造，特别是黄浦江、苏州河沿岸地区开发，加快公共绿地建设。

2) 结合城镇体系规划和小城镇建设，以生态城镇发展为核心，提高郊区城镇绿化水平。

3) 结合市域产业布局调整，特别是市级大型产业基地的建设，形成具有鲜明产业特点的绿化格局。

4) 结合郊区农业产业结构调整，实施退耕还林计划。

5) 结合重大工程项目和重大基础设施建设，推进配套绿化建设步伐。

6) 结合郊区“三个集中”，将归并、置换出的城镇和农村居民点用地以及散、乱工业点用地等，集中造林。

7) 结合自然保护区和风景名胜区的保护，有计划地造林增绿。

8) 结合滩涂资源的开发、利用，大面积造地增绿。

2. 两次重要的规划布局结构突变比较

1994 年，《上海市城市绿地系统规划(1994～2010)》提出的全市绿地规划结构是一心两翼、三环十线、五楔九组、星罗棋布。布局的形态采取的是点状、环状、网状、楔状、放射、带状相结合。相比于以前的规划，首先，形态上增加了网状绿地，使绿地之间的联系更紧密；其次，该次规划考虑的范围更大，考虑到了中心城和郊区的绿化；第三，绿地功能更加多样化，不仅考虑到绿化覆盖率和美观，也把绿地的生态功能提到重要位置，利用绿化南引北挡，减少热岛效应，防风滞尘，尽量发挥每种形态绿地的功能。第四，为限制城市蔓延性扩张，保证城市与乡村间合理过渡，提高城市生命活力，规划沿上海主城外围建设环城绿带，采用“长藤结瓜”的形态，兼顾了绿地的生产功能。

相比1994年的规划，2002年阶段的规划首先从整个市域大环境出发，不仅范围扩大，而且将市域作为一个整体进行规划，中心城和非城市化地区仅仅是整体中的部分。其次，规划采取点状、环状、网状、楔状、放射、带状相结合的布局形态，集中城市化地区以各级公共绿地为核心，郊区以大型生态林地为主体，以沿“江、河、湖、海、路、岛、城”地区的绿化为网络和连接形成“主体”。并实现网络与“核心”相互作用的市域绿化大循环。第三，按功能进行布局，各种形态绿地的功能更加明确，尤其是生态功能。功能亦更加多样化，包括生态保护功能、美化功能、观赏功能、教育功能、服务功能、生产功能等(见表5-5)。

上海市1994年和2002年绿化系统规划布局模式比较 **表5-5**

规划名称	《上海市城市绿地系统规划(1994～2010)》	《上海市绿化系统规划(2002～2020)》
规划的城市及绿化背景	上海城市绿化建设迁就现状、填空补缺多，总量发展少，且偏重中心城区绿点的发展；全局性、系统性不强，城市生态环境质量相对滞后。上海建成国际经济、金融、贸易中心和建成清洁、优美、舒适的生态城市的总体目标	城市绿化建设取得了突破性进展，与同期国内外绿化先进城市相比，仍有很大差距，市域绿化网络体系不够完善，绿化布局不尽合理。上海定位为现代化国际大都市和经济、贸易、金融和国际航运中心
规划的布局结构形式	一心两翼、三环十线、五楔九组、星罗棋布。即：市中心绿色核心，浦东和浦西联动发展，三圈绿色环带、十条放射绿线、五片楔形绿地、九组风景游览区、线，各种绿地星罗棋布	集中城市化地区以各级公共绿地为核心，郊区以大型生态林地为主体，以沿“江、河、湖、海、路、岛、城”地区的绿化为网络和连接，形成“主体”通过“网络”与“核心”相互作用的市域绿化大循环，市域绿化总体布局为“环、楔、廊、园、林”
规划的布局结构示意图		
规划的优势	以生态学原理为指导，按照“城市与自然共存”为原则，体现以人为主体思想；城乡结合，注重大环境绿化；合理调整城市绿地的布局，结合旧区改造；“环”、“楔”结构的应用；提出公园分类分级和服务半径的理念	结合中心城区旧区改造；结合城镇体系规划和小城镇建设；结合产业布局调整，留出绿化隔离带；结合郊区“三集中”政策；结合郊区农业结构调整植树造林；结合滩涂资源开发大面积增绿等多项结合原则
规划的劣势	绿色廊道的连接重视不够；主要集中在中心城区的绿化，没有达到城乡绿化结合；对城市生态敏感区不够重视	规划仍缺乏“动态”的考虑，亦即时间和空间两方面的动态性；缺乏长三角区域的整体考虑，并缺少对大区域生态背景分析；对城市本身的自然地理条件考虑较少。现有城市绿化系统规划附属于城市总体规划，绿地组成缺乏相对独立性。规划对绿化系统的生态功能强调不够

图例：

放射形绿廊　环状绿带　网状绿带

楔形绿地　中心城点状绿地　效区点、片状绿地

资料来源：上海城乡一体化绿化系统规划研究，上海绿化管理局2005年科学技术项目，编号：ZX060102.

3. 两次突变后的布局结构[4]

2004年底，上海市土地总面积8239.01km²，其中农用地3852.62km²，占全市总面积的46.76％，建设用地2336.70km²，占全市总面积的28.36％，未利用地2049.69km²，占全市总面积的24.88％(见表5-6)。

2004年上海市土地利用现状分类结构表　　表5-6

地　类	土　地　面　积		土地利用结构
	km²	万亩	
农用地	3852.62	577.89	46.76％
耕地	2785.62	417.84	33.81％
园地	106.80	16.02	1.30％
养殖及坑塘水面用地	446.87	67.03	5.42％
林地	184.15	27.62	2.24％
农副业服务用地	133.17	19.98	1.62％
农村道路用地	135.69	20.35	1.65％
沟渠	60.32	9.05	0.73％
建设用地	2336.70	350.51	28.36％
城镇用地	630.37	94.56	7.65％
工业仓储用地	918.73	137.81	11.15％
交通运输用地	182.10	27.32	2.21％
农村居民点用地	566.85	85.03	6.88％
特殊用地	18.42	2.76	0.22％
水工建筑及其他	20.23	3.03	0.25％
未利用地	2049.69	307.45	24.88％
河湖水面	1565.59	234.84	19.00％
苇地滩涂	452.50	67.88	5.49％
未利用土地	31.60	4.74	0.38％
合计	8239.01	1235.85	100％

资料来源：上海绿地系统规划建设后评估(讨论稿). 上海市城市规划设计研究院，2006.12

其中：

(1) 中心城公共绿地

1) 服务半径

从《中心城规划绿地服务分析图》可以看出，到2004年上海已经基本完成500m绿化服务半径的工作(图5-5，5-6，见文后彩图)。

2) 规划结构的实施

中心城公共绿地总体布局呈片、带、点结合的方式，结合主要道路绿地、河道绿地、专用绿地，形成中心城的绿化系统。从规划实施的角度来看，基本达到了规划要求，初步形成了以“一纵两横三环”为骨架、以“多片多园”为基础、以“绿色廊道”为网络的绿化系统，形成了互为交融、有机联系的中心城绿地布局结构(见图 5-7，同附件一中图 5-6)。

(2) 外环绿地

根据《上海市环城绿带规划》和《外环线绿带绿化控制线规划》，1995 年环城绿带开始与外环线同步实施。2002 年基本建成宽 100m 的林带，面积约为 883.7hm²；宽 400m 绿带的一期工程开始建设，面积约为 1444.5hm²，截止 2003 年底总计完成环城绿带面积约为 2328.2hm²。目前，宽 400m 绿带二期工程正在全面启动。

环城绿带是上海“环、楔、廊、园、林”市域绿化系统的重要组成部分。环城绿带历经十年的建设，已初具规模，成为镶嵌在上海中心城边缘的一条绿色项链(图 5-8，见文后彩图)。

现已实施的 2553.00hm² 的一期绿带布局较零碎，在整体性、连贯性、统一性、均衡性、综合性等方面还有待进一步优化提升，只达到了生态功能和部分景观功能，但仍缺乏各类基础设施配套建设，绿带的城市综合功能(生态、休闲、体育、文化主题、防灾避难、社区服务等)还远未充分发挥，景观面貌也有待提高。

(3) 楔形绿地

根据《上海绿化系统规划(2002～2020)》，规划确定了 8 片中心城楔形公共绿地，分别为吴中路、桃浦、大场、三岔港、东沟、张家浜、北蔡、三林片。(图 5-9，见文后彩图)

(4) 城市建设敏感区绿地(图 5-10，见文后彩图)

(5) 郊区林地

自 2004 年以来，初步形成沟通城郊、环抱中心城“一环十六廊、三带十九片”的城市森林空间布局结构，为构建上海城市森林生态系统奠定了基础(图 5-11，见文后彩图)(备注：各区林地建设情况参见附件二：上海绿地系统规划建设后评估(讨论稿). 上海市城市规划设计研究院，2006.12)。

(6) 小结

上海执行全市绿化系统规划的总体情况良好，基本贯彻了绿地系统规划提出的建成“环、楔、廊、园、林”绿色网络框架结构体系的思想。初步形成城郊一体、结构合理、布局均衡、生态功能完善稳定的市域绿色生态系统。

5.3.2 规划的突变

1. 布局结构存在的问题

上海市城市绿化系统布局模式虽然已经形成“环、楔、廊、园、林”的市域绿化大循环，但是随着城市化的发展，城市绿地的布局已经满足不了城市的发展，仍与国际大都市的地位不相称，存在以下几方面主要问题：

(1) 绿色网络的体系不够完善

1) 点状绿地连接度不够

专用绿地和公园绿地构成了城市绿地系统的主体，而承担绿地框架联结功能的街道绿地所占比例不高，未能有效地将大片的主要绿地与零星分散的小面积绿地联结起来，以形成完善的网状都市绿地体系[11-13]。尤其在建成区内，绿地斑块结构间的网络连接度还不紧密。

2）大型绿地分布不均

综观上海城市绿地布局，目前存在城市大型绿地（面积超过 3000m^2）缺乏、分布不均匀的现象，特别是在市中心城的十个区仅有 150 余块大型绿地[14]，市区的大型绿地大多数呈分散状沿内环线边缘分布在中心广场和公园，而在内环线以内大型绿地则相对比较缺乏，面积也不如内环线以外的大型绿地那么大；但小块绿地大多位于交通环线与干线两侧，绿地多呈孤岛。各大型绿地与众多小型绿地、内环线绿地、外环线绿地及道路绿地之间缺乏系统的连接，斑块异质性差，未能形成规模性的、有机的城市绿地网络。

3）绿色廊道建设有待提高，绿地生态网络尚未形成

市域范围内生态廊道建设主要以防护林带、生态林、经济林等为主，规划和建设随意性较大，没有系统地整体考虑，各廊道的连通度有待提高。首先上海城市已有的绿色廊道如街道绿地，有的仅仅是一排行道树，其宽度远远达不到作为有实质性功能的绿色廊道的要求；其次，河流水体型廊道严重缺乏，显示出未能足够重视河流水系的生态和景观骨架功能。

（2）城市绿地建设与城市空间结构发展不协调

各类公园绿地在城市分区中分布不匀、服务半径过大，且仍有部分地区存在绿化服务盲区。绿化林业发展存在区域的不平衡性，导致绿地林地布局的不平衡，从市区绿地的分布情况来看，普陀区、杨浦区、浦东新区、嘉定区、闵行区、宝山区和金山区的人均公共绿地面积均超过 3m^2/人，绿地覆盖率亦高于市区平均水平（见表 5-7）。

2005 年上海各区绿化指标比较　　　　**表 5-7**

地区	园林绿地面积（公顷）	公共绿地面积（公顷）	公园数（个）	公园游园人数（万人次）	绿化覆盖面积（公顷）	绿化覆盖率（%）	绿化种植数（万株）	行道树实有数（万株）	人均公共绿地面积（平方米）
总计	28864.70	12037.59	144	13656.25	30525.55	37.0	2392.20	83.30	11.01
浦东新区	8439.52	4154.71	17	1141.51	8697.81	45.3	398.56	36.79	24.41
黄浦区	116.65	82.86	7	1648.03	150.02	12.1	37.56	0.93	1.36
卢湾区	95.47	47.88	5	773.68	133.90	16.6	9.44	1.02	1.51
徐汇区	1078.07	396.73	11	1542.87	1333.24	24.4	6.74	3.52	4.47
长宁区	1035.00	378.87	13	1324.13	1134.45	29.6	4.45	2.47	6.11
静安区	74.55	28.43	2	236.40	120.82	15.9	7.99	1.17	0.92
普陀区	965.41	422.49	16	1225.34	1099.01	20.0	131.16	4.44	4.93
闸北区	469.21	182.96	7	687.84	528.27	18.1	12.05	1.76	2.58
虹口区	361.52	137.23	9	1485.68	424.41	18.1	93.21	2.24	1.75
杨浦区	936.77	377.60	14	1429.94	1101.36	18.1	36.87	3.06	3.48
宝山区	3485.83	1250.00	10	1075.31	3581.66	39.9	225.58	3.78	17.37
闵行区	3009.59	1691.22	9	368.14	3154.20	51.0	308.65	6.25	25.03

续表

地区	园林绿地面积(公顷)	公共绿地面积(公顷)	公园数(个)	公园游园人数(万人次)	绿化覆盖面积(公顷)	绿化覆盖率(%)	绿化种植数(万株)	行道树实有数(万株)	人均公共绿地面积(平方米)
嘉定区	1764.38	895.81	5	195.66	1836.11	47.0	100.17	4.83	24.40
金山区	923.58	389.71	7	104.56	983.69	35.2	94.95	2.77	15.64
松江区	1279.99	401.68	4	217.92	1310.72	44.6	0.06	1.85	16.82
青浦区	1687.07	335.22	3	47.52	1726.58	49.1	550.79	2.41	14.81
南汇区	1444.56	420.69	2	106.92	1458.30	53.0	132.18	0.82	17.89
奉贤区	1537.12	381.98	1	42.92	1560.89	55.9	182.59	1.67	12.86
崇明县	160.41	61.52	2	1.88	190.11	—	59.18	1.50	—

注：绿化覆盖率、人均公共绿地面积不包括崇明县在内。
资料来源：作者归纳整理

主要是因为这些区都是新区，其土地面积大，待用的闲置地占相当数量，并拥有大面积的农林植被和自然植被。因大面积的农林植被地和自然植被地的存在，为城市绿地景观的进一步规划建设提供了可能性，并成为规划大型城郊楔形绿地和公共绿地的首选区域。而位于中心城区的静安区、卢湾区和南市区则绿地比较缺乏，人均公共绿地面积均 $1m^2$ 左右，绿地覆盖率远低于市区平均水平。主要原因是由于黄浦区、卢湾区、静安区和虹口区为老城区，由于历史遗留等因素的影响，区内绿化景观面积很低，不仅公共绿地少，居住区绿地和附属绿地也相当少。因此，是绿地景观规划中需要重点解决的城区。根据上海近年来多中心组团分布的城市空间结构发展模式，城市绿化系统也应趋向各分区的平衡发展。

(3) 城市绿地的生态功能不够强化

在不同类型土地之间缺乏缓冲带，尤其没有布置工业区与生活区之间，交通道路与住宅区之间的缓冲带。这些缓冲带通常由绿化用地承担，而规划的绿地布置没有按照这个功能布置，生态林用地的布置也缺乏足够的目的性。

2. 规划理论的突变[15]

(1) 从"城市中的绿地"到"绿地中的城市"

1994 版和 2002 版的上海绿地系统规划范围界定在市域范围(即中心城、郊区城镇和非集中城市化地区三部分)和中心城区两个层面。规划把建成区作为一个整体，绿地作为城市建设用地的一类，绿地系统从属于城市，绿地处于一种十分被动又无奈的地位。此种规划即为"城市中的绿地"。

从生态学角度看，城市与周围的区域处于一个自然系统之中，城市只是自然系统的一个组成部分，城市建设应把城市放在一个更大的区域范围来看待。绿地作为城市的部分，虽然城市周围的农田区尽管不是城市绿地分类中的一种，但却因绿色植物的生长而为城市提供了更为广阔的绿色空间，可以将其看作是城市绿地的一种延伸，形成"绿地中的城市"。这时，绿地与城市其他用地便达到了一种相互融合的关系，完善了区域性的生态绿化系统[16]。

“绿地中的城市”即以城市绿地引导城市布局形态，城市绿化系统并不是独立存在于城市之中的，而是与城市中其他因素及城市以外的区域环境是紧密相联的。城市绿化系统布局模式在诸多方面影响着城市形态的发展：

首先，城市绿化系统的布局模式，要求城市形态格局的发展符合可持续发展的要求；城市的发展要充分考虑已有的自然条件，适应当地的气候，尊重当地的自然环境，使其生态系统得以良性发展。

其次，对城市绿化系统布局模式的选择，使人们重新思考城市交通发展的方向。在上海这样高度密集的特大型城市中，为了避免资源的浪费并方便人们的生活，城市交通的发展应从以单纯扩大交通设施为导向，发展为对交通体系以及其他城市要素系统(如城市绿化系统)之间的整体优化与统筹安排。

再次，城市绿化系统规划布局模式的选择，不止于改善城市的生态系统，还在于它对城市生活的影响。通过绿化系统规划，城市形态的发展应能找到一种方式，即把都市生活的丰富多彩和郊区化生活接近自然的特点充分结合起来，这正如霍华德的花园城市模型所表达的社会理想：寻求城市与乡村稳定而持久地结合。并且他还提出一个“结构平衡、能抑制生长的新城市计划纲要”，在城市发展的现实中，虽然抑制生长难以做到，但结构平衡则可以通过城市绿化系统采用合理的布局模式来实现。

(2) 绿地系统与城市总体规划关系的重新认知

根据《城市规划编制办法》(1989)，城市绿地系统规划作为城市总体规划的一个专项规划，往往就是将城市总体规划中的绿地剥离出来加以深化，采用将大类再细化为中类、小类等手法，但却因无法改变总体规划中的用地性质，而使绿化系统规划难以有形态上大的改变。这样定位的城市绿化系统规划，是难以提出合理的城市绿化系统布局模式的，即使是现在，按要求单独编制城市绿化系统规划也很难改变这种现实。

从系统论的角度看，系统是一个相互联系、具有不同层次的开放体系。绿地系统是城市系统的一部分。随着科学技术的不断发展，对绿地系统自身的整体性、动态结构、能动性、组织层次和开放性的认识也不断地深入。新一轮绿地系统布局结构规划更加注重绿地系统组成部分之间的相互关系、影响和作用，绿地系统内部物质、能量和信息的运动方式[17]。

绿地系统空间规划分为三个层面：城市背景区(市域)、城市规划建成区(市区)以及中心城区。城市绿地系统总体规划也将从这三个空间层面开始研究。城市绿地系统三个层面市域、市区(城市规划区用地)、中心城区的划分与城市总体规划编制的市域城镇体系规划、城市总体规划(市区)、中心城区总体规划三个层面保持高度一致性，从而加强与以往作为城市总体规划中，专项绿地系统规划之间的传承性以及与其他各城市之间规划的可比性。如上海城市绿地系统规划包括：市域绿地系统规划和中心城区绿地系统规划两个层次，市域范围由中心城、郊区城镇和非集中城市化地区三部分组成，前两部分组成集中城市化地区。中心城区指外环线内建成区，郊区城镇包括新城、中心镇和一般镇[18]。

在规划内容上，一方面城市绿化系统规划应根据城市总体规划的城市发展方向、城市空间结构、城市土地利用分区等确定城市绿地系统的结构和布局模式，以现有和正在规划的城市形态指导绿色空间的设置，实现在保护自然的同时求得城市合理发展；另一方面，城市绿化系统规划应根据城市原有的自然条件和风貌，以及区域性的绿化结构，形成较为合理的城市绿地空间布局模式，与土地开发紧密相联，以绿色空间为导向构筑城市发展的框架，发挥疏导城市开发，创造良好环境的功能。

（3）基于景观生态学的城市绿化系统布局模式

以景观生态学原理为指导的绿地系统规划，就是对城市绿地景观要素的组成及其功能进行详细分析，完善城市绿化系统的“斑块—廊道—基质”的系统建设，构建城市绿色网络体系。

根据景观生态学的原理，绿地系统空间规划分为三个层面：城市背景区(市域)、城市规划建成区(市区)以及中心城区。在市域层面(即背景区域)，规划重点是保护自然生态环境资源，维持城市建成区空间(相对广域的背景区域为斑块)与背景区域(基质)之间生态流的动态平衡。空间规划的斑块、廊道、基质是大尺度绿地类型，组合嵌套形成市域绿地系统空间格局。在城市建成区空间层面以及中心城区层面，相对而言，大面积的建设区域是基质，而城市中镶嵌的绿色空间为散布其中的斑块，因而生态功能的健全需要绿色廊道联系分散斑块，建立有序的生态整体格局。[19]

目前，上海市尤其是中心城区绿色斑块间缺乏空间联系。今后规划中应有意识的加强水系网络结构结合，以城区街道两旁的绿化形成的联系通道，将中心城区孤立的绿色斑块连为一体，形成串珠式的结构。一方面，通过对城市河流进行疏通治理，使以水流为主体的自然生态廊道流畅、连续，在景观上形成以水系为主体的蓝色廊道网络；另一方面，结合道路绿网形成蓝绿交相呼应的廊道网络(见图 5-12)。[15]

图 5-12　绿色廊道规划思路

资料来源：上海城乡一体化绿化系统规划研究，上海绿化管理局 2005 年科学技术项目，编号：ZX060102.

5.3.3　布局结构的突变趋势

对于像上海这样的特大型城市来说，城市绿化系统布局因子仍然包括点(块、园)、线(带)、面、片(区)，环(圈)、楔、廊(轴)等多种类型。而在布局的基本模式上，上述几种城市绿化系统布局基本模式通常并不独立存在，不同的城市可能由其中两种或两种以上布局模式组合成新的模式，如放射环状、点网状、环网状、放射网状、复环状等。英国的城市规划师 T. 佩普尔斯提出的，楔状绿地同环形绿地相结合的组合式绿地方案，被认为是迄今最理想的绿化系统布局模式。[20]但任何理想的布局模式也不能对所有城市都适用。

上海新一轮绿地系统规划布局结构，将体现出绿地系统的整体性、系统性、层次性以及生态性[15]。

1. 城市自然环境条件影响下的突变

特大型城市绿化系统的多元特征、动态特征以及它同城市的交织特征，决定着它的规划布局模式及持续发展受到了多方面因素的影响。其中，上海城市的自然环境因素是影响城市绿化系统布局模式的基础条件之一，它制约着城市的性质和规模，决定着城市的发展方向、形态、结构和功能；也孕育并塑造了城市的特色和魅力。城市主要自然因素包含大气因素、地文因素、水圈因素、生物因素，这些因素是一个城市的绿地系统发展的本底要素，决定着它的基本地域特征。具体来讲，自然因素包括所在地的地理位置、地形地貌、地质条件、日照条件、河湖水系、气候条件、水文条件、自然资源等方面。[21]

受城市自然环境条件影响，新时期的城市绿化系统规划布局，应考虑从城市现有的自然环境因素出发，在城市空间结构布局规划之前，首先考虑城市绿化系统的布局模式，重视城市特有的地理环境、地形、地貌、水文、地质、城市自然风貌等，规划各具特色的、与河湖山川自然环境相结合的、体现地区特色的城市绿化系统布局结构模式。

（1）应在进行城市绿化系统规划布局重视城市自然环境因素的基础上，首先进行城市既有自然资源的再开发，如城市滨水区的再开发等。

（2）进行城市绿化系统规划布局，还表现在规划中通过结合城市自然要素所发挥出对城市生态环境的改进作用，重视城市建设与自然发展的和谐关系。改变绿地系统结构由交通系统结构决定的传统做法，倡导由自然因素（如河流山体）和人工因素（如道路）双重决定绿地系统结构的新观念。

2. 城市空间布局结构发展影响下的突变

城市布局形态是各种城市活动（其中包括政治、社会、经济和规划过程）作用力下，物质环境演变的表现[22]，合理的布局形态将对城市可持续发展，起到引导和促进作用。

城市绿化系统规划的布局模式，应符合城市发展规律及城市布局形态，它们之间应构成共轭关系，从而指导城市绿化系统发挥积极作用。不然，就会因阻碍城市发展而最终被淘汰。

对城市绿化系统布局的考虑，其组织途径有两种（见图 5-13）[23]：第一种，是把绿化系统布局作为分割城市布局的主要内容来组织，或者把它作为干道系统的轮廓来组织。这种系统布局模式对城市的规划结构不会产生决定性影响，而在城市构图中则起一定程度的从属作用。第二种情况，把绿化系统布局作为城市布局的形成系统来组织，这样，大片绿地在形成城市规划布局时具有重要意义。特大型城市绿地系统规划，应该以系统布局结构来引导城市规划与城市布局，将绿色空间作为城市的有机组成要素纳入规划体系，形成绿色空间网络，贯彻以绿色为导向的城市发展思想，引导城市的可持续发展。

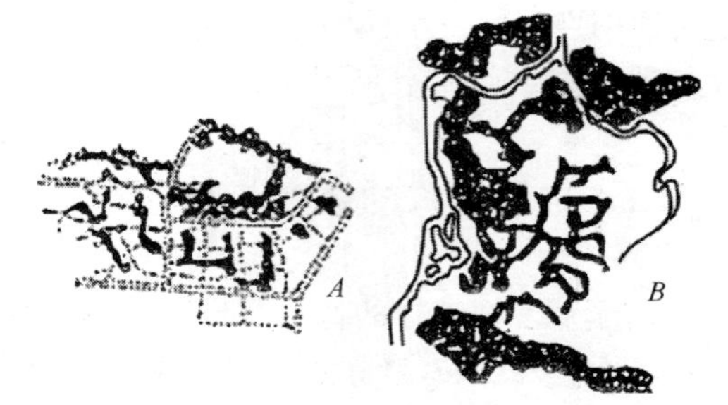

图 5-13　绿地系统布局与城市布局关系图
A：绿地系统为城市布局因素决定；
B：绿地系统决定城市布局
资料来源：城市园林绿地规划
中国建筑工业出版社 1982

《上海市城市总体规划（1999～2020）》和《上海市“十一五”规划与发展》，上海将以增强城市国际竞争力作为发展主线，深入实施科教兴市主战略，紧扣“四个中心”和社会主义现代化国际大都市建设的奋斗目标，实现“四个率先”，加快自身发展和主动服务全国，走全面协调可持续发展之路。上海绿化林业空间结构发展规划，从区域规划层面和上海市的三层次规划两大层面来看：

（1）区域规划层面

上海是长江三角洲的区域中心城市，“十一五”期间，上海发展将加强区域交通、能源、生态环境等重点领域的合作，增强长江三角洲地区的对外辐射能力，促进长江三角洲城市群整体竞争力提升。城市空间沿区域交通系统出现“Z”字型的城市发展轴(图 5-14，见文后彩图)和倒 K 字形的分布格局(图 5-15，见文后彩图)。[24]

区域层面的上海绿化林业规划布局结构，一是从区域生态基质着手，注重更大范围的规划背景区域研究，超越行政边界，形成都市圈绿地系统规划模式，进而指导和影响上海市城市绿化系统布局结构模式。二是为控制长三角区域大都市圈内各级城市无限蔓延，通过相邻城市之间以及沿江、河地段设立绿化带，限制城市无序发展，并在较广的地域范围内发展生态农业和都市农业，形成面积广阔的生态基底。在城市发展轴沿线上进行相对密集建设，发展轴之间适当留出缓冲地带，降低开发度、提升开敞度，以创造良好的广域生态环境。

因此，基于长三角区域的上海城市绿化系统优化的布局结构模式，可以由“脉、圈、廊、网、核”所组成，并概括为：一区两脉、通江达海、绿环间隔、圈层分异、绿网绿廊，城乡一体、绿楔渗透、绿核遍地、要素扩充、生态为基(图 5-16，见文后彩图)，(见图 5-17)。

（2）上海三层次规划

《上海市绿化系统规划(2002～2020)》、《上海市中心城公共绿地规划(2002～2020)》及《上海城市森林规划(2003～2020)》构成了覆盖上海全市域范围的绿化林业规划。“十五”期间，基本贯彻了绿地系统规划提出的建成“环、楔、廊、园、林”的绿色网络框架结构体系的思想，初步形成城郊一体、结构合理、布局均衡、生态功能完善、稳定的市域绿色生态系统。

从城市绿化建设的可实施性和可操作性角度出发，“环、楔、廊、园、林”的绿化林业布局结构将进一步向“核、环、廊、楔、网”的布局模式发展(见图 5-18)(见附件三：上海市三层次绿化规划与十二项相关规划协调研究，上海城乡一体化绿化系统规划研究专题二，同济大学景观学系，2006)。

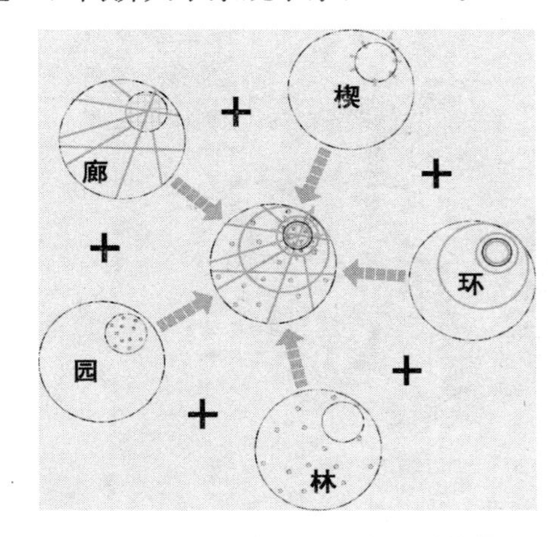

图 5-17　基于长三角的绿化优化结构模式图

资料来源：上海城乡一体化绿化系统规划研究，上海绿化管理局 2005 年科学技术项目，编号：ZX060102.

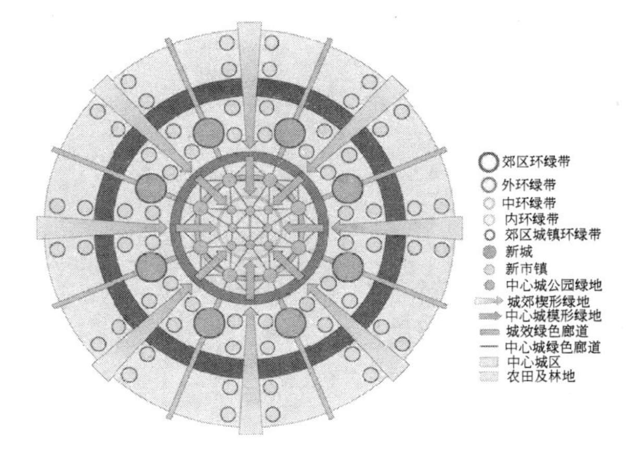

图 5-18　上海绿化林业“核、环、廊、楔、网”的布局模式

资料来源：上海城乡一体化绿化系统规划研究，上海绿化管理局 2005 年科学技术项目，编号：ZX060102.

在现有上海绿化林业“环、楔、廊、园、林”布局结构基础之上，构筑以上海大都市圈、大环境绿地为基底，以城市敏感区为核心保护区域，以上海市外环、郊区环形成两大主要环城绿带，新城、新市镇周边绿化形成次要的郊区城镇环，并有外环线以外的十六条依城郊河流和城市主干道形成的绿色廊道连通，楔形绿地连通城市内外，形成梯形分布、组团布局的绿化体系。中心城区推进“多核多廊多带”的布局结构，以黄浦江、延安路、苏州河沿岸绿化及外环、中环、水环沿线绿化组成的“一纵两横三环”为主要骨架，并设想远期发展内环绿带，以中心城内部各级公共绿地和中心城边缘若干大型片林组成均衡匀布的绿色斑块，以城郊地区向中心城区深入的若干块楔形绿地为通风走廊，再由道路、水系沿线绿化形成的绿色廊道连接，并与城郊的绿色廊道连通，形成一个以“核、环、廊、楔、网”为主体的、呈卫星环绕的分层次的环网放射型模式，构建市域范围内城乡一体化的绿色网络系统。[15]

3. 突变的总趋势：城市生态绿地网络

综合各规划理论的发展，上海绿化林业布局结构模式最终都要朝向整体性、系统性、层次性以及生态性的生态绿地网络方向发展。

生态绿地网络是除了建设在密集区或用于集约农业、工业及其他人类高频度活动以外的、自然的、植被稳定的、以及依照自然规律而连接的空间，主要以植被带、河流和农地为主(包括人造自然景观)，强调自然的过程和特点。它通过绿地廊道、楔型绿地和结点(core site)等，将城市的公园、街头绿地、庭园、苗圃、自然保护地、农地、河流、滨水绿带和山地等纳入生态绿地网络，构成一个自然、多样、高效、有一定自我维持能力的、动态绿色景观结构体系，促进城市与自然的协调[25]。

城市绿化系统布局模式在某种程度上具有一定的仿生性，而城市生态绿地网络就如同人的经脉网络，是不均匀的。在符合城市适度分散又相对集中要求的基础上，既为城市的发展留有充分的“预留空间”，又通过充分的空间促进城市结构在生长中得到保护，并以良好的形态生长。如同无序蔓延与有机生长的细胞组织一样[26]，“生长时的灵活性以及对生长的保护性，是任何有生命或生长中的有机体所呈现的基本现象”(见图 5-19)。[27]

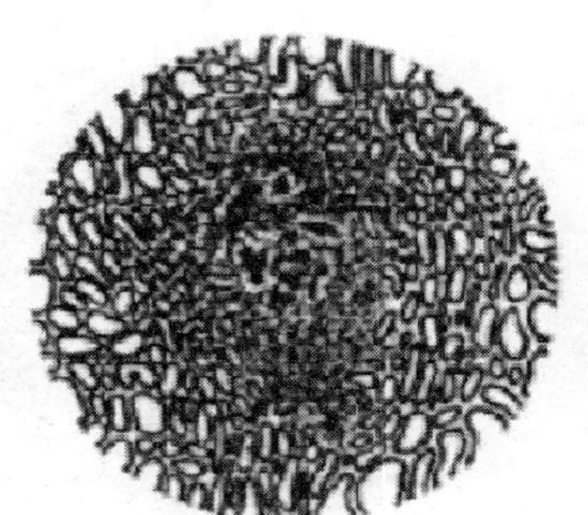

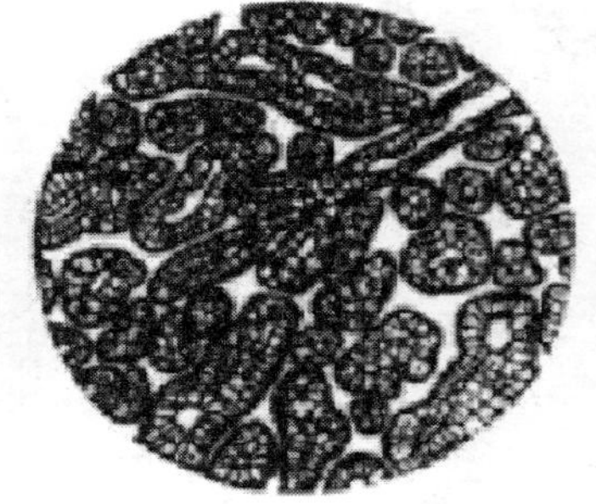

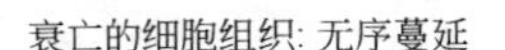

衰亡的细胞组织: 无序蔓延　　健康的细胞组织: 有机生长

图 5-19　无序蔓延与有机生长的细胞组织

资料来源：[美] 沙里宁著，顾启源译. 城市：它的发展衰败与未来. 北京：中国建筑工业出版社，1986

生态绿地网络形成的这种网格状空间结构形态，可以将城乡结构融合、组织到自然网络中去，有效避免城市尤其是特大城市无限制的发展。因此，城市中城镇形态、城市结构、区县结构等常与城市生态绿地网络互为影响。随着城市空间结构的发展、城市的新城建设和社会主义新农村建设的开展，使得城市生态绿地网络的疏密程度发生变化，并相应地与城市人口密度、是否利于为市民服务等因素相联系。

对于上海这样的特大型城市，城市的区域背景环境和城市内部环境都具有较为复杂的一面，任何生态要素都存在着必然而又复杂的联系，交织成网。宏观空间层次反映了生态绿地网络组成要素之间的联系以及城市内外生态斑块、生态廊道联结的网络结构(图 5-20)。

在城市内部，生态绿地网络结构出现多核网络形态模式(即中心城区内部分布若干个绿色空间集中的绿色核心区)，这些核心区之间可以考虑的绿核同一等级，等半径地服务于周边的居民。也可以考虑的二层或三层等级的绿核，各等级服务半径大小不一，功能作用也有一定的差异。各等级联络交织形成网络体系(见图 5-21)[22]。

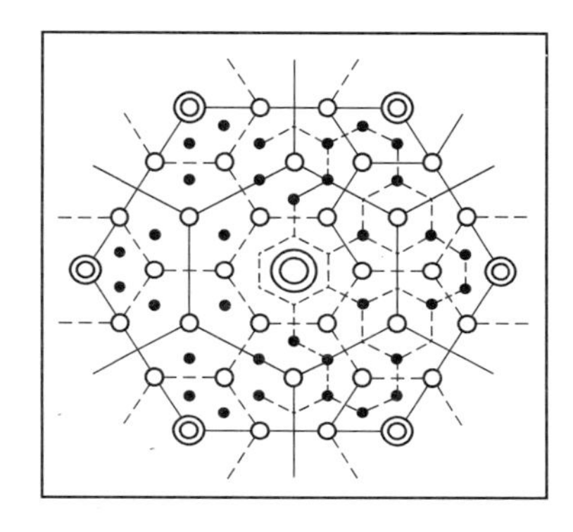

图 5-20　宏观层次的城市生态绿地网络的模型

资料来源：上海城乡一体化绿化系统规划研究，上海绿化管理局 2005 年科学技术项目，编号：ZX060102

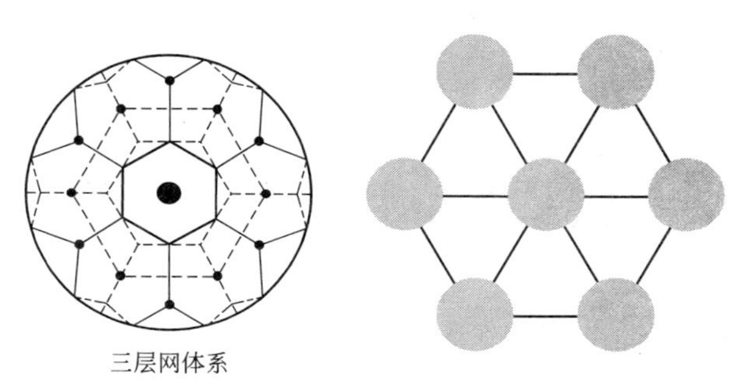

图 5-21　多核形态模式

资料来源：姜允芳．城市绿地系统规划理论与方法：[博士学位论文]．上海：同济大学，2004

网络结构模型反映出城市之间以及城市内部，各种绿化空间组成因素联结的系统结构。在系统思想理论的指导下，多种绿化空间模式得以结合。在中观尺度上，疏通城市绿脉，连接散布于城市、具有各种所有权关系、各种使用功能的大小绿地，形成绿地网络结构；在宏观尺度上，通过城市"绿环"、"绿楔"、"绿带"、"绿心"等空间布局方式，恢复城市内外部生物基因的正常输入、城市内部生物基因的自然调节，创造和丰富自然空间，提高生态效益[26]。

针对构建城乡一体化城市绿化系统的目标，上海生态绿地网络系统，使城市绿地与都市农业(包括林、牧、渔大农业)有机结合，构筑城乡融合的多层次、多效益的绿地，以优化城市大环境的生态绿地网络系统。[28-31]从宏观、中观及微观三层次角度进行：

第一层次，大地绿化，以农业和林业为基础，包括农田、江湖海岸防护网、农田林网，林场荒滩林地、果、桑、茶园、风景名胜区、自然保护区、森林公园、花木场圃等；

第二层次，城镇绿化，以城市公园绿地、环城大型绿带、楔形绿地、环保绿地、单位附属绿地、居住区绿地、河道与道路绿地和各类防护林为主体；

第三层次，庭园、阳台、屋顶、墙面绿化，以家庭室内、室外生态布置为基础，弥补大环境和中环境生态效应不足的微环境。

生态绿化网络系统，实现了绿化林业从单一领域向多领域、单一功能向多功能的转变，形成市区绿地外延向郊区渗透，郊区绿地(农林牧)成为城市外围嵌体的城市绿色生态库。

5.4　上海绿化建设保障体系的突变

5.4.1　“绿线”制度对绿色开敞空间的刚性保护

1. 尽快划定全市基本生态控制线，严格控制绿化用地。在此基础上，结合全市生态资源的分布和具体情况，进一步划定森林、郊野公园的绿线。

2. 结合河道保护控制线，划定河流水系廊道的绿线。

3. 结合分区规划和法定图则，逐步划定其他各类绿地绿线。为进一步保证社会公园建设用地，将旧村和其他旧城改造片区需要落实社区公园的地区，划为“绿区”。位于“绿区”内的宗地在不拆建建筑改造情况下，暂时不须提供绿化用地，但若干部分或全部改造，必须落实相应社区公园数量和面积。

5.4.2　技术规范的完善

1. 编制《上海市绿地系统规划实施细则》，包括：

(1) 细化对区域绿地、城市大型绿廊现状和各类建筑物、构筑物及其他设施的控制和处理，以及已批未建项目和在建项目的调整和监管要求；

(2) 制定森林和郊野公园开发控制导则，对其中的土地利用控制、开发强度控制、生物多样性保护规划、绿化规划、景观规划、游憩设施规划、公共交通设施规划、消防规划、建设审批办法、日常管理等方面作出具体规定，作为公园建设、审批和管理依据。

2. 在全市绿地系统规划的指导下，组织开展或修编相关的专题规划，深化和落实森林、郊野公园、湿地公园、生态风景林建设等策略。[32-33]

5.4.3　管理机制的健全

1. 进一步完善相关的法规条例，加大执法力度。尽快将上海市城市绿化管理的法规适用范围扩大到全市，并在城市规划条例中，强化对非建设用地和绿化建设的管制等有关内容。

2. 尽快开展与森林、郊野公园及湿地、湿地公园相关的法规编制。

3. 制定鼓励发展屋顶绿化、垂直绿化的相关政策以及道路生物通道、生态护坡的建设要求。

4. 加大各相关部门的职能协调，建立城市绿化“全覆盖、全过程、全方位”的管理模式，加强绿化建设的监管力度。

5.4.4 投资力度的加大

1. 拓宽投资渠道，加大绿化投资、建设力度。

2. 采用多种方式，加强绿化实施建设，特别是郊区林业建设，鼓励以林养林，以综合开发带动林业建设以及林业产业化的发展[34]。

3. 尽快形成促进林业发展的财政、金融优惠政策。

5.5 本章小结

本章是实证分析研究。通过上海城市建设与绿化建设发展分析，发现 1994 年版、2002 年版绿地系统规划对上海的城市绿地系统布局结构起到关键性作用，直接影响上海城市绿地系统布局结构的突变。

上海绿地系统布局结构的突变是以规划主体观念进化，带动绿地系统规划指导思想的发展，并通过绿地系统布局结构的变化体现出来。1994 年版上海城市绿地系统规划，规划思想上意识到“城市与自然共存”的生态发展原则，布局结构上出现城乡结合的大环境绿化，城区出现“环、楔”的布局结构，主城外围出现“长藤结瓜”的布局结构。2002 年版上海城市绿地系统规划，规划思想上市域层面突出大环境的概念，体现为“环、楔、廊、园、林”的结构；中心城区改善城市生态环境质量，体现为“一纵两横三环”、“多片多园”基础上的网络结构。

两次突变后的上海城市绿地系统，初步形成了城郊一体、结构合理、布局均衡、生态功能完善、稳定的市域绿色生态系统。但是，在整体性、连贯性、统一性、均衡性、综合性等方面还有待进一步优化提升。

由此可见，新一轮的上海绿地系统规划布局结构将以体现出绿地系统的整体性、系统性、层次性以及生态性作为规划的攻坚目标。

参 考 文 献

[1] 《上海市城市总体规划(1999～2020)》，上海市政府，2001.

[2] 《上海市国民经济和社会发展第十一个五年规划纲要》报告，上海市人民政府，2006. http://www.shanghai.gov.cn/.

[3] 国务院发展研究中心信息网. http://www.drcnet.com.cn/DRCnet.common.web/.

[4] 上海绿地系统规划建设后评估(讨论稿). 上海市城市规划设计研究院，2006.12.

[5] 上海市绿化林业“十一五”发展规划(汇报稿)，上海市绿化管理局(市林业局). 2006.12.

[6] 《上海市城市绿地系统规划(1994～2010)》. 上海市城市规划管理局，上海市城市规划设计研究院. 1994.

[7] 张文娟. 上海市城市绿地系统规划(1994～2010 年) [J].

[8] 《上海市绿化系统规划(2002～2020)》. 上海市城市规划管理局，上海市城市规划设计研究院. 2002.

[9] 《上海城市森林规划(2003～2020)》. 上海市城市规划管理局，上海市农林局，上海市城市规划设计研究院. 2003.8.

[10]《上海市中心城公共绿地规划(2002～2020)》. 上海市城市规划管理局，上海市城市规划设计研究院. 2002.10.
[11] 张浩，王祥荣. 面向21世纪的上海城市绿地建设与管理对策研究 [J]. 中国园林，2000(6)：30-32
[12] GLC(The Greater London Council) Ecology and nature conservation in London，Ecology handbook No.1，1984：6-7.
[13] LPAC London Planning Advisory Committee Advice on strategic Planning Guidance for London，1994：93-106.
[14] 杨文悦. 依据服务半径合理布局上海园林绿地 [J]. 中国园林，1999(2)：44-45.
[15] 上海城乡一体化绿化系统规划研究，上海绿化管理局2005年科学技术项目，编号：ZX060102.
[16] 陶英军. 黑龙江省小城市绿地系统模式研究 [M]. 2003(7).
[17] London Planning Advisory Committee. Open Space Planning in London [M]. London：Artillery House，1992.
[18]《上海市绿化系统规划(2002～2020)》. 上海市城市规划管理局，上海市城市规划设计研究院，2002.
[19] 姜允芳. 城市绿地系统规划理论与方法 [M]. 上海：同济大学. 博士学位论文. 2004.
[20] 邹怡，马清亮. 江南小城镇形态特征及其演化机制. 小城镇的建筑空间与环境 [M]. 天津：天津科学技术出版社，1993.
[21] 徐英. 现代城市绿地系统布局多元化研究：[D]. 南京：南京林业大学，2005.
[22] 李德华. 城市规划原理(第三版). 北京：中国建筑工业出版社，2001.
[23] 同济大学，重庆建筑工程学院，武汉城建学院. 城市园林绿地规划 [M]. 北京：中国建筑工业出版社，1982.
[24] 张绍樑. 上海进一步发展的城市空间结构探索. 城市规划学刊，2006(5)：22-29.
[25] 张庆费，等. 国际大都市城市绿化特征分析 [J]. 中国园林，2004(7)：76-78.
[26] 徐毅. 生态园林城市结构体系研究 [M]. 上海：同济大学，2006.
[27] [美] 沙里宁. 顾启源，译. 城市：它的发展衰败与未来 [M]. 北京：中国建筑工业出版社，1986.
[28] 程绪珂. 实现城乡一体化绿化建设的道路.《上海园艺学会论文集》，1998-1999.
[29] 上海市"十一五"规划与发展，http：//www.shanghai.gov.cn/.
[30] 上海城市规划管理局官方网站，http：//www.shghj.gov.cn/.
[31] 邱国盛. 20世纪北京、上海发展比较研究 [D]. 四川大学博士论文，2003.
[32] 上海市绿化规划局统计资料汇编. 2005.
[33] 上海市房屋土地管理局，http：//www.shfdz.gov.cn/.
[34] 张浪等. 立足农业办旅游，发挥特色游生态 [J]. 安徽农学通报，2006(13)：121-124.

第六章　特大型城市绿地系统持续发展模式与结构布局理论——城市绿地系统进化论

绿地系统是城市系统的一部分，是人工生态系统，并具有系统的一般特征。同时，绿地系统是不断发展变化的，由不同的发展阶段所组成。本章从人类文化认识进化的角度上，探讨绿地的系统进化演变规律和方式，从而构建指导特大型城市绿地系统持续发展的绿地系统进化论及其理论框架。

6.1　系统进化论

6.1.1　进化论

1. 方法论

进化论是现代科学最重要的基础理论之一。1859 年，《物种起源》一书首版面世，达尔文在书中首次系统、全面地论述了进化论的基本观点，提出生物是不断变化的，不断地由低级向高级，由简单到复杂地发生形态、结构等方面的变化，即进化[1]。进化是事物发展演变的过程，是不断增加的复杂性和单线性的过程，从一种形式到另一种形式的变化(Marvin Harris，1968)。进化沿着不同方向进行，是多线的(Steward，1955)；进化由一些阶段(阶梯，层次)构成，在不同的阶段表现出一定的形式与结构[2-3]。

新物种的产生主要是通过跳跃式变异——突变(mutation)来实现的，突变又是通过一系列急剧变动、突进或跳跃来实现。一个物种在突变前，可能以潜在状态存在着发生这种突变的倾向，生物突变论的创立者德弗里斯把这种“潜在状态”的发生称为“前突变”，并进一步作了明确的区分，即提供有利性状的突变叫做“进步突变”，提供无用的、甚至有害的突变叫做“退化突变”。美籍俄裔科学家图琴(V. Turchin，1977)提出的元系统跃迁理论认为，层次的跃迁导致了复杂性的突现，突现是在高层次中才具有的一种新控制关系的出现，是系统进化过程中等级层次的提升，是一个跨越层次的跃迁式生成过程，导致了不可还原的进化阶梯[3,4]。

进化论最初仅应用于生物学界，但它所体现出的不可逆性、随机性、偶然与必然的关系等观念引起了人类认识上的革命，对社会和科学发展产生了重大的影响[5]。

进化论最伟大的贡献是引发了一场巨大的智力和精神革命，大大改变了人类对自然现象和社会现象的思考方式[6]。人类进化过程中，自然界对人类社会的“报复”行为使人类认识到，人的主体性意识无限膨胀而造成的不良恶果，即生物界价值的有限性。由于人类社会选择意识和活动的无限扩张，会毁坏人类社会赖以生存的生态基础[7]。只有认识到人与自然之间建立和谐的社会选择，人类才能走出当今世界普遍面临的“生态危机”和各种“人类危机”问题，这是世界各国已经达成的共识，是指导人类发展的基本思想。

进化论作为一种方法论、思想观，本身就是一个不断完善、修正的认知过程，在经历了三次主要的理论修正之后[注释1]，进化论在现代科学研究领域中仍占据主流理论的地位，进化的思想与方法被广泛应用于各学科领域的研究与实践中。

2. 进化的动力

进化动力影响着进化理论的建构。“动力(motive power)”，指促使一个事物发生位移运动的原因，即外部推动力。生物和社会的进化是它们组织结构、功能等内在属性的变化，在生物和社会进化过程中，外界因素变化对事物内在属性变化的影响主要取决于事物对外界影响的吸收、消化、整合的机制。

本文研究认为：进化的动力不仅仅存在外部推动力，同时，存在内驱力。人类作为生物的一部分，是社会组成的主体。生物和社会发展的进化体现了人的进化，集中反映在人类思维方式、行为意审美标准和价值原则上的进化，即人类文化的进化。

杜布赞斯基认为“某种意义上，在人类进化过程中，人类基因的首要作用已经让位于一种全新的、非生物或超机体的力量——文化”[8]。文化作为人与自然关系的一种表征，自然的危机、生态的危机、人与自然关系的危机、人自身生存发展的危机等，说到底都是传统的文化观念在新的历史时代陷入了危机。科学研究的发展促使文化在观念上进行时代性的批判、反思、预见、整合，并指导合理性的科学建构，最终实现文化观念的时代发展和时代创新[9,10]。

人类文化的进化意味着人的思维方式、行为审美标准和价值原则的彻底转换，包括人的认识观念、生活态度、价值取向、审美情趣等综合素质，科学处理人与人、人与自然、人与社会的协调发展关系，实现人与文化的进步，推动人的自由全面发展[10]。

3. 进化的方式

系统论的耗散结构理论认为，生物和社会进化动力(或原因)在于外界持续不断的物质、能量或信息的输入[11]。系统内部产生了一种新的、稳定的物质、能量或信息的流动路径或运动方式，这种流动方式的进化创造了有机体新的结构，通过空间结构方式的变化表现出来。因此，进化存在两个维度上的变化：一是空间组织结构的维度，一是物质、能量或信息流动方式的维度。组织形式的变化必然有物质运动的基础，特定组织结构形式必然是以特定的物质运动形式为支撑；而物质的运动必然是物质、能量或信息的运动，物质的运动方式也就是系统内物质、能量或信息的流动方式[12]。

此外，人类进化过程中，自然界对人类社会的“报复”行为使人类认识到人的主体性意识无限膨胀而造成的不良恶果，即生物界价值的有限性由于人类社会选择意识和活动的无限扩张，会毁坏人类社会赖以生存的生态基础[13]。人类进化过程中，认识到只有与自然之间建立和谐的社会选择，人类才能走出当今世界普遍面临的“生态危机”和各种“人类危机”问题，这是世界各国已经达成的共识，是指导人类发展的基本思想。

6.1.2 系统进化论

1. 系统论

系统科学作为一门横断科学，在人类实践、科学研究和社会生活等各个领域均显示出旺盛的生命力。20 世纪 40 年代后兴起的系统论，历经贝塔朗菲的类比型系统论(L. V. Bertalanfy，1940)、维纳的控制论、普里高津的耗散结构论(I. Prigogine，1969)、哈肯的协同学(H. Haken，1977)、乌也莫夫的参量系统理论和钱学森的大系统理论，其理论日臻完善，适用范围从生命系统扩展到非生命系统，从封闭系统扩展到开放系统，从热平衡态扩展到非平衡态，从线性系统扩展到非线性系统[14-16]。

系统论对于人类最大的功绩在于，在科学认识中，实现了由"实物中心"向"系统中心"的世界图式的转换，使人类摆脱了经验直观，上升到更为高级的相互关系中去。它的出发点是实物中要素与要素之间的关系，实物与实物之间的关系。并且事物之间除了"实体质"之外，还有更高级的"关系质"、"系统质"；除了"原功能"之外，还有更深刻的"构功能"；除了自身基质存在外，还表现为一种整体性、有序性、相关性、动态调整性等，即系统整体的性质和功能是具有它的每个要素都不单独具有的新功能和新特点，这就是"整体大于部分总和"。这种关系同时也是一种非还原关系，即不能把系统整体的性质和功能还原给要素，系统整体一旦解构，其原有的整体性质和功能不可能存留于各部分中。

系统论否定了某种一成不变的本体论，认为每个时代形成对世界的总的看法只是这一世界的"图景"，而"图景"总是随着人们的认识而不断发展的，没有一个是一成不变的，一经产生就固定下来的"世界本体"。系统论认为：系统是一个相互联系、具有不同层次的开放体系；系统本身不是一成不变的，它随时间的一维性发展而具有不可逆性，在每一个时代体现出来的"图景"都不一样[17,18]。

系统论的产生本身就是科学研究的一种进化发展，强调研究中系统的整体性、动态结构、能动性、组织层次和开放性，强调系统组成部分之间的相互关系、影响和作用及其物质、能量和信息的运动方式；强调通过物质、能量和信息的输入、输出关系，相互关联、相互影响和相互作用了解系统和系统环境的关系，并通过改变和调整系统结构与系统环境以及它们之间的关系来实现较好的系统功能。

现代科学把关注点从元素转移到系统，强调整体的非还原性与非加和性；从实体转移到信息，揭示事物存在与运动的"隐秩序"；从可逆性转移到不可逆性，发现时间的历史性质；从存在转移到演化，研究自组织的机制与规律；从线性转移到非线性，指出系统运动轨迹的"混沌"性质；从简单性转移到复杂性，奠定科学世界观的新范式[19]。

2. 系统的特征[15,20-22]

(1) 整体性

生物有机体是一个具有复杂结构的、不可分割的整体，系统内各元素不是孤立存在的，而是相互联系、相互作用，构成的一个有机整体。

生物有机体的整体属性并不等于它各组成部分的属性之和，整体的性质和功能是具有它的每个要素都不单独具有的新功能和新特点，这就是“整体大于部分总和”。这种关系是一种非还原关系，即不能把系统整体的性质和功能还原给要素，整体一旦解构，其原有的整体性质和功能不可能存留于各部分中。

系统论的整体性要求从整体、宏观角度出发，多方面、多层次、多时期地来分析认识事物的运动变化和发展，把握其内在的规律性和发展趋势。

（2）层次性

系统论将有机体看作是一个具有严格等级层次的系统，每一层次作为一个整体都有其特定的属性，这些不同的属性把一层次的系统与另一层次的系统区分开。在系统的层次等级式的结构中，各个要素都保持其特定的位置，各有一定的比例、规则、时间顺序和空间结构。这就是从事物相关性、整体性中产生的“有序性”。

（3）动态结构

系统内部的“序”不是静止不变的，其变化表现为渐变和突变两种方式。当一个开放的系统一刻不停地与外部环境进行物质、能量和信息的交换时，系统内的熵值(混乱程度)会不断增加或减少。当熵值保持在一定的参数区间内(即线性范围内)时，系统整体上处在渐变过程中，系统内的各要素以及各要素之间的关系在不停地变化，这些变化带有“涨落”性质。熵值增加意味着系统内各要素之间的混乱程度提高，有序化程度降低，系统便逐渐接近平衡状态，向无序化发展；熵值减少则表明系统内各要素之间的混乱程度降低，有序化程度提高，系统便逐渐远离平衡状态，向更加有序化发展。系统的渐变不是匀速的、直线的，而是时快时慢，有时会出现超常规的发展，这在渐变中是很难得的。当熵值达到或超出临界点时，系统内部一次小的“涨落”或一个小的参数的改变，就可能引起系统整体宏观的“巨涨落”，使系统进入不稳定状态，系统内部各要素的有序性发生巨大改变，各要素之间发生重组，形成具有新的结构和功能的新系统，这就是系统的突变。

（4）开放性

生物有机体是一个开放系统，它可以通过内部的调节机制和环境进行物质、能量和信息的交换。开放系统的演化指向极可能由无序到有序的方向进化，也可能指向从有序到无序的退化方向，其进化方向主要是取决于系统熵的变化。

3. 系统的进化

系统的进化取决于系统原有内部运动机制和新运动机制创生的机制。耗散结构理论认为，只有一个开放的、远离平衡态的系统才有可能发生自组织现象，从无序态转变为有序态、从低级有序转变为高级有序，这个过程就是进化。

系统和环境之间存在着各种各样的相互作用，不同形式的作用给系统带来的影响并不相同，并使系统产生不同的变化。环境以合乎系统运动要求的形式向系统输入物质、能量或信息，这才是系统进化的真正动力。

生命体作为一种自组织系统，其内部的物质、能量和信息也是以稳定的路径流动的，系统进化的实质是新的有序结构建立，即系统中产生一种新的稳定、有序的物质、能量或信息的流动方式，它本身也是一种结构。这种动力学的结构创造出系统表面的组织结构，即人们通常讨论的由各种组分组成的结构。所以，自组织系统中存在两种有序或结构：一种是物质、能量或信息流动的有序或结构；另一种是表面的由各种组分组织的有序或结构。物质、能量或信息流动的有序决定着表面组织结构的有序。

可以说，系统进化的原因或动力就是外界持续不断的物质、能量或信息的输入。如果系统不能维持某种水平的输入，那么它不仅不可能进化，反而可能退化，直至消亡。不同种类、处于不同进化层次上的系统，要求维持其稳定或向高级层次进化的输入量是不同的，这是由系统现有的物质、能量或信息流动方式决定的，故系统进化具有“路径依赖”[11]的特征。

6.1.3 绿地系统进化论

从进化的角度看，人和人类社会的发展受自然规律的制约，人类的各种活动建立在既符合自然规律又符合社会规律的基础之上，在实现科学技术发展、经济发展目标的同时，保持着与生物圈的协同进化关系[23]。

1. 科学发展观

科学发展观是一种进化的系统思维发展观，体现了开放性、人本性、多样性、整体协调性和有序调控性[24]。科学发展观从整体出发，要求经济、社会和自然全面、协调、可持续发展和人的全面发展(注：人的全面发展也就是真正解决人与自然之间的矛盾、人与人之间的矛盾[25])，反对只抓经济建设而不协调社会、自然和人本身发展的行为；反对以牺牲环境为代价，以对自然的过度开发换来经济增长。这是人类认识上一次重要的突变，是人类思维方式、行为意审美标准和价值原则的进化。

科学发展观更加注重系统发展的结构性合理问题，从而保证发展的协调有序；注重自然系统、社会系统和经济系统三大系统层次的协调发展。强调发展的动态平衡，不断追求人与自然的和谐，实现人与社会全面协调可持续发展的人类共同价值取向和最终归宿。科学发展观的精神就是不断追求人与自然的和谐，是系统协调人的发展、经济发展、社会发展的新的可持续发展观[26,27]。当代科学发展观体现了人文精神和科学精神的统一。

2. 绿地系统进化论

绿地系统及其各组成要素在城市中是一个有机整体。绿地系统与其要素之间、要素与要素之间是相互联系、相互作用的。绿地系统具有一般系统所具有的特性，即[28]：

(1) 显著的层次性

城市绿地系统由规划、建设和管理三个子系统所构成，绿地系统本身又是城市建设这个更高层次大系统的要素，层层相叠，形成有序结构，层次之间存在相互制约的关系。

(2) 突出的整体性

整体性是系统论的基本观点。把城市绿地系统作为一个有机整体来认识，即规划、建设和管理作为单个要素之和，不具备也不能实现整个城市建设的整体功能。

(3) 合理的结构性

结构是系统内部各要素的排列方式，也是整体与部分之间相联系的中介。这是整体效益大于部分之和的关键。在城市绿地系统中，规划是龙头，是发展的依据和方向；建设是关键，管理是重要的手段。三者在系统中各自处于特定的地位，形成一定的排列方式。

（4）鲜明的动态性

城市绿地系统始终处于发展变化之中，需要从时间维度上把握绿地系统发展变化趋势和规律，对绿地系统的要素、结构、功能、相互联系方式、历史发展等方面进行考虑，总体上把握绿地系统客体的本质和规律[22]。

绿地系统进化论是以科学发展观为指导，整体的、层次的、开放的、动态的研究方法，指导绿地系统规划、建设和管理三个主要子系统的运行，进行两个纬度上的分析研究，即一是分析绿地系统可持续发展进化的动力机制，二是分析绿地系统各组分之间的空间结构及其表面组织结构特征。

3. 绿地系统进化的动力

段进先生将物理学的耗散结构理论引入城市规划学，证明城市是一个典型的耗散系统，具有自组织现象和进化功能[29]。绿地系统是城市系统的子系统，也是一个耗散系统，同样具有自组织现象和进化功能。城市绿地系统，通常都是开放系统，并且远离平衡态(非线性非平衡态)，与环境进行物质和能量的交换引进负熵流，当引入的负熵流绝对值大于系统内部产生的正熵值并达到一定值时，系统就从原来的无序自发地转变为在时间、空间和功能上的有序状态，产生一种新的稳定的有序结构，即为耗散结构，城市绿地系统结构发生变化(突变)。绿地系统作为远离平衡态的开放系统，在与外界交换物质和能量的过程中，通过能量耗散和内部非线性动力学机制的作用，经过突变而由原来混浊无序的状态转变成一种在空间上、时间上或功能上的有序状态。这种有序状态是相对的、暂时的，现在的有序状态对于下一个突变而言是无序状态，是新的耗散运动的起点。可以说，外界持续不断的物质、能量或信息的输入是城市绿地系统进化的真正动力。

4. 绿地系统空间结构的进化

绿地系统进化通过绿地系统空间结构的一系列变化(渐变或突变)表现出来，表面和内部空间结构的变化体现了绿地系统物质、能量或信息的运动方式。景观生态学大量的研究主要描述这种空间结构、格局、过程及其变化。

6.2　动力机制的进化

“动力”是指促使一个事物发生位移运动的原因，即外部的推动力。在特大型城市绿地系统进化过程中，城市经济的跨越式发展构成了绿地系统进化的根本动力；产业结构调整带动城市空间结构突变，改变了城市系统物质、能量、信息的运动方式，转化为绿地系统进化的基本动力；同时，基础设施规划成为推动绿地系统进化的重要动力。

6.2.1　城市经济发展

中国发展是一个不断融入经济全球化和世界经济体系的进程。特大型城市作为中国城市体系的主要节点，是城市群的领头羊。作为区域、国家乃至世界的城市经济中心，特大型城市是全球资本、信息、技术、劳动力、资源、货物、服务等要素和产品在中国流动及整合的首位城市，也是国家和区域资本、信息、技术、劳动力、资源、货物、服务等要素和产品在国内流动及整合的核心城市。城市经济发展为城市系统引入了强大的能量流、信息流和物质流。作为耗散系统，强大的负熵流入城市，促进特大型城市从无序向有序结构的进化，同时孕育了新一轮耗散运动的开始。

城市经济发展是绿地系统进化的根本动力。统计数据显示，中国城市绿化建设增长与城市基本建设财政投资呈正相关性(见表 6-1 、图 6-1、图 6-2)，经济发展为绿地系统进化提供了必要的物质基础，是绿地系统进化的根本动力。

中国城市绿化建设情况　　**表 6-1**

	单　位	1990 年	1995 年	2000 年	2003 年	2004 年
城市及建筑物面积						
建成区面积	平方公里(km^2)	12856	19264	22439	28308	30406
城市人口密度	人/平方公里(人/km^2)	279	322	442	847	865
国家基本建设支出	亿元	547.39	789.22	2094.89	3429.30	3437.50
城市绿化						
园林绿地面积	万公顷(hm^2)	47.5	67.8	86.5	121.2	132.2
人均公共绿地面积	平方米(m^2)	1.8	2.5	3.7	6.5	7.4
公园个数	个	1970	3619	4455	5832	6427
公园面积	万公顷(hm^2)	3.9	7.3	8.2	11.3	13.4

资料来源：作者归纳整理

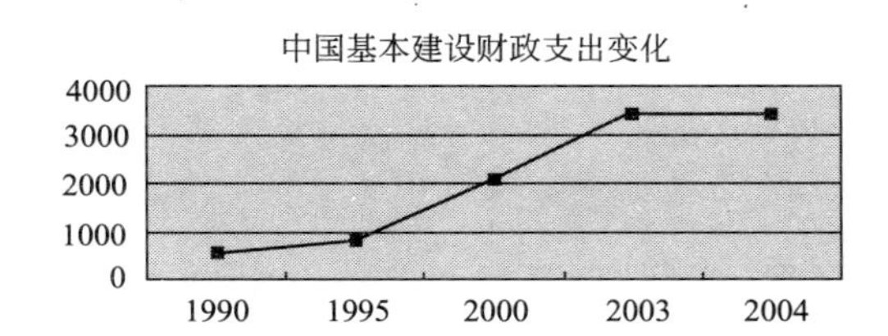

图 6-1　中国基本建设财政支出变化(1990～2004)
资料来源：作者整理绘制

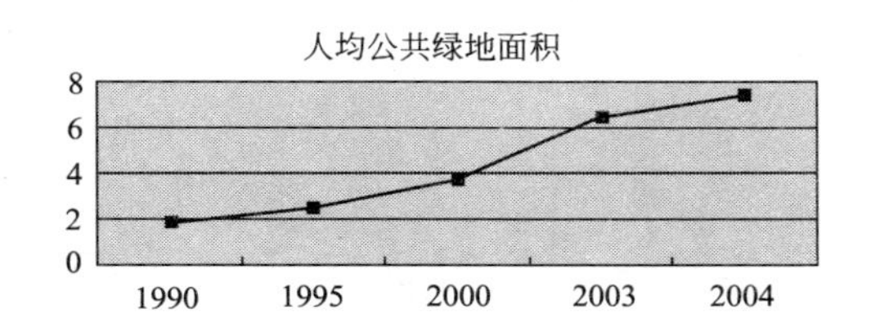

图 6-2　中国人均公共绿地变化(1990～2004)
资料来源：作者整理绘制

表 6-1、图 6-1、6-2 显示，20 世纪 90 年代后，随着国家基本建设财政支出的增大，全国城市绿化建设得到快速发展。此发展阶段，经济投入是促进城市绿化建设发展的主导因素，是基本动力。2003 年之后的数据显示，国家基本建设财政支出不再是惟一的发展主导因素，城市绿化管理发挥重要作用。

同样，特大型城市的绿化建设更加充分地说明了中国城市绿化建设的发展轨迹，以上海为例(见表 6-2、图 6-3、图 6-4)。

上海园林绿化建设情况　　表 6-2

年份	财政支出（亿元）	城市园林绿地面积（hm²）	公共绿地面积（hm²）	公园面积（hm²）	绿化覆盖率（%）
1995	4.27	6561	1793	920	16
1996	2.66	7231	2008	933	17
1997	5.11	7849	2484	961	17.8
1998	9.10	8855	3117	976	19.1
1999	28.62	11117	3856	993	20.3
2000	38.76	12601	4812	1153	22.2
2001	32.92	14771	5820	1291	23.8
2002	38.83	18758	7810	1411	30
2003	33.85	24426	9450	1473	35.2
2004	16.69	26689	10979	1481	36
2005	10.66	28864.70	12037.59	1521.35	37

资料来源：作者归纳整理

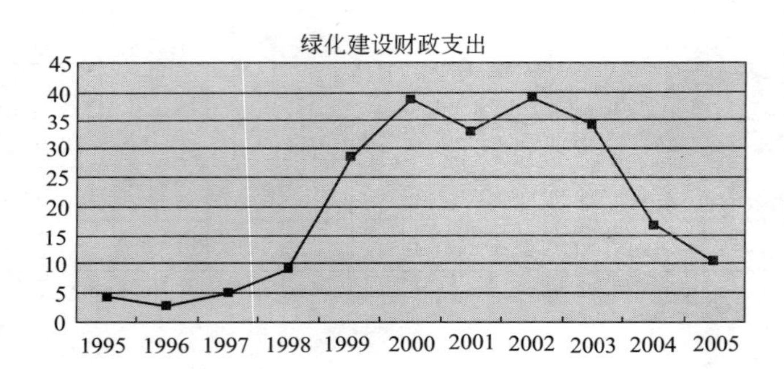

图 6-3　上海城市绿化建设财政支出变化（1995～2005）

资料来源：作者整理绘制

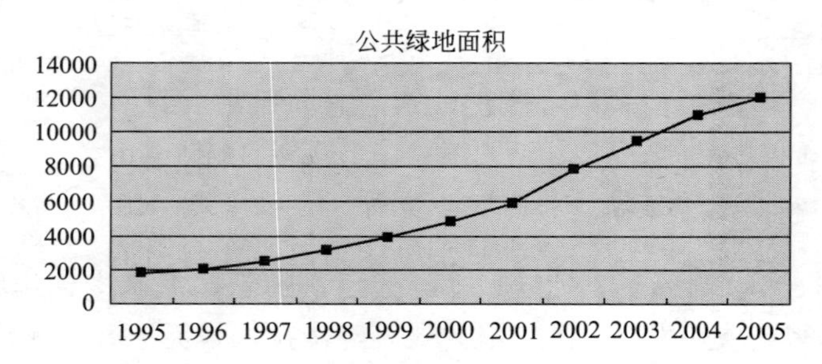

图 6-4　上海绿地建设情况（1995～2005）

资料来源：作者整理绘制

图 6-3、图 6-4 显示，1990 年至 2001 年十几年间，上海城市绿化建设主要依靠财政投入发展较快，两者间呈现正相关性。2002 年后，绿化建设财政支出呈现出下降趋势，但绿化指标仍然保持同比增长幅度。究其原因，主要源于两方面：一是绿化政策鼓励多

渠道建设资金的投入，建设资金进一步从直接投入型向财政刺激型跃升，投入结构明显优化；二是管理力度的加大，附属绿地大幅度增加，这也是维持近年来上海城市绿化持续增长的重要因素。上海绿地近五年来的持续增长，直接说明了上海绿化行政管理的有效性。

6.2.2 产业结构调整

城市发展的过程就是经济质的流动和累积过程，可持续的经济增长离不开区域的生态环境背景，离不开区域内城市与城市之间资源和产业配置分工的协调，以及城市内部合理的产业结构[30]调整。中国特大型城市由区域经济中心城市向国家、世界经济中心城市的跨越式发展，带动城市经济形态由工业经济形态向服务性经济形态突变，产业结构从资本密集型向技术密集型和知识密集型突变，城市空间由“摊大饼”的圈层式空间结构向区域型网络化的空间结构突变。特大型城市产业结构的“三、二、一”产业调整，通过以金融、物流等为重点的现代化服务业发展，先进的制造业发展，进一步优化城市产业结构，提高产业竞争力。

特大型城市的产业结构调整，是使城市规模经济效益更大化、城市土地产出值进一步提高的重要措施，是城市空间结构突变的基本动力。目前，世界大都市正经历着向后工业化、向高度信息化的进程转变，世界发达国家大都市经济逐步转向服务型职能，商业、贸易、服务、娱乐、信息、办公中心越来越向大城市集中，如巴黎集中了法国90%的股份公司，50%以上的政府职能机构。统计数据显示，1996年东京、香港、汉城的地均GDP分别是98524万美元/km^2、80924万美元/km^2、10184万美元/km^2；而2000年年底北京、上海的地均GDP仅为5770万美元/km^2和9003万美元/km^2[31]。统计指出，上海的GDP总量是香港的1/4，仅为东京的1/20。中国城市土地产出效率明显低于世界平均水平，尤其低于发达国家的水平，像上海、北京这样特大型城市的地均GDP也处于较低水平。城市土地产出效率低导致城市CBD效应难以形成[32]。

产业结构调整改变了城市系统内部各要素之间物质、能量、信息的运动方式，使城市空间结构向更高层次的空间结构跃升，优化城市功能，提高城市土地产出值，提升城市综合竞争力[33]。

绿地系统作为城市系统的有机组成部分，受城市系统的影响和制约。城市空间结构的跃升成为绿地系统进化的基本动力，绿地系统向着更高层次系统突变进化，系统内外部物质、能量、信息的运动方式更加优化，绿地系统布局结构逐步优化，内部结构和表面结构从无序向有序进化。

6.2.3 基础设施规划

城市发展是各种社会经济活动在城市地域空间聚散与协调的过程。特大型城市的经济聚散效应，作为空间聚集力与扩散力推动区域经济要素向某一特定地区集中，产生内部集聚经济和外部集聚经济，同时通过交通网络、商品网络、技术网络、资金网络、人才网络、旅游网络、文化网络、信息网络等向周围城市传递要素，并首先沿着交通轴线向区位条件较好、基础设施发达和交通方便的周边城市扩散，带动区域城市的发展[34]。

基础设施规划改善了特大型城市与区域城市之间物质流、能量流和信息流的流动方式，经济、社会、文化相互渗透、相互融合、高度依赖，各种时空资源得到高效利用[35]。可以说，基础设施建设是城市聚集经济形成的物质承载力，是城市经济、社会活动的基本载体，基础设施越完善、质量越高，对城市或区域的聚集效应也就越大，基础设施的投资回报率也就越高，城市土地产出值也就越高，土地集约化利用就越强[36]。

绿地系统是城市重要的基础设施之一，是城市生态系统的主要载体。作为基础设施系统的有机组成部分，更高层次系统的进化，会影响和促进其系统内部各组成要素的进化。新一轮基础设施规划成为绿地系统进化的重要动力。

6.3　公共政策的进化

城市绿化的公共政策是政府干预、引导城市绿化发展的重要手段。政府作为公共利益的代表，通过有关公共政策和法律，通过对市场的强有力调控，直接投入、引导和强制投入绿化建设，保障公共利益，以促进城市的可持续发展[37]。

6.3.1　“园林城市”政策

20世纪末，中国城市的开发建设能力空前提高，在集中力量发展经济的热潮中，破坏生存环境的能力也空前提高。人类社会在局部利益和宏观利益、眼前利益与长期利益等方面一直存在着客观矛盾，城市快速生长过程更加激化上述矛盾。

回顾世界城市发展的历史，从中国古代的“城市山林”，近代英国的“花园城市”，到欧洲及北美大陆的“公园运动”，直至当代的“生态城市”、“可持续发展”等等，人类一直在矛盾与困境中不懈地追求与自然共生共荣的理想。

20世纪80年代起，一些沿海城市开始自发地提出创建“花园城市”、“森林城市”、“园林城市”等绿地建设目标，国内知名学者钱学森早在1990年就提出了建设“山水城市”的倡议。

城市绿地建设不是一块绿地、一个公园的建设，而是从城市发展要求出发，整体考虑城市绿化对于生态环境改善、美化市容，城市整体素质和人民生活质量提高，促进城市可持续发展的作用[38]。国家建设部于1992年在城市环境综合整治(“绿化达标”、“全国园林绿化先进城市”)等政策的基础上，制定了国家“园林城市评选标准(试行)”(建设部，1992)。各地政府以园林城市为目标，大力推进城市绿化工作，该政策有效地调动了各方面的积极性，有力地推动了中国城市绿化的建设工作。经过十几年的积极创建，截至2004年，全国城市绿化人均公共绿地面积已达到7.4m^2/人(注：1990年为1.8m^2/人)，39个城市获得“国家园林城市(区)”的称号[注释2]，全国城市绿化水平基本达到或已经超出国家园林城市标准。国家园林城市政策有力地推动了中国城市绿化和生态环境建设。

城市绿化建设是不断完善的认知过程。《国家园林城市标准》在十几年的实践探索中不断修订，组成要素扩大到组织管理、规划设计、景观保护、绿化建设、园林建设、生态建设、市政建设和特别条款等八个主要方面，对城市绿化建设作出更全面、更科学地指导，推动国家城市环境质量的改善。

6.3.2 "后园林城市"政策

1991年，上海市人民政府将"生态园林规划与实施"列入"八五"科技攻关项目之一，从而掀起了中国城市园林建设的新高潮[39]。

21世纪是人类追求可持续发展的新世纪，以城市绿化为主的城市生态环境建设成为21世纪城市建设的重要内容。因城市化迅速发展，导致城市生态环境的进一步恶化，生态园林城市在园林城市基础之上、针对城市园林建设改善城市生态环境的目标进一步提出。生态园林城市是人与人、人与自然的和谐，是人们对丰富精神生活的追求和回归自然意识的增强，对城市经济、社会的跨越式发展提供优越的基础环境，城市自然资源得到更有效的保护和合理化利用，城市发展更加持久繁荣。

2004年，国家建设部颁布了《关于印发创建"生态园林城市"实施意见的通知》（建城［2004］98号），提出了七项一般要求、十九项基本指标，明确了以生态学为指导的城市绿地规划、建设和管理原则。

生态园林城市是城市社会—经济—自然复合的生态系统，结构合理、功能稳定，兼顾社会、经济和环境三者的整体效益，生态环境良好并不断趋向更高水平的平衡，城市内外物质流、能量流、信息流运动更加高效，城市的地域特征、民族文化、历史遗产、生物多样性得到更加有效的保护，是城乡复合的有机体，形成城乡一体化的生态绿地网络系统，实现大地园林化[40]。

发展城市生态园林其核心就都是要增加绿化面积，维护生态平衡，建立较为完善的城市所依托的生态系统，实现人类与自然的和谐共存。生态园林城市是中国城市生态建设进程中更高一级的建设目标。

6.3.3 行政法规

1. 中国现行的相关行政法规

行政法规是国务院为实施宪法和法律、以完成国家行政管理事务所制定的规范性文件。在全国范围内具有法律效力，是制定地方法规、自治条例及规章的依据[41]。

"一个国家的城市规划体系包括规划法规、规划行政和规划运作三个基本方面。其中，规划法规是规划体系的核心，为规划行政和规划运作提供法定依据"[42]。城市绿地系统规划是城市规划的组成部分，已建立起以《城市规划法》(1990)为主干法、以《城市绿化条例》(1992)为基础的行政规章、行政规范性文件、技术标准与规范相配套的绿化法规体系[43](表6-3)。

中国城市绿化行政主管部门现行的主要行政法规　　表 6-3

序号	法规与规范性文件	制定主体	内容分类				法律效力	功能
			行政法规	部门规章	行政规范性文件	技术标准与规范		
1	城市绿化条例	国务院	●				★★★	建设管理
2	国务院关于加强城市绿化建设的通知	国务院			●		☆★★	
3	城市绿线管理办法	建设部		●			☆★★	实施管理
4	创建国家园林城市实施方案	建设部城建司			●		★★	实施管理
5	关于加强城市生物多样性保护工作的通知	建设部城建司			●		★★	
6	建设部关于印发《关于加强城市绿地和绿化种植保护的规定》的通知	建设部城建司			●		★★	
7	园林城市评选程序的规定	建设部城建司			●		★★	
8	国家园林城市标准	建设部城建司			●		★★	编制审批实施管理
9	城市绿化规划建设指标的规定	建设部城建司			●		★★	
10	关于印发《城市绿地系统规划编制纲要（试行）的通知》	建设部城建司			●		★★	
11	国家重点风景名胜区规划编制审批管理办法	建设部城建司			●		★★	
12	关于印发创建“生态园林城市”实施意见的通知	建设部城建司			●		★★	
13	城市绿地分类标准	建设部				●	☆★★	
14	风景名胜区规划规范	建设部				●	☆★★	
15	风景园林图例、图示标准	建设部				●	☆★★	
16	公园设计规范	建设部				●	☆★★	
17	城市道路绿化规划与设计规范	建设部				●	☆★★	

●所属法律渊源　★法律效力等级　★法律效力高于☆

资料来源：吴人韦等．我国城市绿化规划实施管理的现状与对策．规划师，2005，21(2)：64-66

2. 存在的主要问题

当前，中国城市绿化行政法规存在两个明显的问题，一是行政性法规文件占主体，技术性标准与规范性文件明显不足，只能对规划建设做出方向性的指导，而不能对具体的规划内容做出明确的解答，导致规划的不明确性以及失效性。二是行政法规的修订缓慢，导致原规定已不能更有效地指导新一轮的规划，特别是对特大型城市规划的指导。

3. 发展趋势

从政府行政职能的有效化、高效化发展来看，城市绿化的行政法规建设将进一步协调好发展与保护、需要与可能、当前与长远、局部与整体、自身与相关系统之间的关系，主要体现在以下几方面：

一是全面推行“绿线”管理制度，加强对绿色开敞空间的刚性保护。城市绿地规划是城市绿地建设的基本依据，依法纳入城市总体规划，具有法律效应，实施过程中应加强“绿线”管理制度，划定全市基本生态控制线、河道保护控制线，严格控制绿化用地，并进一步划定森林、郊野公园的绿线。在分区规划和法定图则中，依法划定其他各类绿地绿线。从总体规划、分区规划、控制性详规等各阶段，完善绿色开敞空间的刚性保护依据。

二是绿地系统规划实施技术规范的进一步完善。目前，上海市在三层次绿地系统规划基础之上，加紧了《上海市绿地系统规划实施细则》的制定，加强对区域绿地和城市大型绿廊、各类建(构)筑物以及其他设施的控制和处理，制定森林和郊野公园开发的控制导则，对绿地中的土地利用控制、消防规划、建设审批办法、日常管理作出具体的规定，以强化建设、审批和管理的依据。

三是绿地规划建设管理体制的日益完善。2001 年国务院颁布了《国务院关于加强城市绿化建设的通知》(国发［2001］20 号)、2002 年建设部颁布了《关于印发〈城市绿地系统规划编制纲要(试行)的通知〉》(建城［2002］240 号)，明确提出了城市绿地系统规划包括城市各类园林绿地建设和市域大环境绿化的空间布局。当前，城市绿化行政主管部门的行政职能主要体现在建成区范围内，对于市域范围内非建设用地和绿化建设管理的行政法规、技术性标准与规范性文件亟待制定。

四是管理体制的理顺。凸显绿化行政主管部门在宏观调控、行业管理、信息引导、组织协调、执法监督等方面的作用，明确责任主体，推行生态补偿机制，发动全市共建绿地[44]。

五是加大建设的投资力度。坚持公益性发展方向，确保财政投入稳定增长，同时拓宽投资渠道，加大绿化投资、建设力度。

六是建立动态的建设管理机制。充分利用科技发展为城市绿化规划、建设和管理提供技术物质保障，建立动态监管体系，完善长效保护机制，指导城市绿化适时作出调整。

6.3.4 上海的地方性行政法规

政府行政职能通过各级政府行政主管部门的行政行为来实现。各级政府在不与宪法、法律、行政法规相抵触的前提下，根据本行政区域的具体情况和实际需要，制定“条例”、“规定”、“办法”等行政规范性文件，称为地方性规范文件(即地方性法规)，是国家行政法规的有益补充和完善，具有较强的操作和指导意义。

上海作为典型的特大型城市，地方性法规文件发挥重要的指导性作用。表 6-4 中归纳总结了 1986 年以来，上海市地方政府有关城市绿化建设的文件。

与上海园林绿化建设相关文件[45,46]　　表 6-4

年　份	文 件 内 容	制定主体
1986～至今	"为民办实事"中19.8%与园林建设有关	上海市委、市政府
1994	上海市公园管理条例	上海市人大常委会
1996	制定有关绿化建设保证金及绿地补偿的实施办法	上海市人民政府、上海市园林管理局
1996	上海获得"国家卫生城市"称号	—
1999	三年发展计划提出城市绿化建设目标	上海市委、市政府
1996～2003	1996 年至 2000 年间，2.3%头版新闻与园林城市建设相关；2000 年至 2003 年间，有增加的趋势	《解放日报》头版新闻
2000	全国城市绿化市长座谈会在沪召开	—
2000	上海市植树造林绿化管理条例	上海市人大常委会
2000	出台闲置土地临时绿化的管理办法	上海市人民政府
2002	"国家园林城市"目标的确定	上海市委、市政府
2002	出台上海市古树名木和古树后续资源保护的管理条例	上海市人大常委会
2002	出台上海市环城绿带管理办法	上海市人民政府
2003	绿化申城——市政府"一号工程"	上海市委、市政府
2003	出台崇明东滩鸟类自然保护区的管理办法	上海市人民政府
2004	制定一系列有关绿地验收、养护及绿化行政的管理办法	上海市绿化管理局
2006	一系列关于加强城市绿化科研的通知出台	上海市绿化管理局
2007	《上海市绿化条例》颁布实施	上海市人大常委会

资料来源：作者归纳整理

《上海市公园管理条例》（上海市人大常委会，1994）标志着上海城市绿化管理地方性规范文件建设的起动，政策制定是推动上海城市绿化建设跨越式发展、进化的重要动力。表 6-5 数据显示，上海人均公共绿地面积从 0.16m^2 增长到 1m^2 花了整整 40 年时间；从 1m^2 到 2m^2 的增长花了 5 年；从 2m^2 到 3m^2 用了 2 年；此后，每年维持 1m^2 的增长速度至 2001 年；最近 2 年，增长速度达到每年 2m^2。

1949～2003 年上海绿化建设重要指标一览　　表 6-5

年　度		1949	1978	1990	1991	1992	1993	1994	1995
城市绿地面积	公顷(hm^2)	88	761	3570	4167	4399	4654	5939	6561
绿化覆盖率	%	—	8.2	12.4	12.7	13.2	13.8	15.1	16
人均公共绿地面积	平方米/人(m^2/人)	0.16	0.47	1.02	1.07	1.11	1.15	1.44	1.69
年　度		1996	1997	1998	1999	2000	2001	2002	2003
城市绿地面积	公顷(hm^2)	7231	7849	8855	11117	12601	14771	—	—
绿化覆盖率	%	17	17.8	19.1	20.3	22.2	23.5	30	35.18
人均公共绿地面积	平方米/人(m^2/人)	1.92	2.41	2.96	3.62	4.6	5.5	7.6	9.16

资料来源：作者归纳整理

《上海市绿化条例》(上海市人大常委会，2007)的颁布实施，更是把上海绿化建设管理推向了新的高度。条例中，针对当前上海城市绿化建设已经出现的问题进行新的调整，如公园绿地周边的规划控制区(第十一条)、附属绿地比例调整(第十二条、十五条)、多形式的立体绿化(第十七条)、树木移(伐)植(第二十九条)及绿化补偿费(第三十二条)等等。条例的颁布对上海绿化质量提升具有重要的指导作用。

6.4 促进城市内部结构的进化

上海城市化带来的生态危机，以及人多地少所引发的生态环境的困境，一直是制约特大型城市发展的“瓶颈”。1998年以来，根据市委、市政府关于进一步加强城市环境建设的指示精神，上海市城市绿化建设紧紧围绕改善生态环境的目标，改变以往“见缝插绿”为“规划建绿”，按照生态学原理，体现特大型城市向大都市圈可持续发展的思路，规划城乡一体化、以人为本、平面绿化与空间绿化相结合的绿化。[45-46]

上海城市内部绿地结构的调整，结合大市政建设、旧城改造、污染工厂搬迁等，兴建大型公共绿地，围绕城市河流和道路改造建设生态廊道。绿地结构强调中心城与市域绿化系统的衔接(林中上海)，强调季风与绿地结构布局的协调(绿色通风廊道)，强调生物多样性、生物群落稳定性(生机、生趣、生境)，强调绿化建设与城市空间和景观风貌的结合(通透度与美化度)，创造人与自然和谐的生态环境。城市绿化建设取得突破性进展，城市生态环境质量得到较大的改善。

2002年编制的《上海市中心城公共绿地规划》(2002～2020)以市域绿化系统规划为指导，形成“一纵两横三环”(即环形绿化和主要绿廊)、“多片多园”(即公园绿化和大型林地)、“绿色廊道”(即路网水网绿廊)。规划目标：2020年，中心城人均绿地30m^2，人均公共绿地10m^2，绿地率35%，绿化覆盖率40%，绿地总面积240km^2；外环绿带58km^2，楔形绿地40～45km^2，生态敏感区35～40km^2，新增集中绿地30km^2。[45]

6.4.1 大型公共绿地

中心城区绿化存在布局结构不合理、各类公园绿地分布不均、服务半径过大，部分地区存在绿化服务盲区，绿化网络体系尚不完善等问题。其中，大型绿地主要分布在中心广场和公园，而小块绿地大多位于交通环线与干线两侧，绿地多呈孤岛，缺乏绿色廊道，斑块异质性差。

根据《上海市中心城分区规划(2004～2020)》规划确定的“中心城‘多心开敞’”的功能布局，大型公共绿地规划以公园和大型林地形成“多片多园”的空间结构。

1. 服务半径

上海根据国内外城市公园绿地分级标准，综合考虑上海实际情况，规划建设三级公园绿地，即一级绿地面积为10hm^{2}以上、二级绿地面积为4～10hm^2、三级为0.3～4hm^2，均衡分布各级绿地，保证公共绿地500m服务半径。根据《上海绿化系统规划(2002～2020)》，2005年内环线内消除500m公共绿地服务盲区，2010年外环线内消除500m公共绿地服务盲区，在苏州河以北和肇家浜路以南地区建设集中公共绿地，消除服务盲区；在城市中心、副中心、景观轴两侧、公共活动中心、城市交通重要节点处新增集中绿地(见图 6-5，同附件一中图 5-4)。

2. 缓解城市热岛

根据热场等级遥感图，在城市主要的热中心和特高温区规划建设若干个 $4hm^2$ 以上的大型公共绿地，形成绿岛群、绿岛网，以缓解区域热岛效应。如红外遥感测绘显示，上海中心城热岛高峰在延安中路东端的市中心地段，该地段建筑密集、干道穿梭，南北高架贯穿[47]，延中绿地的规划建设，使该地区的热岛已经得到缓解。

3. 生态“源”林

大型生态“源”林通过八处楔形绿地、楔形公共绿地和外环线以内三大建设敏感区内绿地建设，强化生态性结构绿地建设，将市郊清新自然的空气引入中心城，保持空间开畅，保障生态安全。并在各区之间建设大型生态绿地及结构性绿地，保证城市空间开敞(见图 6-6，同附件一，图 5-1)。

八块中心城楔形绿地即桃浦、吴中路、三岔港、东沟、张家浜、北蔡、三林塘地区等，规划约 $69.22km^2$。

三大建设敏感区是指浦西祁连地区、浦东孙桥地区及浦东外高桥地区，总面积共 $60km^2$。

4. 建设城市标志性景观

在市中心和城市副中心、城市景观轴两侧、公共活动中心以及城市交通重要节点大力新建绿地，创造具有特色的现代大都市园林景观。

5. 城郊公园的游憩开发

中心城近郊规划建设娱乐、体育、雕塑、民俗等森林主题公园，如东郊的三岔港绿地(注：面积 $3.8km^2$)、南郊的外环路东南角绿地(注：面积 $5.2km^2$)和闵行旗中体育公园(注：面积 $3\sim5km^2$)、西郊的徐泾镇(注：面积 $4km^2$)、北郊的蕴川路(注：面积 $4km^2$)(图 6-7，见文后彩图)。

6. 郊区城镇

以生态城镇为目标，绿化指标高于中心城区，绿化覆盖率为 40%以上。规划建设 $10hm^2$ 以上的公园，形成各具特色的绿地格局，如松江的滨湖原生态公园、安亭的汽车文化公园、朱家角的青少年素质教育生态绿地。

郊区城镇绿化建设增强了城镇可居性和吸引力，促进中心城人口的疏导，有效缓解了中心城区发展的环境压力。

6.4.2　生态廊道

生态廊道是构成绿地生态网络的重要组成部分，它以城市绿色开敞空间为基础，面向城市生物多样性的保护、自然景观整体性恢复，具有生态、美学、经济等多种功能，生态廊道主要以植被带、河流和农用地为主。

上海绿地系统通过河流整治和道路改造规划形成了“一纵两横三环”生态廊道格局（见图6-8，同附件一，图 5-6）。

1. 一纵：黄浦江

连续的滨江绿色开敞空间和从腹地引向江边的绿带组成绿地系统，提高生物多样性，结合公共活动形成开放空间系统，结合交通条件改善、组织步行系统，提高滨水绿带的亲水性，总面积约 558hm^2。

2. 两横：延安路、苏州河

（1）延安路高架及其延长线绿化与都市景观相交映，每隔 4～6km(3min 车程)建设一块以乔木为主的大型绿地森林，形成“以快速浏览为特征、高架动态交通视点为指引的干道绿色景观轴线空间”。重点建设沿线第一街坊，保持连续性，控制第二街坊绿地延伸、扩大的可能性，规划绿地总面积 305.3hm^2，新增为 57.8hm^2。

（2）苏州河沿岸的休闲、自然景观河道空间，运用“适当均布原则”和“景观原则”（生活性城市空间），形成“以慢速阅览为特征、水绿交融为标志的河道自然景观轴线空间”、“以静态观瞻为特征、标志景观为主体的绿色视廊通透空间”。新规划集中绿地 95 处 101.9hm^2，滨河绿带总用地 3.9hm^2。

3. 三环——外环、中环、水环

上海市域范围内，呈环状布置的城市功能性绿带，包括中心城区绿化和郊区环线绿带，总面积 242km^2(见图 6-9，同附件一，图 5-2)。

• 郊区环

郊区环线长 180km，规划两侧各约 500m 的森林带，遇到城镇时适当调整宽度，总面积约 180km^2。郊区环线建设以生态林和经济林为主，采用“长藤结瓜”的方式，局部林地适当扩大；在环线内，结合人文景观、历史文化、旅游资源、观光农业、别墅开发等，拓展旅游功能。

• 外环

外环线全长 98.9km，沿外环外侧建设 500m 环城林带，内侧建设 25m 宽绿带，总面积约 62km^2。

环城林带主要功能是限制中心城向外无序扩展和蔓延，改善城市生态环境质量，通过建设大型公园、苗圃、观光农业、修疗养院等主题公园，为市民提供节假日休闲游憩场所。

• 内环

浦西内环高架下和两侧地面，以及屋顶空间规划建设景观绿化带；浦东内环线地面道路两侧规划建设 8～10m 宽的景观绿化带。

• 郊区城镇环

在郊区城镇周边规划 50～100m 的。新城规划 100m，中心镇、一般镇规划 50m。

6.4.3　旧区改造

旧城改造结合城市市政建设、产业结构调整、城市河流和道路改造，扩大绿地建设用地，保护城市的开敞空间。

1. 沿黄浦江、苏州河和延安路的开放空间建设，加快中心城区公共绿地建设，强化延安路、黄浦江等城市景观主轴线，保护视线通廊，整合空间资源。

2. 继续推进苏州河综合整治，加大对中心城水环境治理，吴淞、桃浦等工业区污染防治以及大气、噪声和生活垃圾等污染治理，提高中心城环境质量。

3. 严格控制历史文化风貌区的建设，并适当拆除一些对环境与风貌影响较大的建筑，增加公共活动空间和绿地。

6.5　城乡关系的进化

城市绿化不仅仅囿于城区，而是扩大到城市市域甚至区域范围内，城市的“肺”已经不再是公园，城乡之间、城市之间的广阔生态绿地构成了城市、区域发展的“绿肺”。城市是城市带或城市群中的一部分，在特大型城市绿地系统规划中，因人多地少等实际情况，城市的发展更需要结合周边城市、以连通的河流和干道绿化廊道相连，连接成大都市地区的生态网络，形成基于城乡一体化的区域生态网络，引入区域生态环境资源，促进城市的可持续发展。

2002年版的《上海城市绿地系统规划》（2002～2020），根据上海总体规划确定的“建设国际化大都市和生态城市”的发展目标，绿地系统规划体现大都市圈发展的思想，从长三角区域绿化的结构出发，将上海市城市绿化系统与所在的整个区域相连通，消除城乡“二元化”结构，增强城市郊区与中心城区的绿化连通，积极推进城乡一体化。

6.5.1　城乡一体化

2002版的《上海市绿化系统规划》（2002～2020）从系统整体性出发，建立整体规划的指导思想，分层规划城市绿地系统。其中，《上海市绿化系统规划》规划范围为市域6340km²，与《上海城市森林规划》的规划范围一致，但城市森林规划重点是外环线以外的市域部分，外环线以内的城市中心区则采用《上海市中心城区公共绿地规划》（见表6-6）。

上海三层次绿化规划编制情况一览表　　表6-6

序号	规划名称	规划范围（km²）	规划期限	编　制　单　位	编制时间
1	上海市绿化系统规划	6340	2002～2020	上海市城市规划管理局、上海城市规划设计研究院	2001
2	上海市中心城区公共绿地规划	约700	2002～2020	上海市城市规划管理局、上海城市规划设计研究院	2002.10
3	上海城市森林规划	6340	2003～2020	上海市城市规划管理局、上海市农林局、上海城市规划设计研究院	2003.8

资料来源：上海城乡一体化绿化系统规划研究，上海绿化管理局2005年科学技术项目，编号：ZX060102.

上海市绿地系统规划目前已经从布局结构上达到了“城乡一体化”的整体性结构，需要进一步对城市绿化的生态结构和每个组成部分所承担的生态功能明确化，达到使用和布局形式相协调，真正达到“城乡一体化”的目的。

6.5.2 景观生态网络化

楔形绿地的规划建设，连通了城市内外，形成梯形分布、组团布局的绿化体系。中心城区以黄浦江、苏州河、延安路以及外环、中环、水环沿线绿化组成的“一纵两横三环”为主要骨架，以中心城内部边缘若干大型片林组成均衡分布的绿色斑块，以城郊地区向中心城区深入的若干楔形绿地为通风走廊，再由道路、水系沿线绿化形成的绿色廊道连接，并与城郊的绿色廊道连通，形成一个以“核、环、廊、楔、网”为主体的、呈卫星环绕的、分层次的环网放射型模式，构建市域范围内城乡一体化的绿色网络系统。

6.5.3 要素区域化

随着对绿地系统认识的不断深入，规划要素也不断丰富和科学化。中国城市绿地的划分最早是 1961 年四类划分，2002 年已经基本建立起五大类、十六中类的分类体系[48]，并随着认知的深入而不断完善(见表 6-7)。

中国城市绿地分类办法演变　　表 6-7

年代	文件名称	绿地类型
1961	高等教材《城乡规划》	公共绿地、小区和街坊绿地、专用绿地、风景游览或休疗养绿地
1973	国家建委有关文件	公共绿地、庭院绿地、行道树绿地、郊区绿地、防护绿地
1981	高等教材《城市园林绿地规划》	公共绿地、居住区绿地、附属绿地、交通绿地、风景区绿地、生产防护绿地
1992	《城市绿化条例》	公共绿地、居住区绿地、单位附属绿地、防护林绿地、生产绿地及风景林地、干道绿化
2002	CJJ/T 85—2002	公园绿地、生产绿地、防护绿地、附属绿地、其他绿地五大类十六中类

资料来源：作者归纳整理

《国务院关于加强城市绿化建设的通知》(国发［2001］20 号)提出加强城市生态环境建设、创造良好的人居环境、促进城市可持续发展的建设指导思想，建设部颁布的《城市绿地系统规划编制纲要(试行)》(建城［2002］240 号)中，针对性地提出了增加市域绿地系统的编制，编制要素包含了位于城市建设用地以外生态、景观、旅游和娱乐条件较好或亟须改善的区域，如风景名胜区、水源保护区、郊野公园、森林公园、自然保护区、风景林地、湿地、城市绿化隔离带(含农用地和园地在内)、野生动植物园等等。城市绿地系统规划编制要素，从传统建成区园林绿地的概念扩大到整个市域范围内生态绿地，绿地规划将是城市与郊区各生态要素的整合过程，涉及到土地部门、绿化部门、林业部门，甚至农业部门的协调与合作。

6.6 生态资源利用方式的进化

生态环境状况直接或间接地反映土地资源利用的合理性。1992～2004 年间，在经济发展、生态环境建设和庞大人口生存需求的多重压力下，上海市城市生态系统整体虽向健康方向发展，但是改善程度不明显，并且部分指标有所恶化，耕地结构性减少，巨大的生态压力一定程度上仍然存在。

6.6.1　湿地保护

湿地是地球上有着多功能的、富有生物多样性的生态系统，是人类最重要的生存环境之一，湿地具有巨大的生态价值和经济价值[49]。上海湿地资源十分丰富，总面积为3197.14km²，占国土面积的34.0%。其中，近海及海岸湿地面积为3054.21km²，河流湿地为71.91km²，湖泊湿地为68.03km²，库塘为2.99km²。此外，还有郊区鱼塘、菱白地、水稻地和新开挖的景观水系、湖泊等大量的人工湿地等等。

2006年编制的《上海湿地保护和恢复规划(2006～2015年》(上海市林业局，2005)中，将上海市湿地资源划分为生态安全调控区、湿地生态系统保护区、退化湿地修复和重建区等三部分主要功能区，形成国际重要湿地、国家重要湿地、自然保护区、湿地公园以及具有特殊科学研究价值栖息地的湿地网络。结合滩涂资源的开发、利用大面积造地增绿，保持长江口、杭州湾湿地以及内陆主要湖泊湿地的生态特征和生态服务功能，为生态型城市提供优质的基础生态空间。建设用地和生态保护用地(林地、湿地)的稳步扩大使生态退耕成效显著，土地利用结构有所改善，生态资源利用方式得以进一步优化。

1. 生态安全调控区

在沿长江口、杭州湾海岸带建立生态安全调控区，主要建设200m以上的沿海基干林带和其他预防或减少台风、风暴潮、海啸等自然灾害的设施，沿一线大堤内保留宽度为1～3km的人工湿地区域。在生态安全调控区不得新建工业和生活设施。

2. 湿地生态系统保护区

杭州湾北岸至长江口建立自然保护区、湿地公园、水鸟栖息地，基本形成杭州湾北岸湿地保护带和长江口湿地保护圈。

3. 退化湿地修复和重建区

在崇明三岛、黄浦江上游饮用水源区、南汇边滩进行退化湿地修复和重建，同时建立湿地公园，发展滨海生态旅游业。

(1) 自然保护区建设

在已建4个自然保护区的基础上，先后建立横沙东滩湿地自然保护区(442km²)、奉贤杭州湾北湾湿地自然保护区(60km²)、南汇庙港海岸带自然保护区(100km²)，自然保护区总面积达1319.41km²。

(2) 湿地公园建设

规划重点发展崇明北湖(25km²)、崇明东滩(24km²)、沪崇苏越江大通道(1km²)、南汇海港新城(10km²)、青浦淀山湖(15km²)湿地公园5个，总面积75km²。依托湿地公园重点发展滨海、湖泊生态旅游业。

(3) 具有特殊科学研究价值的栖息地建设

规划在崇明绿华(2km²)、宝钢水库(1.64km²)、长兴青草沙(4km²)等地划建，总面积 7.64km²。

6.6.2 林地保护与建设

林地是城市森林的载体，以改善城市生态环境为主要目的，促进人与自然协调、满足社会发展需求，并以树木为主体的植被群落。

改革开放后，特别是 20 世纪 90 年代后，上海郊区林业的建设得到不断的完善和加强。从 1989 年到 2001 年，森林覆盖率从 5.46%提高到 10.4%，林地面积从 146.4km² 增加到 373.3km²。但是，与世界主要城市或国内其他特大型城市比较来看，上海森林覆盖率远低于国家林业部规定(见表 6-8)。

世界主要城市森林覆盖率比较 **表 6-8**

城市	城市面积(km²)		人口(万人)	森林覆盖率(%)		年代
	市域	市区		市域	市区	
东京	2187	620	1212	33	50	2000
横滨	433	328	322	2.9		1996
巴黎	12008	155	232	—	23	1984
伦敦	6700	1580	717	—	34.8	1976
北京	16807	422	1381	—	38.5	2000
大连	12574	2415	551.5	—	40	2000
广州	7434	1443	700	—	51.6	2000
青岛	10654	1366	730	20	18.7	2000
深圳	2020	330	400	44.9	47.9	2000
上海	6340	440	1673	9.42	9.22	2000
世界平均				31.7%		
中国目标(林业部规定)				30%		
生态环境优质城市				30%以上		

资料来源：《上海市绿化系统规划(2002～2020)》. 上海市城市规划管理局，上海市城市规划设计研究院，2002

上海绿化系统规划在非城市化地区规划了大片森林绿地，对上海生态环境、城市景观、生物多样性保护具有直接作用，是城市的“绿肺”，总面积约 671.1km²，占上海市总面积的 10.6%。

1. 大型片林

以休闲林、经济林、苗木基地为主体的市郊大型片林，以各级城镇为依托的若干小型片林，形成森林组团(图 6-10，见文后彩图)。其中，大型片林主要有浦江大型片林、南汇片林、佘山片林、嘉-宝片林、横沙生态森林岛。

2. 生态保护区、旅游风景区

集中保护自然生态资源、自然景观，形成自然保护区、风景区、湿地保护区、水源涵养林，如大小金山岛自然保护区，崇明岛东滩候鸟保护区，长江口九段沙湿地自然保护区，黄浦江上游水源涵养林，宝山、陈行、宝钢等水源涵养林，淀山湖滨水风景区，青浦泖塔区，崇明东平国家级森林公园等(图 6-11，见文后彩图)。

3. 大型林带

以防灾、防护和隔离为目的，规划建设约 60km^2 的大型带状绿地、林地，包括沿海防护林带、工业区、道路、河流等防护林带。

· 沿海防护林带

在吴淞口至杭州湾大陆岸线以及崇明、长兴、横沙三岛长约 470km^2 的海岸线(一弧三圈)，规划建设沿海防护林，建设面积达 56km^2(图 6-12，见文后彩图)。

· 工业区防护林带

在产生有毒有害气体的工业区周边建设 300m 以上的防护林带，一般工业区周边建设 50～100m 的防护林带。

· 道路、河流防护林带

沿道路、河道、高压线、铁路线、轨道线以及重要市政管线等纵横布置的防护绿廊，总面积约 320km^2。其中，市管河道两侧林带各约 200m，其他河道两侧各约 25～250m 不等。高速公路两侧林带两侧各 100m，主要公路两侧各 50m，次要公路两侧各 25m。中心城区道路绿化与高速公路、主(次)要公路林带连接，构筑绿色廊道，并在城市中心、副中心以及区级中心之间建设林荫步道系统(见图 6-13，图6-14)。

图 6-13　河道防护绿地规划(2002～2020)

资料来源：《上海市绿化系统规划(2002～2020)》. 上海市城市规划管理局，上海市城市规划设计研究院，2002

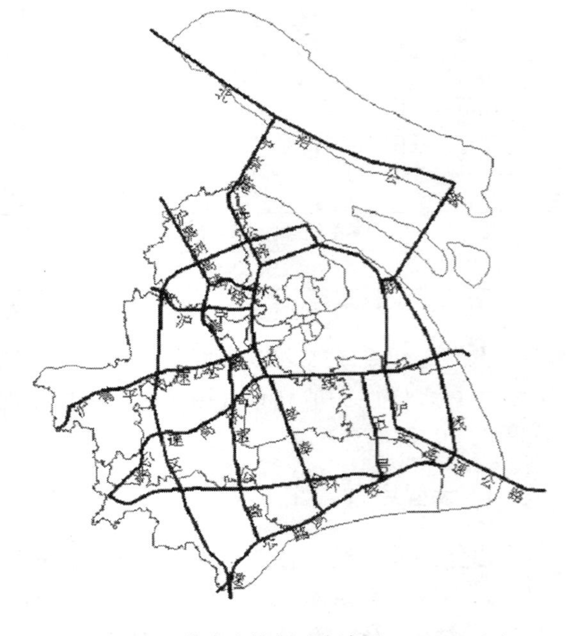

图 6-14　道路防护绿地规划(2002～2020)

资料来源：《上海市绿化系统规划(2002～2020)》. 上海市城市规划管理局，上海市城市规划设计研究院，2002

上海林业初步形成了以沿海防护林、河道水源涵养林、道路景观林等生态公益林为屏障，经济林为主体，大型苗木基地为基础的林业发展格局。“十一五”期间，上海林地的规划建设将综合考虑环境污染的分布特征、人口分布特征、工业区分布情况和主导风向的季节特征等，推进形成“二环二区三园，多核多廊多带”相结合的绿化林业布局结构。根据《上海市“十一五”绿化林业发展规划》(绿化局、林业局，2006)规划，到2010年，上海绿化林业规划全市绿化覆盖率38%，森林覆盖率14%；到2020年，全市绿化覆盖率稳定在40%左右，森林覆盖率16%。

6.6.3　农用地、园地

农业用地是指直接用于农业生产的土地，包括耕地、园地、林地、牧草地及其他的农业用地(国土资发［2001］255号)。从系统角度来说，农用地生态系统是由地貌、气候、水文、土壤、植物、动物等自然要素构成[50]。

农用地向人类提供农作物产品，是关系国计民生的重要资源，具有直接使用的经济生产价值，同时具有无形的社会价值和生态价值。长期以来，农用地在中国仅仅是作为农业生产资料看待，其生态价值往往被忽略。农用地作为一种最基本的自然生态环境要素，发挥着多种社会公共生态环境功能，如调节小区区域气候，创造环境舒适感；降低气温及增加相对湿度；播种的农作物通过光合作用吸收二氧化碳释放氧气；净化空气，减少有害气体；净化水质，取出有机物和污染物离子；保持生物多样性等等。随着人口增加而日益增加的生态环境压力以及人类为保护农用地资源生态环境而付出的沉重代价，使人们更加认识、重视农用地作为稀缺资源的生态价值[51,52]。

同时，农用地也是一种重要的景观资源，它是历史过程中一定文化时期，人类对土地采取特殊的利用方式所形成的景观格局，具有景观美学、游憩、生态等多种功能(见表6-9)。

农用地六大子系统景观功能评价　　　　**表6-9**

	景观美学指数B	景观生态学指数E	景观旅游学指数T	景观生态功能指数F
耕地	0.75	0.61	0.72	0.66
林地	0.67	0.84	0.72	0.79
园地	0.51	0.49	0.76	0.55
草地	0.66	0.36	0.61	0.46
水域	0.52	0.32	0.24	0.33
建设用地	0.28	0.11	0.11	0.14

资料来源：本表引自胡蓉等．农用地景观生态功能评价．西南师范大学学报(自然科学版)，2006，31(4)：186-189

表6-9显示，农用地具有明显优越的景观生态功能。其中，林地、耕地、园地的景观生态功能均在50%以上，而建设用地仅为14%；并且，农用地中的耕地景观美学和景观旅游的指数分别达到75%和72%。

农用地作为一个半自然的生态系统，全面融合了自然景观和人工景观，在气候调节、水源涵养、保护生物多样性等方面都具有优越的生态系统服务功能。城市对于地球生态系统而言，仅仅是一个“点”，河流、海岸及交通干线构成生态系统中的“线”，森林生态是“面”，城市、河流、海岸、交通干线及森林生态组成了森林生态网络体系[53-55]。其中，农用地是沟通联系城市与自然生态系统“点—面”之间的重要枢纽，是城市发展的生态基质，与城市之间存在着“生态底图关系”。因此，城市空间规划中应包括农用地配置。

当前，中国城市绿地系统编制规划中，已经积极地将林地、耕地引入并作为城市绿色隔离带，保护耕地和城市间的开放空间。国外都市区绿地系统规划的经验显示，农用地在绿地系统和开放空间系统中具有重要的生态、社会、经济功能。

上海作为现代化国际大都市，1996 年至 2004 年间，农用地总面积减少了 20897.90 万 hm^2，尤其是到了 2001 年已经降至最低(见图 6-15)。在农用地资源流失去向中，农用地转为建设用地 45190.00hm^2，其中，耕地转变为建设用地 38507.84hm^2，占转为建设用地的农用地总面积的 85.21%。可以说，建设占用成为上海耕地乃至农用地减少的主要因素。

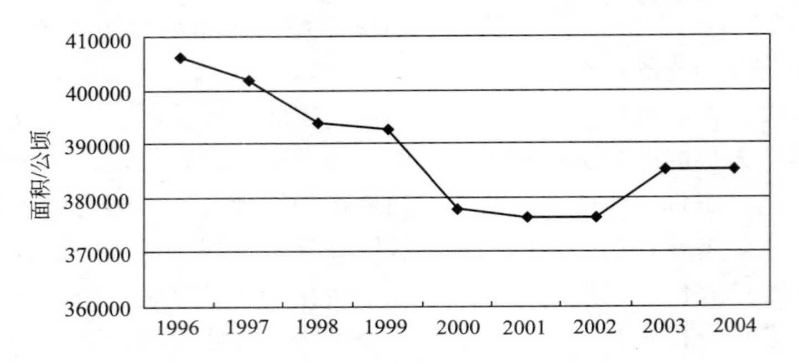

图 6-15　1996～2004 年上海市农用地面积变化图

资料来源：上海市城市规划设计研究院，上海绿地系统规划建设后评估，2006.12

农用地较低的经济价值导致其被城乡建设大量占用，农用地的减少不仅是农用地生产功能、社会保障及稳定功能的丧失，更是农用地景观生态保护功能的丧失，并将直接引起区域性景观生态功能的损耗[56,57]。

“十五”期间，从复合生态系统理论出发，遵循现代城市社会、经济和环境协调发展的原则，上海市将农用地引入绿地网络系统，完善和拓展了上海绿地系统，为新世纪上海生态环境建设创造了良好的发展条件。“十一五”期间，上海绿化林业发展更加强调绿化林业的全面、协调和可持续发展，进一步推进农用地生态的建设，以不断改善城市生态环境[55,58-59]。

6.7　生态绿地功能的进化

生态绿地是先进国际大都市可持续发展的重要标志，是解决生态危机的主要出路之一，在城市可持续发展战略中具有越来越重要的作用[60]。

生态绿地所产生的生态效应是从改善城市生态环境和保障人的健康角度服务于人类；游憩效应从改善人的行为方式和行为质量上服务于人类；景观效应从人的心理机能和精神状态服务于人类。总体来说，生态绿地的目标就是追求人与环境的协调，促进人类的可持续发展[61,62]。

6.7.1 生态功能的优化

城市发展需要消耗大量的物质和能量，城市的可持续发展需要有良好的城市生态环境。城市生态系统虽具有一定的自我调节能力，但更大程度还是来自于城市生态绿地，而且大部分来自城市以外的生态绿地系统，生态绿地中的绿化生态效应是城市生态系统中其他要素所不可替代的[61]。

传统生态绿地的生态效应，主要是通过对城市原有自然环境进行合理维护与提高、通过人工重建生态系统等系列措施来模拟自然环境，在城市人工环境中模拟自然环境再创造来发挥的，缓解城市中自然环境的丧失。21 世纪的生态绿地，从系统的角度出发，更高层次上意识到保护生物多样性的意义，通过城市周边生态资源的引入，改善城市及区域内物种的生态环境，建构城乡一体化的生态网络，保证物种迁移的畅通及各种生态过程的整体性与连续性，建立自然式风景绿地、生态游憩区、生态敏感区、自然保护地等系列生态绿地，综合协调人类生产活动、游憩与生态保护之间的关系。

上海城市生态绿地规划建设(2002～2020)按照人与自然和谐的原则，规划城乡一体、各种绿化合理衔接、生态功能完善稳定的市域绿化系统，体现了生态绿地功能向环境、游憩、生态综合发展的趋势。其生态功能进化体现在：

一是在规划结构和布局的生态性方面。即生态廊道和生态网络的建构、生态恢复、自然系统过程与城市发展过程的结合、群落生境的建设等。

二是维持城市生态系统平衡的生态功能，以生态观念为指导、以“生态优先”为前提、以“生态平衡”为主导，从城市整体空间体系的角度出发，对整个城市及城市周边地区的绿地进行规划和控制，使其生态效益得到最大限度的发挥，促进城市的可持续发展。

三是生态绿地仍是一种生态补偿式的绿化。绿地规划应该是作为城市的生态基础设施的先行者，特别是对城市生态环境有显著影响的区域，而不仅仅是被动地亦步亦趋地跟在城市建设之后。

6.7.2 游憩功能的强化

游憩是生态绿地的重要功能之一。大型生态绿地、连续开放的游憩空间规划作为一种环境资源和有生命的城市基础设施，是“公益性产品”，游憩功能的开发，可以保障公益性产品的共享性和社会公平性，增强绿地社会综合效应，并能营造出可感知和可享受的生态化都市休闲环境，建立健康、绿色的城市开放空间系统，促进城市整体形象的提升。

上海绿地系统规划，在注重生态、景观的同时，构筑可持续的社会发展空间和健康的心理发展空间，以城市居民游憩行为理论为指导，规划大型公共绿地及片林的布局[63]。

6.7.3 景观功能的提升

在全球信息化和经济一体化的今天，因城市景观面临的重大威胁是地方个性与特色的逐渐消失，导致城市风貌的日趋雷同，所以生态绿地在城市景观塑造上将大有作为。

始于20世纪30年代而兴于80年代的景观生态学把生态绿地引入了一个新时代，生态绿地更加强调水平过程与景观格局之间的相互关系，强调对城市自然生态演替的保护，如英国伦敦在城市向外扩张过程中，适当保留了有乡土特色的自然景观区域，塑造具有特色的城市景观特征。

6.8　特大型城市的绿地系统进化论

人类发展的进化日益集中地反映在观念系统上的进化。城市中的生态危机、人与自然关系的危机、人自身生存发展的危机，说到底都是观念系统在新的历史时代中陷入了危机。绿地系统进化论是我们对城市绿地系统规划与建设观念上，进行时代性的批判、反思、预见与整合，它用以指导城市绿地规划与建设，最终实现观念的创新与提升。

特大型城市绿地系统研究，以绿地系统进化论为指导，从绿地系统理论发展的历史演变、国内外特大型城市绿地系统布局结构的分析出发，沿绿地系统纵、横两条发展轴，探讨特大型城市绿地系统布局结构的进化阶段及阶段特征，从整体性出发探索影响和决定特大型城市绿地系统进化的主要因素及其作用方式，进而建构起特大型城市的绿地系统进化论规划理论框架(见图6-16)。

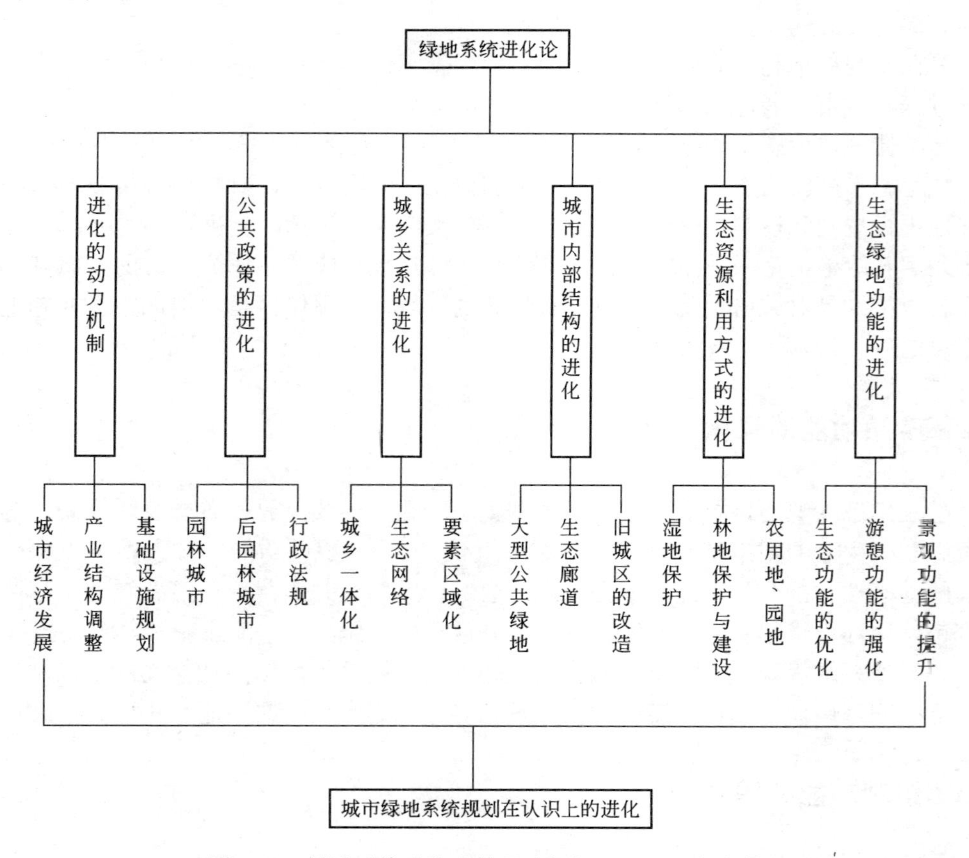

图6-16　绿地系统进化论的理论框架——以上海为例

所谓城市绿地系统进化论，就是以整体的、层次的、开放的、动态的观点，通过城市社会对于绿地系统在社会、体制、投资、计划与决心等方面的跨越式进步，选择以绿地系统布局结构的突变与跃升为正向变异模式，即从“非持续”的(突变)途径切入，来实现可持续发展之理想，引领城市在全球化过程中，人与自然的关系日趋走向高效、和谐的动态平衡。

6.9 本章小结

本章在前文分析、研究、归纳和论证的基础之上，对本文提出的理论——绿地系统进化论及其理论框架进行论述。

绿地系统进化论是从人类主体观念的进化和绿地系统客体自身的进化两个角度提出，它是我们对城市绿地系统规划与建设观念上进行的时代性批判、反思、预见与整合，用以指导城市绿地规划与建设，最终实现观念的创新与提升。

城市经济发展、产业结构调整、城市空间优化是促进绿地系统规划进化的直接动力机制，公共政策的制定与实施是绿地系统规划进化的保障。

绿地系统的进化体现通过内部要素之间结构关系的优化、内外部要素之间功能的协调来实现，最终体现在布局结构上的进化，它是绿地系统内部要素之间、内部与外部要素之间能量运动方式的体现。

本文最后提出指导特大型城市绿地系统走持续发展模式的规划理论——绿地系统进化论，认为以绿地系统进化论指导的城市绿地系统规划，通过动力机制、公共政策、城乡关系、内部结构、资源利用方式及生态功能等六大层面的进化来实现城市绿地系统的持续发展模式，最终实现绿地系统规划与建设观念上的进化。

注　释

注(1)　20世纪初，以魏斯曼为代表的新达尔文主义崛起，强烈拥护自然选择，并提出种质连续假说，否定达尔文主义中对获得性遗传赞同的部分，这是对达尔文主义的第一次修正；20世纪20～30年代群体遗传学的建立，突变、遗传漂变、基因交流与自然选择等进化机制的提出，重新巩固了自然选择机制的主导地位，这是对达尔文主义的第二次修正；20世纪50年代以后突起的分子生物学提出的基因多效性与多基因效应，对达尔文主义进行了有益的补充。资料来源：陈尉. 走进达尔文(4)——达尔文主义的发展历程. 化石，2004.4：11.

注(2)　截至2006年底，国家建设部共分九批审批通过了70个国家园林城市(区).

参 考 文 献

［1］ 李征. 走进达尔文(1)——《物种起源》与达尔文的进化理论 [J]. 化石，2004(4)：7-8.

［2］ (荷)亨利·J·M·克莱森，刘冰，译. 进化论的发展 [J]. 社会科学，2006(2)：143-160.

［3］ 马步广，颜泽贤. 突现进化论的新范式：元系统跃迁 [J]. 科学技术与辩证法，2005，22(1)：33-37.

［4］ 张青棋. 生物突变论的创立者：德弗里斯 [J]. 自然辩证法通讯，1996，18(3)：60-70.

[5]　陈尉．走进达尔文(4)——达尔文主义的发展历程［J］．化石，2004(4)：11.
[6]　邹新慧，何平，郭琳萍．从进化论的进化到科学进化［J］．重庆师范学院学报：自然科学版，2001，18(3)：81-86.
[7]　赵卯生，彭新武．在生物进化与人类进化之间［J］．山西高等学校社会科学学报，2001，13(1)：29-31.
[8]　达尔史．人类的来由［M］．上海：商务印书馆，1983：126-135.
[9]　雷好利，林世选．科学精神、人文精神与科学发展观［J］．党政论坛，2006，07S：8-10.
[10]　白刚，张荣艳．文化视野中的可持续发展［J］．长春师范学院学报，2002，21(2)：18-20.
[11]　孙志海．系统进化和社会发展动力研究［J］．安徽师范大学学报：人文社会科学版，2003，31(6)：642-646.
[12]　孙志海．论进化论的另一维度：物质、能量和信息的交流方式［J］．系统辩证学学报，2004，12(4)：62-66.
[13]　于景元等．科学发展观与系统科学［J］．科学中国人，2006：12-14.
[14]　马红霞，钱兆华．20世纪系统思想发展的回顾［J］．系统辩证学学报，2003，11(1)：56-60.
[15]　刑媛．论系统思维与社会可持续发展思想的内在关联［J］．系统辩证学学报，2000，8(2)：14-18.
[16]　王竹珍．系统论引起“世界图景”的变革［J］．哲学动态，1991(12)：14-16.
[17]　张新鸿．从现代系统论的新视角看战略思维［J］．临沂师范学院学报，2004，26(2)：69-71.
[18]　颜晓峰．科学技术与思维方式的历史演进［J］．中国海洋大学学报(社会科学版)，2003，3：1-5.
[19]　胡皓．进化的边界条件［J］．系统辩证学学报，2004，12(2)：16-18.
[20]　张新鸿．从现代系统论的新视角看战略思维［J］．临沂师范学院学报，2004，26(2)：69-71.
[21]　李茜．略论系统论方法的整体性原则［J］．新乡师范高等专科学校学报，1996，10(3)：24-26.
[22]　马沛勤．进化理论对人类活动的指导作用［J］．运城高等专科学校学报，2000，18(6)：25-26.
[23]　科学发展观的系统思维特征［J］．解放军理论学习，2006，9：64.
[24]　邓春玲．论人的全面发展［D］．长沙：湘潭大学，2001.
[25]　赖福东．科学发展观的系统论涵义浅析［J］．求实，2005，2：55-56.
[26]　牛芳．科学发展观的系统论分析［J］．哲学堂，2005(00)：205-209.
[27]　沈克．系统论思想与城市建设［J］．西部探矿工程，2004，6：210-211.
[28]　唐由海．城市·基因·形态——传统住区形态更新［D］．重庆：重庆大学，2002.
[29]　黄勇．城市规模发展的实证分析［D］．武汉：武汉大学，2004.
[30]　罗罡辉，吴次芳．城市用地效益的比较研究［J］．经济地理，2003，23(3)：370.
[31]　许伟．城市土地集约化利用及其评价研究［D］．重庆：重庆大学，2004.
[32]　陈甬军，陈爱民．中国城市化：实证分析与对策研究［M］．厦门：厦门大学出版社，2002.
[33]　王东刚．长三角城市圈：形成发展分析与未来路径选择［D］．南宁：广西大学，2004.
[34]　褚艳华．城市地域经济核心区与腹地特征、功能及协调发展研究——以济南市为例［D］．济南：山东师范大学，2003.
[35]　赵敏．城市基础设施建设与城市空间优化研究——以重庆市万盛区为例［D］．重庆：西南师范大学，2005.
[36]　季秋萍，张建春．我国城市化发展以及相关因素分析．集团经济研究，2007(1)：105.
[37]　李福平．创建国家园林城市的由来［J］．江西建设，2000(2)：26.
[38]　孙丽，廖爱军．生态园林城市——未来人居模式［J］．辽宁林业科技，2005，6：39-42.
[39]　王永义，杨晓明．论生态园林城市［J］．天中学刊，2006，21(2)：65-67.
[40]　全国城市规划职业制度管理委员会．城市规划管理与法规［M］．北京：中国建筑工业出版社，2000：22.

[41] 全国城市规划职业制度管理委员会. 城市规划原理 [M]. 北京：中国建筑工业出版社，2000：71.
[42] 周进. 城市公共空间建设的规划控制与引导——塑造高品质城市公共空间的研究(第一版) [M]. 北京：中国建筑工业出版社，2005.
[43] 沈秋贵. 城市绿化管理必须从“尴尬”中走出 [J]. 城市管理，2006，8：40-42.
[44] 陈科. 上海建设园林城市的政策历程 [J]. 上海城市管理职业技术学院学报，2004，13(3)：53-56.
[45] 上海绿化林业网. http：//lhj. sh. gov. cn：7002/lhj/indexbefore. do.
[46] 孟兆祯. 中国园林的发展与问题 [J]. 上海城市管理职业技术学院学报，2005，14(2)：23-27.
[47] 城市绿地分类标准 [S]，CJJ/T 85—2002.
[48] 中国湿地网. http：//www. wetlands. cn/.
[49] 田克明，王国强. 我国农用地生态安全评价及其方法探讨 [J]. 地域研究与开发，2005，24(4)：79-82.
[50] 郭霞. 农用地生态价值评估方法探讨 [J]. 国土资源导刊(湖南)，2006，4.
[51] 郭霞. 农用地生态价值股价方法研究 [J]. 国土资源情报，2006，3.
[52] Foster，C.，Forestry in Megaloplis. Proc. Soc. Am. Ior. Meet.，1965：65-67.
[53] Dale，V. H. S. Brown，R. A. Haeuber etal. Ecological principles and guidelines for managing the use of land. Ecological Apllication，1999.
[54] 彭镇华著. 城市森林 [M]. 北京：中国林业出版社，2003：95.
[55] Ruud Cupers. Guidelines for ecogical compensation associated with highways [J]. Biological Conversation，1999，90：41-51.
[56] 胡蓉等. 农用地景观生态功能评价 [J]. 西南师范大学学报：自然科学版，2006，31(4)：186-189.
[57] 上海市绿化管理局(市林业局). 上海市绿化林业“十一五”发展规划(汇报稿) [S]. 2006.
[58] 严玲璋. 对上海绿地生态建设的探讨. 上海建设科技，2006(2)：23-25.
[59] 李敏. 生态绿地空间与城乡人居环境规划 [J]. 生态科学，1995，2：148-157.
[60] 童道琴. 城市生态绿地与城市可持续发展 [J]. 中国林业，2001，12：22.
[61] 陈少松. 城市生态绿地规划建设浅谈 [J]. 当代生态农业，2006，15(1)：39-40.
[62] 田逢军，刘春济，朱海森. 上海大型公共绿地游憩功能开发初探 [J]. 社会科学家，2003，4：95-98.
[63] 《中国统计年鉴》. 中国年鉴信息网. http：//www. chinayearbook. com/list. asp? id=1370.

第七章　结　　语

随着中国城市化建设的加速，特大型城市增多，出现了很多亟待解决的问题。本研究以国内外城市绿地系统的研究成果为基础，针对当前中国特大型城市存在的绿地系统布局结构不合理、生态服务功能不强等问题，以系统进化的战略视野，采用历史考察法、比较研究法、系统整合法、原型法等研究方法，从理论演绎与实证研究两方面平行展开研究与论证。

城市绿地系统作为人造的、有生命的基础设施系统，是人类改造世界的能动行为。本文突破了国际国内经典的绿地系统研究，侧重于客体研究而忽视人类主体的缺憾，从主客体的整体关系入手，既展开绿地系统客体本身的研究，又展开城市主体的认识能力及其行为能力的发展研究，并以上海的发展实践为实证案例，首次提出并论证了绿地系统进化论。

7.1　结论

本论文研究的主要结论可以归纳为以下五个方面：

一是分析了特大城市特点，结合当前中国特大城市数量快速增长的趋势，界定了特大型城市的基本概念，即：特大型城市是城市常住人口超过二百万及以上、城市经济辐射效应强，具有跃升、发展成为区域、国家乃至世界城市经济中心的基础。与一般的大城市相比较，特大型城市的发展具有高密度的人口聚集、极化的经济效应、区域化的空间结构等显著特点；其绿地系统具有组成要素高度多样化、功能要求趋于国际化、结构性矛盾最为尖锐等问题。

二是从时间纵轴对国内外绿地系统布局结构规划理论进行分析，梳理现代绿地系统规划理论，分析绿地系统从早期单一的园林观赏绿地功能向当代多功能整合的生态绿地方向发展的脉络，归纳总结了生态绿地系统规划布局结构发展的趋势，提出绿地系统发展的不可逆特点。

三是对国内外典型特大型城市的绿地系统布局进行横向比较，探讨各城市主要时期的绿地系统布局结构，并进行提炼和概括，将特大型城市绿地系统的布局结构总结为几种最基本的结构形态。同时，对国内外特大型城市绿地系统布局结构形成的内在机制与外部关系进行对比，推演出中国特大型城市绿地系统布局结构的发展趋势。

四是以上海市绿化建设作为实证案例，以系统论为指导，从上海城市绿化的跨越式发展入手，阐述了规划、建设和管理方面的深层次突变，多层次、多维度地阐述研究了城市绿地系统的进化过程与逻辑。

五是基于前文的分析、研究、归纳和论证，提出本文的主要观点，即绿地系统进化论。研究从绿地系统客体的进化、人类主体认识的进化两个层面提出和论证了绿地系统进化论。

所谓城市绿地系统进化论，就是以整体的、层次的、开放的、动态的观点，通过城市社会对于绿地系统在社会、体制、投资、计划与决心等方面的跨越式进步，选择以绿地系统布局结构的突变与跃升为正向变异模式，从“非持续”的途径实现可持续发展之理想，从而引领城市在全球化过程中，人与自然的关系日趋走向高效、和谐的动态平衡。

7.2 创新点说明

本研究从逻辑起点、思维方式、理论构建及研究方法等方面看，具有五大创新点：

一是首次以国内外特大型城市绿地系统的布局结构及其构建为剖析对象的系统性研究。截至2006年底的文献检索结果显示：特大型城市绿地系统的布局结构及其构建的系统性、整体性研究，本文尚属首例。

二是较为全面地解析了特大型城市绿地系统布局结构这一最重要、最难实施的问题。城市绿地系统布局结构是城市绿地系统规划核心内容的本质，因此，它既是指导城市绿化建设的框架依据，也是与城市其他相关规划衔接的依据。城市绿地系统布局结构的建构，是主体(人)引导城市空间结构整体优化的高级过程。

三是对特大型城市绿地系统规划研究思维方式的突破。经典的绿地系统规划研究，基本上是对生态系统的客观性规律研究。特大型城市的绿地系统布局结构，以其强劲有力的人工方式表达了主体(人)与自然关系由认知开始到建设、改造城市发展方式的演进过程。也是主体(人)引导城市空间结构优化的过程。因此，特大型城市绿地系统布局结构的合理性，取决于主体(人)认识的进化。

四是提出并论证了城市绿地系统进化论。一切社会事物都在不断地发展，但是其发展的方向有正负之别，就如同特大型城市的绿地系统可能正向发展，也可能负向发展。通过上海城市绿地系统的发展实践，表明绿地系统退化的负向发展远远大于进化正向发展的风险。由此可见，城市绿地系统进化论的意义就在于向主体(人)揭示了这种可能存在的巨大风险，以此指导特大型城市乃至相近城市将绿地系统纳入城市的正向发展(进化)轨道中，而不能单纯地表现为对绿地数量指标、财政资金投入的增长以及形态布局优美等方面的追求。

五是首次从上海城市绿地系统布局结构规划及构建的纵(时间)、横(空间)两个发展轴，对特大型城市的绿地系统结构布局规划及构建进行实证性分析研究。这是在该研究领域里的又一创新点。

7.3 后续研究

在论文研究过程中，已经通过着力确保研究样本的典型性和类型的代表性、注意通过多渠道收集资料和综合调查，并对所获得的材料进行比较、分析和取舍等方法来减少误差，但是仍不能保证在这些方面的准确、完整。

本论文的后续研究可以从研究对象的外延拓展和典型城市的个案深入研究等两方面进

行展开，其中主要研究方向和内容可以包括：

一是国内外特大型城市的绿地系统布局结构的演变特征及其进化规律的比较研究。

二是国内外特大型城市的绿地系统布局结构构建的动力机制及时代背景研究。

三是典型特大型城市个案，如东京、纽约、上海、北京的绿地系统布局结构优化调整及其构建对策的研究。

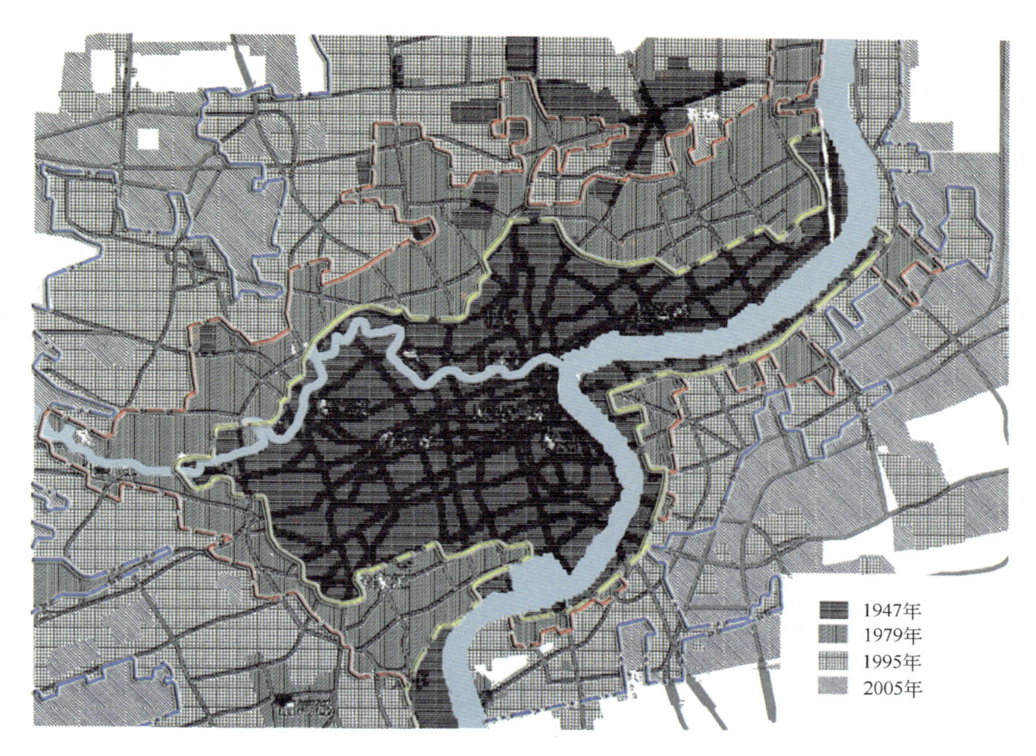

图 2-4　上海市的圈层式发展结构

资料来源：作者根据上海城市规划管理局网站资料整理绘制

图 4-6　北京市域绿地系统布局结构

资料来源：北京市城市规划设计研究院.

北京市区绿地系统规划［Z］. 2003.

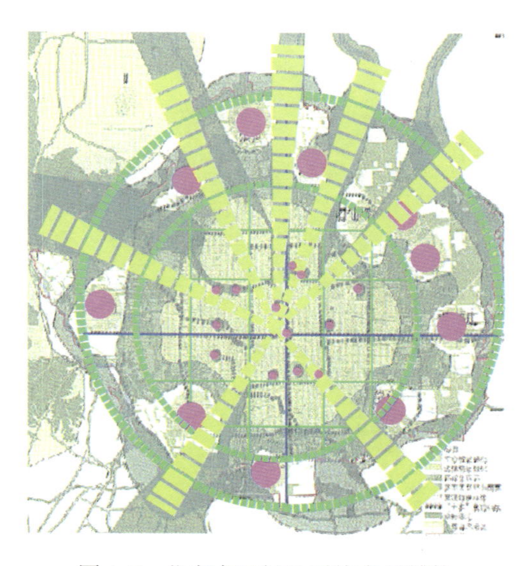

图 4-7　北京市区绿地系统布局结构

资料来源：北京市城市规划设计研究院.

北京市区绿地系统规划［Z］. 2003.

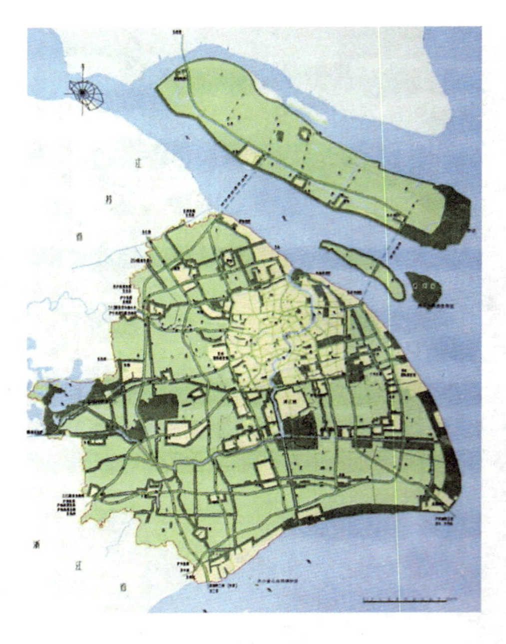

图 4-8　上海市域绿化总体布局

资料来源：上海绿化系统规划(2002～2020)

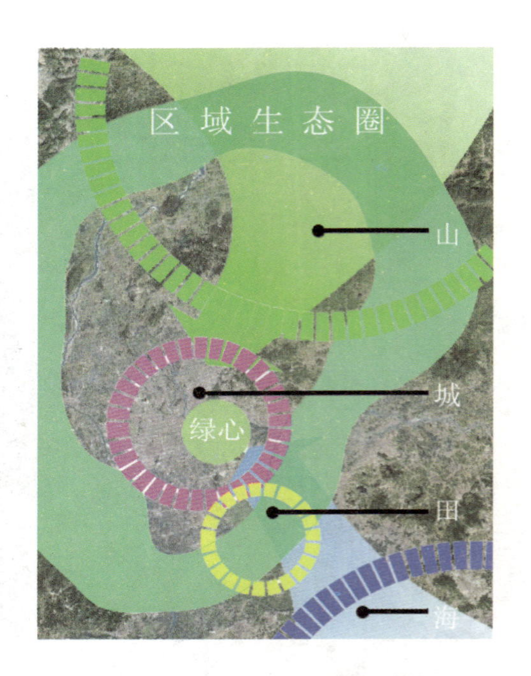

图 4-9　广州区域生态结构分析

资料来源：詹洲延. 谈广州绿地系统规划［J］. 南方建筑，2004（01）：9-11

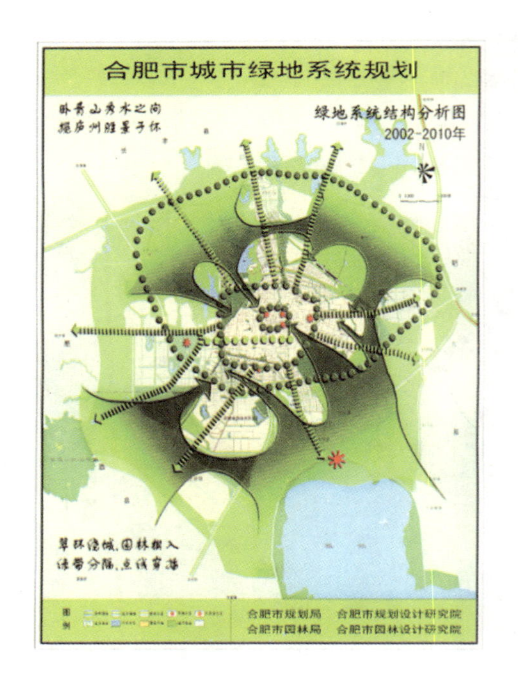

图 4-15　合肥城市绿地系统规划（1995～2010）

资料来源：金云峰，高侠. 构建城园交融的绿色网络——合肥市城市绿地系统规划研究［J］. 技术与市场(园林工程)，2005(4)：24-26

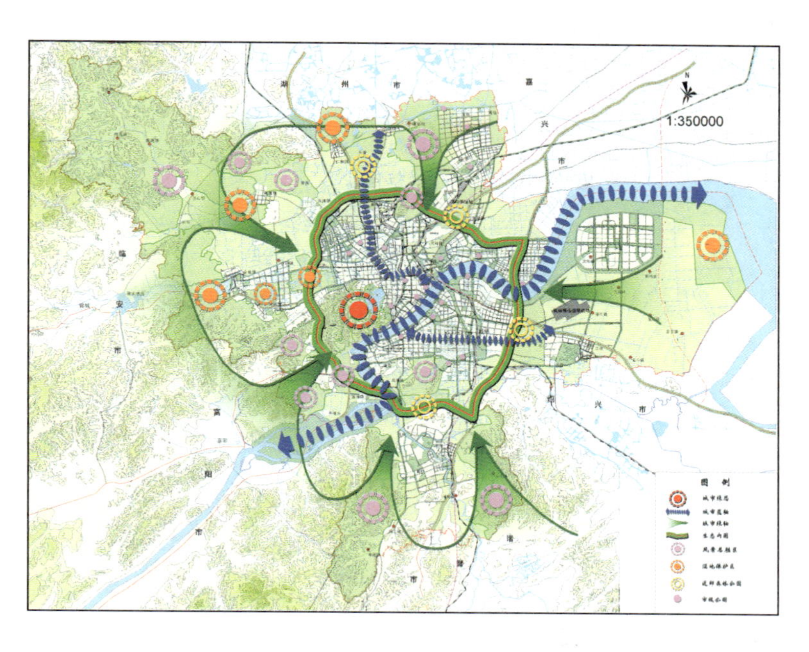

图 4-16　杭州绿地系统规划结构图

资料来源：杭州市城市绿地系统规划（2002～2020 年），杭州市园林文物局 杭州市城市规划设计院

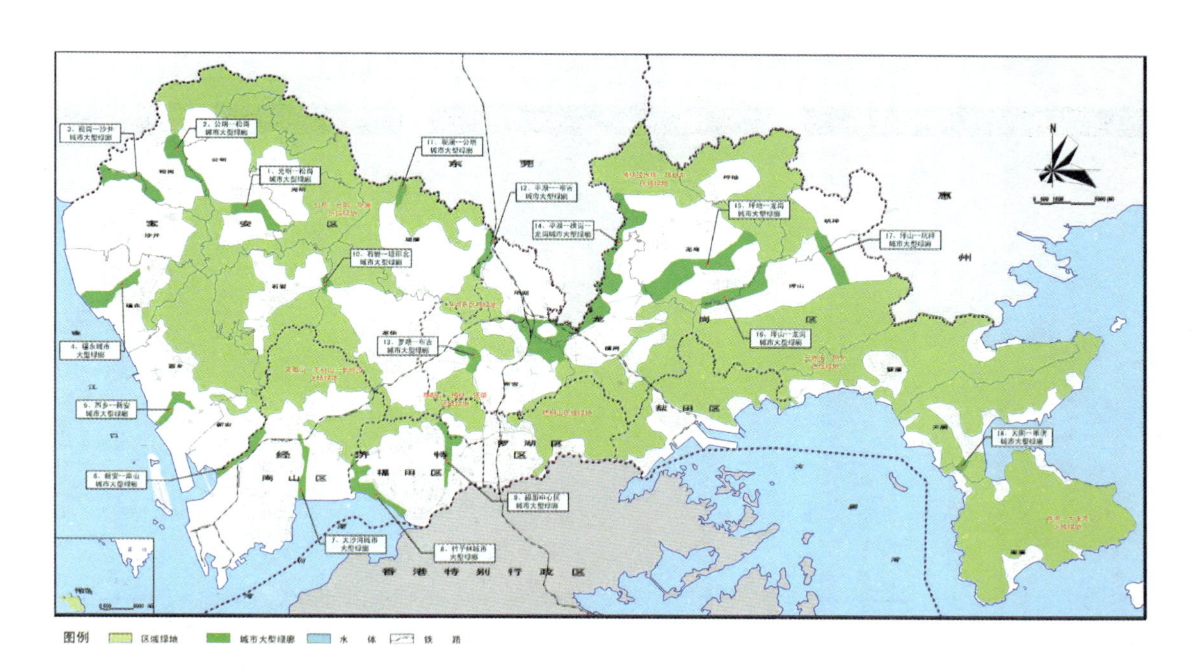

图 4-17　深圳区域绿地与大型生态廊道规划

资料来源：《深圳城市绿地系统规划（2004～2020）》，深圳市城市管理局，深圳市规划局，深圳市城市规划设计研究院

图 5-5　上海市中心城区绿地规划图

资料来源：上海绿地系统规划建设后评估(讨论稿). 上海市城市规划设计研究院，2006.12

图 5-6　上海市中心城绿地实施结构图

资料来源：上海绿地系统规划建设后评估(讨论稿). 上海市城市规划设计研究院，2006.12

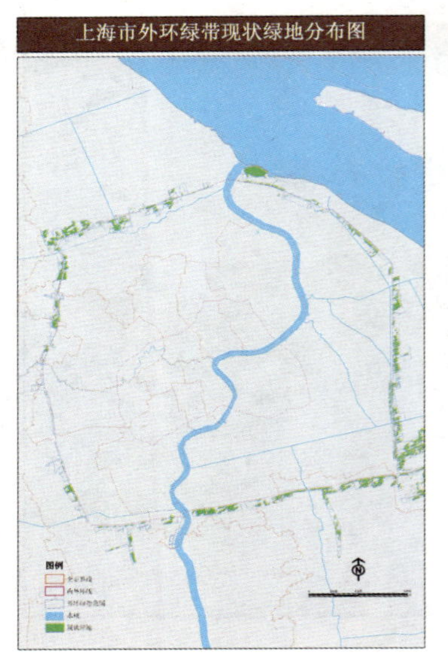

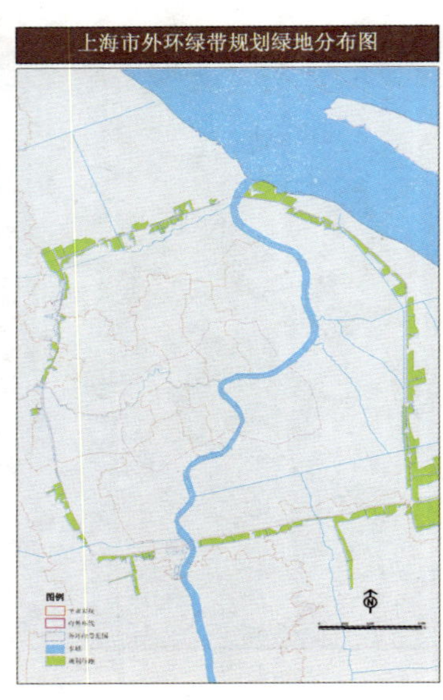

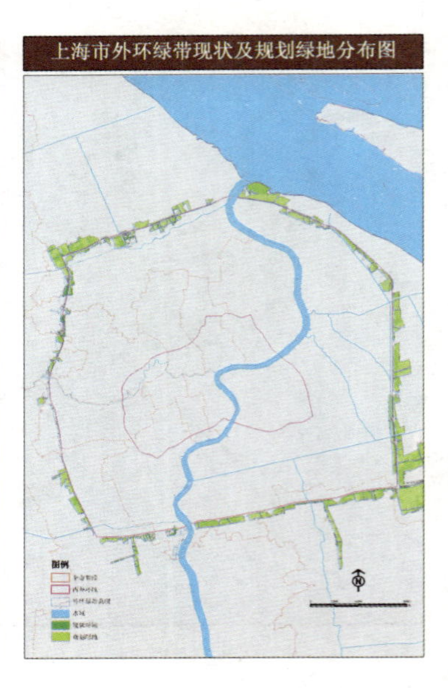

图 5-8　上海外环绿带规划与实施现状比较

资料来源：上海绿地系统规划建设后评估(讨论稿). 上海市城市规划设计研究院，2006.12

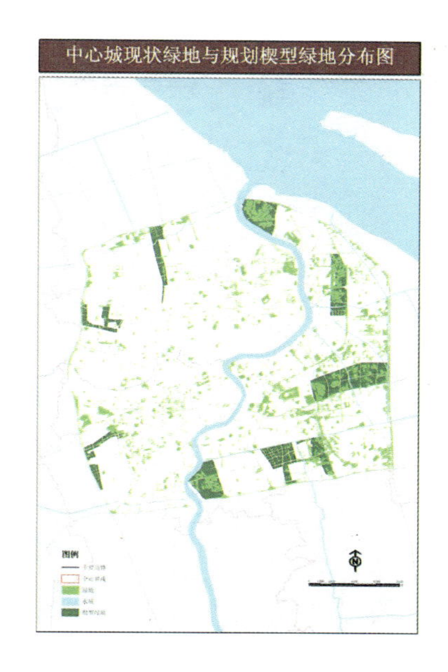

图 5-9　上海楔形绿地规划与实施比较
资料来源：上海绿地系统规划建设后评估
（讨论稿）．上海市城市规划设计
研究院，2006.12

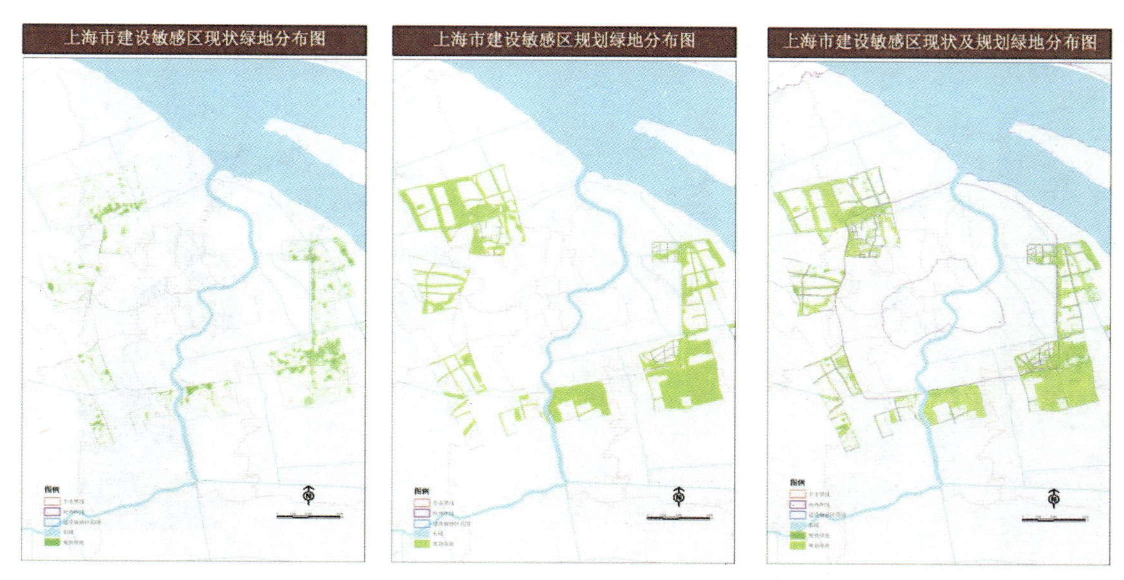

图 5-10　上海城市建设敏感区绿地规划与现状比较
资料来源：上海绿地系统规划建设后评估（讨论稿）．上海市城市规划设计研究院，2006.12

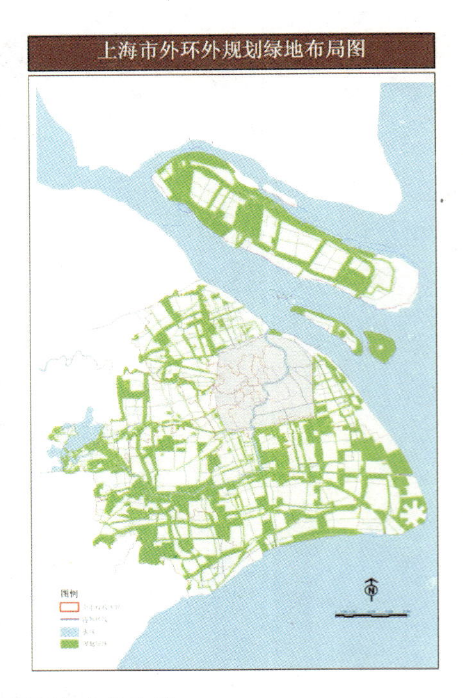

图 5-11　上海郊区林地规划与实施比较

资料来源：上海绿地系统规划建设后评估(讨论稿)．上海市城市规划设计研究院，2006.12

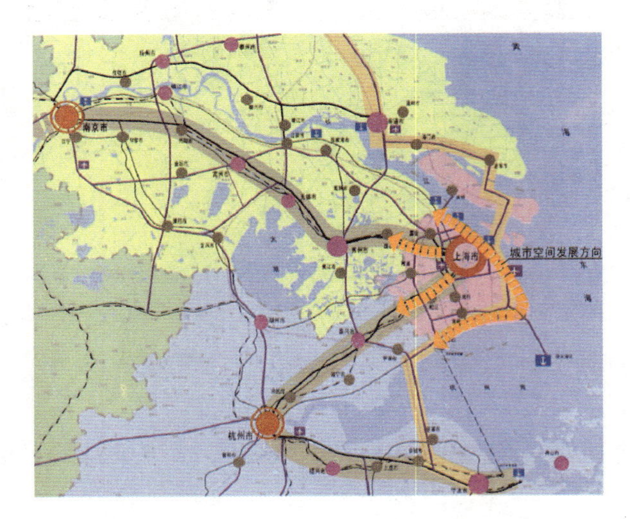

图 5-14　长三角区域城市空间发展分析图

(“Z”字形城市发展轴)

资料来源：张绍樑．上海进一步发展的城市空间结构探索．城市规划学刊，2006(5)：22-29

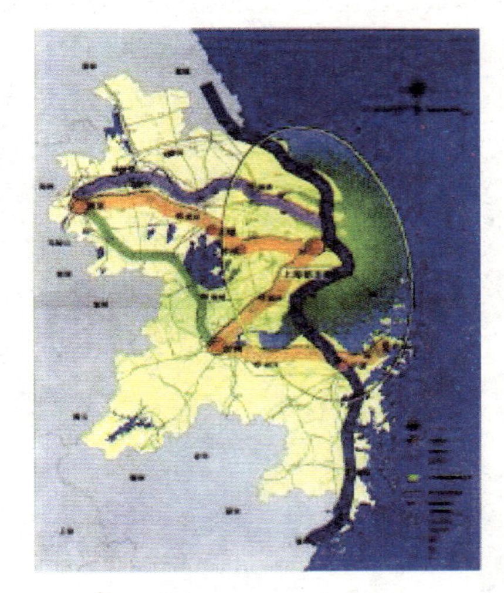

图 5-15　长三角区域城市空间发展分析图

(倒“K”字形空间格局)

资料来源：张绍樑．上海进一步发展的城市空间结构探索．城市规划学刊，2006(5)：22-29

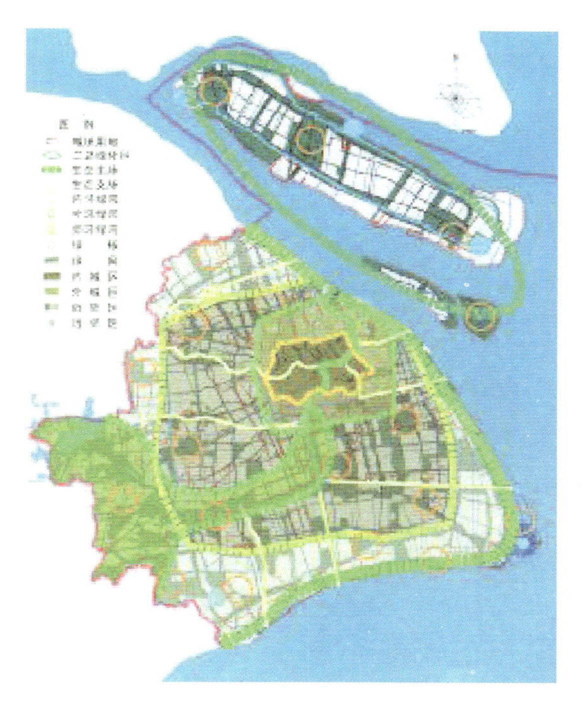

图 5-16　基于长三角的绿化优化结构图

资料来源：上海城乡一体化绿化系统规划研究，上海绿化管理局 2005 年科学技术项目，编号：ZX060102.

图 6-7　上海城郊大型公共绿地规划(2002～2020)

资料来源：《上海市绿化系统规划(2002～2020)》. 上海市城市规划管理局，上海市城市规划设计研究院，2002

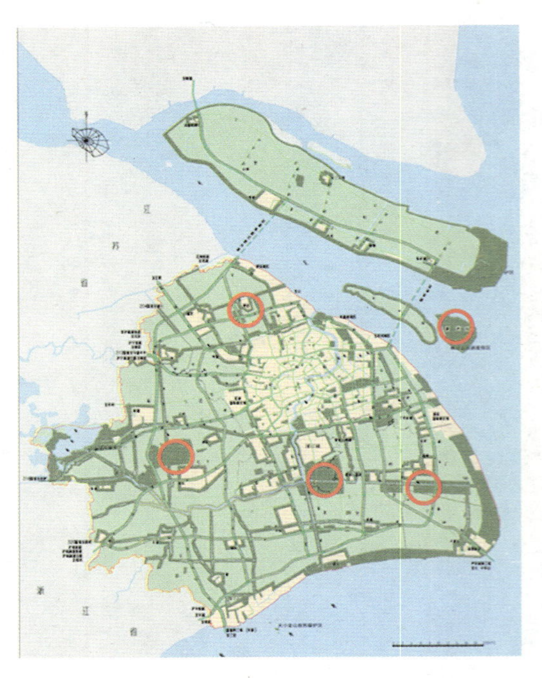

图 6-10 上海大型片林规划(2002～2020)

资料来源:《上海市绿化系统规划(2002～2020)》. 上海市城市规划管理局,上海市城市规划设计研究院,2002

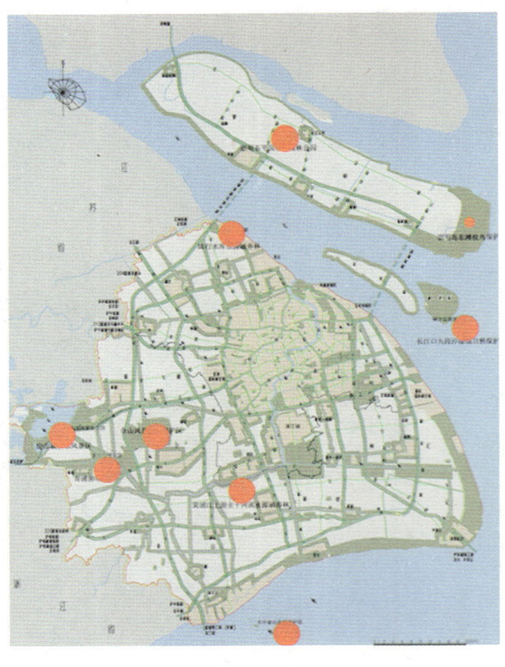

图 6-11 上海生态保护区、旅游风景区规划(2002～2020)

资料来源:《上海市绿化系统规划(2002～2020)》. 上海市城市规划管理局,上海市城市规划设计研究院,2002

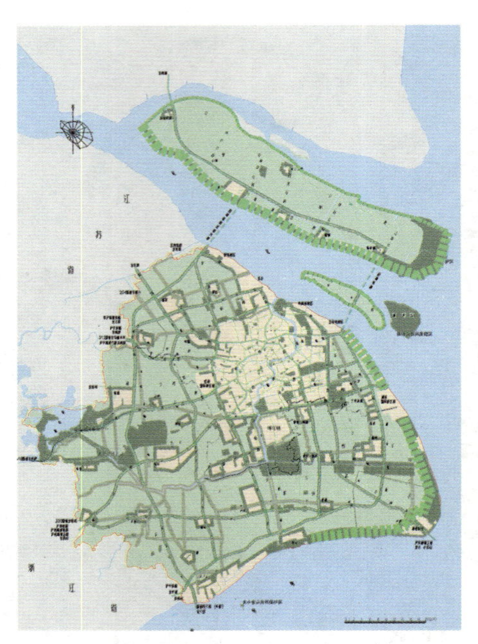

图 6-12 上海沿海防护林带(2002～2020)

资料来源:《上海市绿化系统规划(2002～2020)》. 上海市城市规划管理局,上海市城市规划设计研究院,2002

附件一：上海市三层次绿化规划协调研究

（上海绿化管理局2005年科学技术项目，编号：ZX060102.）

项目主持人　作者　等

1 三层次绿化规划概况

三层次绿化规划指《上海市绿化系统规划》、《上海市中心城公共绿地规划》和《上海城市森林规划》，编制情况见表 1-1。

三层次绿化规划编制情况一览表　　表 1-1

序号	规划名称	规划范围	规划期限	编制单位	编制时间
1	上海市绿化系统规划	6340km^2	2002～2020	上海市城市规划管理局，上海市城市规划设计研究院	2001
2	上海市中心城公共绿地规划	约 700km^2	2002～2020	上海市城市规划管理局，上海市城市规划设计研究院	2002.10
3	上海城市森林规划	6340km^2	2003～2020	上海市城市规划管理局，上海市农林局，上海市城市规划设计研究院	2003.8

《上海市绿化系统规划》的规划范围为市域 6340km^2，与《上海城市森林规划》的规划范围一致，但城市森林规划的重点是外环线以外的市域部分，外环线以内的城市中心区部分直接采用了《上海市中心城公共绿地规划》。上海中心城公共绿地规划是在上海市绿化系统规划的框架下，对上海市外环线内(约 700km^2)的公共绿地进行的规划。见图 1-1、1-2、1-3。

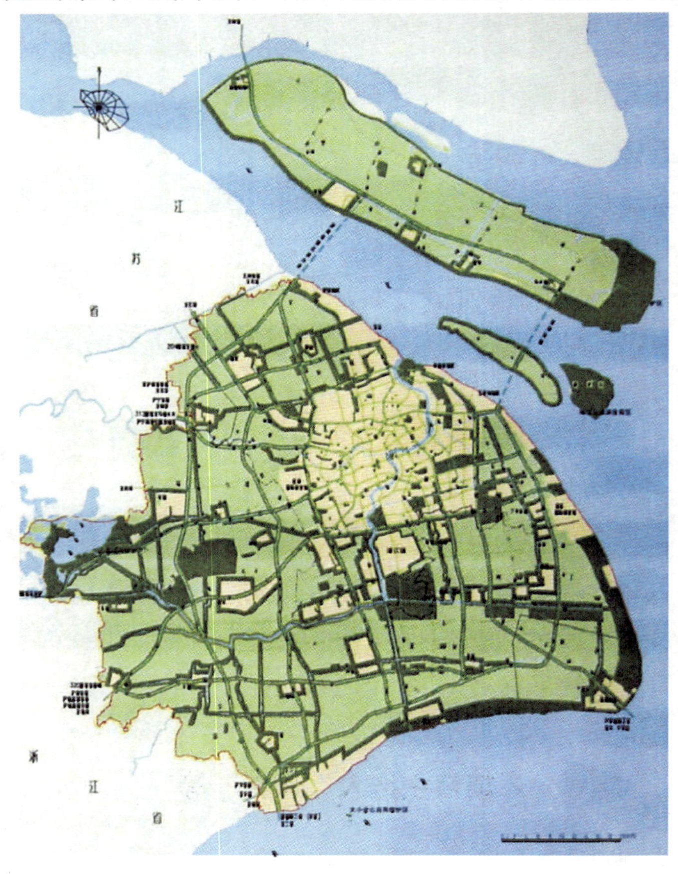

图 1-1　上海市绿化系统规划(2002～2020)总图

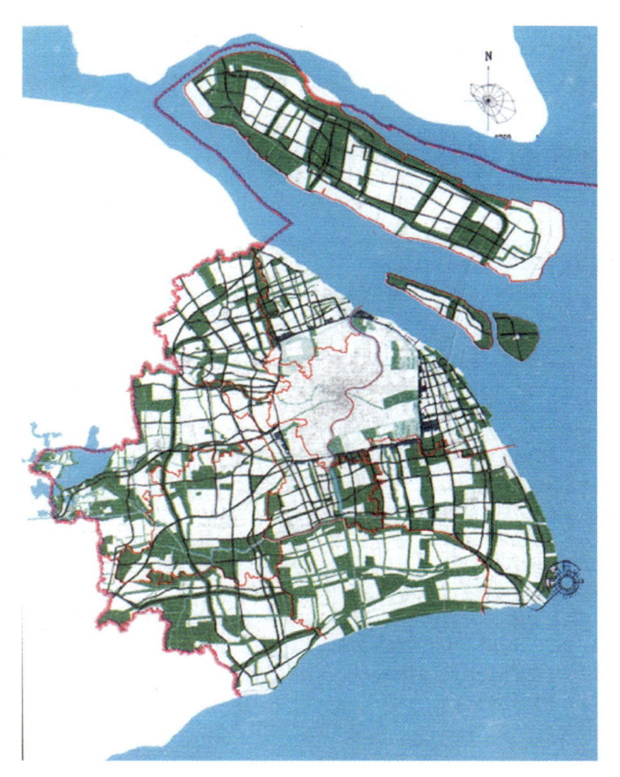

图 1-2　上海城市森林规划总图

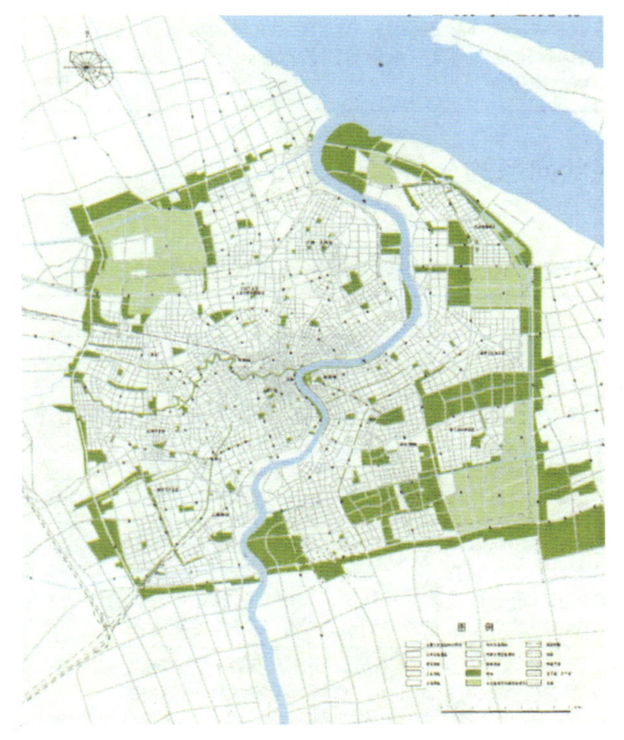

图 1-3　上海市中心城公共绿地规划总图

研究将从对现状的认识、规划的指导思想与规划目标、绿化要素分类、空间结构模式5个方面对三层次绿化规划进行协调研究，为新一轮城乡一体化、绿化系统规划提供依据。

2 三层次绿化规划对现状研究的协调

2.1 对城市绿化现状的总结

见表2-1。

三层次绿化规划对城市绿化现状的描述 表2-1

规划名称	城市绿化现状	备注
上海市绿化系统规划	2001年底，人均公共绿地已从1998年的2.96m^{2}提高到5.5m^2，绿化覆盖率从19.1%提高到23.5%。四年所建的公共绿地总面积超过了过去49年的总和。2001年森林覆盖率为10.4%，上海林业发展初步形成了以沿海防护林、河道水源涵养林、道路景观林等生态公益林为屏障，以经济林为主体，大型苗木基地为基础的林业发展格局。从全市看，中心城特别是内环线以内的绿化建设仍处于还历史旧账阶段，郊区城镇的绿化建设尚处于起步阶段	在“对城市绿化发展的总体认识和分析”中，将上海的绿化建设分为3个阶段： 1. 1949～1978年，缓慢发展阶段； 2. 1986～1998年，稳定增长阶段； 3. 1998年以来，快速发展阶段
上海市中心城公共绿地规划	同上	
上海城市森林规划	2002年，森林覆盖率12.2%。上海郊区种植业将基本形成三个1/3的格局，1/3耕地植树造林，1/3耕地种植特色蔬菜、瓜果等园艺作物，1/3耕地种植粮油作物	统计分类上，分为防护林、特用林、商品林、竹林、苗圃、四旁植树

2.2 对城市绿化现状问题的分析

见表2-2。

三层次绿化规划对城市绿化现状问题的分析 表2-2

规划名称	绿化存在问题
上海市绿化系统规划	1. 市域绿化网络体系不够完善，绿化布局不尽合理，各类公园、绿地、林地分布不均匀。绿化水平有待提高，绿化的生态效应和生物多样性有待改善。 2. 城市化地区的绿化指标仍然较低，市郊缺乏大型生态林地。 3. 绿化建设平均投入不足，绿化建设的持续投入有待进一步加强。 4. 与国内外绿化先进城市相比，主要绿化指标仍存在不小差距，特别是与上海建设国际经济中心城市的目标要求相比，与市民希望提高居住环境质量的渴望心情相比，仍有距离
上海市中心城公共绿地规划	中心城特别是内环线以内的绿化建设仍处于还历史旧账阶段，绿地布局和总量建设的结构性“瓶颈”仍然存在。 按照上海市长远发展的目标要求，中心城的绿化建设已经到了从量的增长和质的改变的并存、从单纯的空间景观需要到全方位生态建设的新阶段
上海城市森林规划	1. 森林资源的总量明显不足，缺乏大型森林组团和生态廊道 2. 生态公益林的比例较少，森林的生态功能有待提高 3. 存在种类单调、群落结构简单现象，树种、林种结构有待优化 4. 林地的总体布局仍不尽合理，有待进一步深化和优化

2.3 三层次绿化规划对城市绿化现状认识的总结

(1) 从绿化结构的角度指出了绿化网络体系不完善、绿化布局不合理、缺乏大型森林组团和廊道；

(2) 从绿化功能的角度指出了绿地分布不均、绿化的生态功能有待提高；

(3) 从绿化质量的角度指出了树种、林种结构有待优化，绿化水平有待提高；

(4) 从横向比较的角度指出了与国外类似城市之间在数量上存在差距；

(5) 从上海自身发展的角度指出了没有满足目标要求。

3 三层次绿化规划指导思想及目标协调

见表 3-1。

三层次绿化规划指导思想及目标 表 3-1

规划名称	指导思想及原则	规划目标	
		定性目标	定量目标
上海市绿化系统规划	指导思想： 1. 体现可持续发展的思想，规划人与自然和谐的生态环境； 2. 体现大都市圈发展的思想，规划城乡一体、具有特大型城市特点的绿化体系； 3. 体现以人为本的思想，满足市民居住、生活、休憩功能。 规划原则： 1. 生态性原则：以生态效应为核心，完善绿化生态功能； 2. 系统性原则：增强绿化系统功能，完善绿地类型和布局； 3. 多样性原则：体现生物多样性，丰富植物群落层次、种类； 4. 地带性原则：强化地域特点，品种选择、栽植因地制宜	完善绿化结构，丰富绿化生态性和历史文化性 发挥林地的生态功能	市域：森林覆盖率30%以上，绿化覆盖率35%以上 城市化地区：人均公共绿地 $10m^2$，绿化率30%，绿化覆盖率35%
上海市中心城公共绿地规划	强调中心城与市域绿化系统的衔接(林中上海)，强调季风与绿地结构布局的协调(绿色通风廊道)，强调生物多样性、生物群落稳定性(生机、生趣、生境)，强调绿化建设与城市空间和景观风貌的结合(通透度与美化度)。 1. 创造生态“源”林——建设城市森林 2. 构筑“水都绿城”——城市重回滨水 3. 构筑城市“绿岛”——平衡城市热岛 4. 构筑“绿色动感都市”——建设绿色标志性景观空间		2020年，中心城人均绿地 $30m^2$，人均公共绿地 $10m^2$，绿地率35%，绿化覆盖率40%，绿地总面积 $240km^2$。外环绿带 $58km^2$，楔形绿地 $40\sim45km^2$，生态敏感区 $35\sim40km^2$，新增集中绿地 $30km^2$

续表

规划名称	指导思想及原则	规划目标	
		定性目标	定量目标
上海城市森林规划	（1）发展理念：林网化、水网化 建立森林生态网络体系，林水相依、林水相连、依水建林、以林涵水 （2）规划原则 ① 林水体系，构建上海城市森林生态系统 ② 以生态效益为核心，兼顾森林的社会、经济效益 ③ 因地制宜，注重本土植被的恢复，促进生物多样性 （3）重视近自然森林的建设 （4）注重与中心城绿地规划相衔接 （5）注重“四个结合”原则，与水系、道路、城镇、产业园区有机结合 （6）刚柔并举，确保实施，控制性规划和指导性规划相结合	通过合理布局、完善系统，达到指标先进、群落多样、兼顾景观、生态双重功能的要求，形成都市绿化圈环抱，蓝绿相间的绿色通廊相连，经络全市、城郊一体，能充分发展现有上海特色风貌的城市森林系统	2007年，全市森林面积达到1007km²，森林覆盖率22%以上，2020年，全市森林面积达到2300km²，森林覆盖率35%以上

由上表可知，三层次规划在完善绿化生态功能、丰富植物群落层次、城乡一体、完善绿地布局等方面基本是一致的，绿化系统规划在强调绿化生态功能的同时，也提出要满足人的需求，中心城公共绿地规划与城市森林规划注重了绿化与水、城市的结合，在部分指标方面，也突破了绿化系统规划的规定。

4　三层次绿化规划绿化要素分类协调

4.1　三层次绿化规划绿化要素分类方法

上海市绿化系统规划将绿地按空间布局进行分类，同时兼顾了绿地的使用性质，包括：环形绿化242km²、楔形绿化69.22km²、防护绿廊320km²、公园绿化221km²和大型林地671.1km²；

中心城区公共绿地规划在市域绿化系统规划的指导下，其对绿地分类也是在绿地系统规划分类的框架下进行的，将绿地分为“一纵两横三环”（环形绿化和主要绿廊）、“多片多园”（公园绿化和大型林地）、“绿色廊道”（路网水网绿廊）；

城市森林规划则将规划绿地按林种结构分为生态公益林和商品林，并同时按布局形态分为片林、防护林(带)和四旁林；在进行城市森林规划时又将其按照森林廊道698.8km²、片林1199.95km²、四旁林200km²、城镇绿地55.2km²和中心城公共绿地144km²进行城市森林构成统计。

这三个核心规划中，中心城区绿地总面积240km²，绿地系统规划与城市森林规划的规划范围一致，但绿化系统规划中规划绿化面积为1523.32km²，而城市森林规划的城市森林总面积在折减后达2297.9km²，仍比绿化系统规划中的绿化面积多出50%多，这其中原因之一是城市森林规划编制过程中，根据国家对农业产业结构调整的宏观政策，将上海市1236.1km²耕地调整规划为林地。这其中也存在着两年的绿化建设变迁，以及绿化分类和统计口径的差异。见表4-1。

三层次规划绿化分类及统计量比较表　　单位：km^2　**表 4-1**

规划名称	绿化分类及数量						合　计
绿地系统规划	环形绿化		防护绿廊	楔形绿化	大型林地	公园绿化	绿地总面积
	242		320	69.22	671.1	221	1523.32
城市森林规划		森林廊道	片林	四旁林	城镇绿地	中心城公共绿地	城市森林总面积
	统计面积	873.5	1499.9	200	92	240	2905.4
	折减后面积	698.8	1199.95	200	55.2	144	2297.9
中心城公共绿地规划	一纵两横三环（延安路、黄浦江、苏州河、外环、中环、水环）		多片多园（中心区城市绿岛、楔形绿地、生态敏感区、新增公共绿地）			绿色廊道（路网、水网）	中心城区绿地总面积
							240

注：在计算城市森林面积时，根据不同绿化中城市森林所占比重对面积进行了折减。

4.2　对现状分类方法的分析

三层次绿化规划都阐述了规划的生态性，在具体绿地分类中，城市森林规划注重了城市绿色廊道的建设，它是城市生态网络的重要骨架，但新规划在以下几点上，可以对核心规划的绿地分类作出补充。

(1) 三层次绿化规划中的绿地分类都忽略了对湿地的调查研究和规划。上海的湿地资源十分丰富。湿地总面积为 319714hm^2，其中近海及海岸湿地面积为 305421hm^2，河流湿地面积为 7191hm^2，湖泊湿地面积为 6803hm^2，库塘面积为 299hm^2。还有郊区鱼塘、茭白地、水稻地和近年来新开挖的景观水系、湖泊等大量人工湿地。据不完全统计，上海的湿地资源超过 3200km^2。

(2) 在国外的都市区绿地系统规划中，非常重视占有国土面积重要比重的农业用地在绿地系统和开放空间系统中的重要作用，而绿化系统规划并未考虑农田，仅仅将林地纳入到规划体系中，而城市森林规划则是根据政策将部分退耕还林的农田规划为林地。

(3) 对于屋顶花园和垂直绿化，三层次绿化规划也未提及。上海人多地少，特别是中心城区，人口稠密，可用绿化用地非常有限，而屋顶花园和垂直绿化则为城市化地区提供了另一种增绿的有效途径，理应受到重视。

(4) 在现有的三层次绿化规划中，绿化分类主要是根据绿化的空间形态，缺少根据绿化在整个城市生态体系中的生态定位进行的分类，因而也没有据此制定的各类绿化的规划设计导则。

5　三层次绿化规划空间结构模式协调

5.1　三层次绿化规划空间结构概述

三层次绿化规划都采用了“环、楔、廊、园、林”的规划结构，其中绿化系统规划覆盖城乡，城市森林规划将重点放在城市外环以外区域，外环以内地区沿用了中心城公共绿地规划的结构，见表5-1，图5-1～图5-6。

三层次绿化规划结构　　表5-1

结构形态	绿化系统规划	城市森林规划	
		外环内同《中心城公共绿地规划》	外环以外(重点)
环	2环：外环(外侧500m，内侧25m，98.9km长)、郊区环线(两侧各500m，180km长)	3环：外环、中环、水环	1环：郊区环线
楔	8块楔形绿地：桃浦(476hm²)、吴中路(435.48hm²)、三岔港(628.5hm²)、东沟(808hm²)、张家浜(1531.5hm²)、北蔡(1960hm²)、三林塘(213.75hm²)、大场(869.25hm²)	8块楔形绿地	
廊	河道绿化与道路绿化(给出绿化控制指标)	一纵两横：延安路、苏州河、黄浦江 路网：环状放射 水网：环形十字	16廊：高速公路11条、主要河流5条
园	中心城绿地、近郊公园(4处：东郊三岔港380hm²；南郊外环路东南角520hm²；西郊徐泾镇400hm²；北郊外环路北、蕴川路两侧400hm²)、郊区城镇绿化	中心城公共绿地	
林	5处大型片林［浦江大型片林60km²、南汇片林12km²、佘山片林km²(与天马山野生动物保护区结合)、嘉—宝片林10km²、横沙生态森林岛(森林覆盖率90%以上)50km²］及小型林地、8处生态保护区和旅游风景区［大小金山岛自然保护区0.5km²、崇明岛东滩候鸟保护区110km²、长江口九段沙湿地自然保护区20km²、黄浦江上游主干河流水源涵养林(两侧各500m)70.6km²、宝山陈行宝钢水库周边水库涵养林10km²、淀山湖滨湖风景区60km²、青浦泖塔区50km²、崇明东平国家森林公园10km²］、大型林带(沿海防护林、工业区防护林)	3片建设敏感区：浦西祁连地区(23.8km²)、浦东孙桥地区(22.7km²)、浦东外高桥地区(13.5km²)	3带(沿江、海防护林带1000～1500m宽)沿崇明岛、横沙—长兴岛、杭州湾。 19片：(大于20km²)包括绿化系统规划中的5处大型片林、4处生态保护区和旅游风景区(注：淀山湖景区和青浦泖塔区合并为淀泖片林，其余3处面积较小或非林地)。另又规划10处片林分别为：崇明明珠湖片林、嘉北片林、外冈片林、赵屯片林、廊下片林、金山片林、申隆片林、浦东片林、世纪海岸片林、滨海片林

图 5-1　绿化系统规划结构——楔

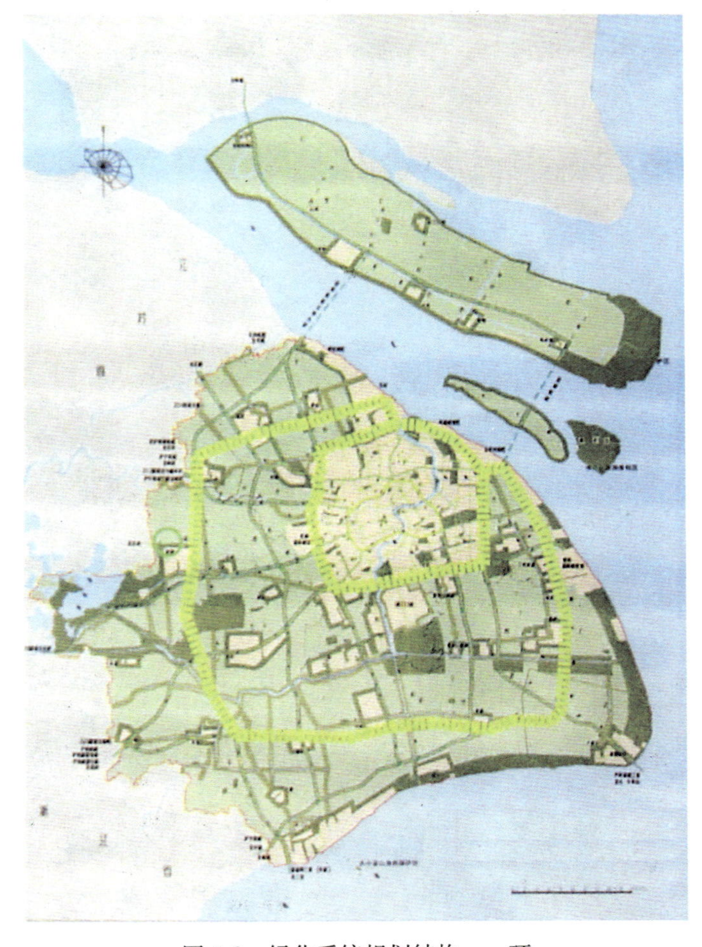

图 5-2　绿化系统规划结构——环

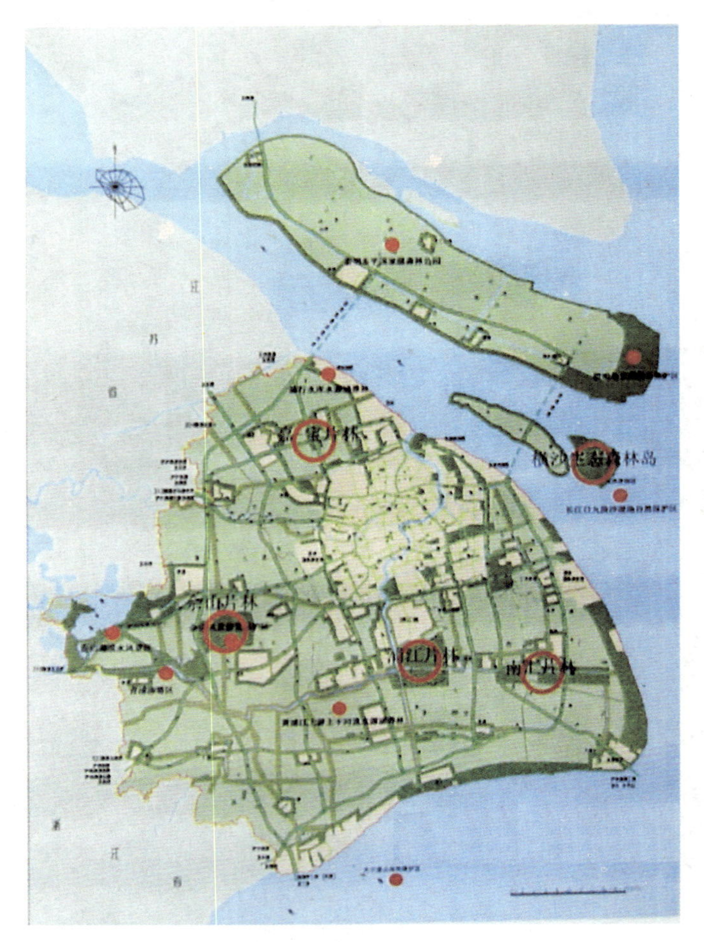

图 5-3　绿化系统规划结构——林

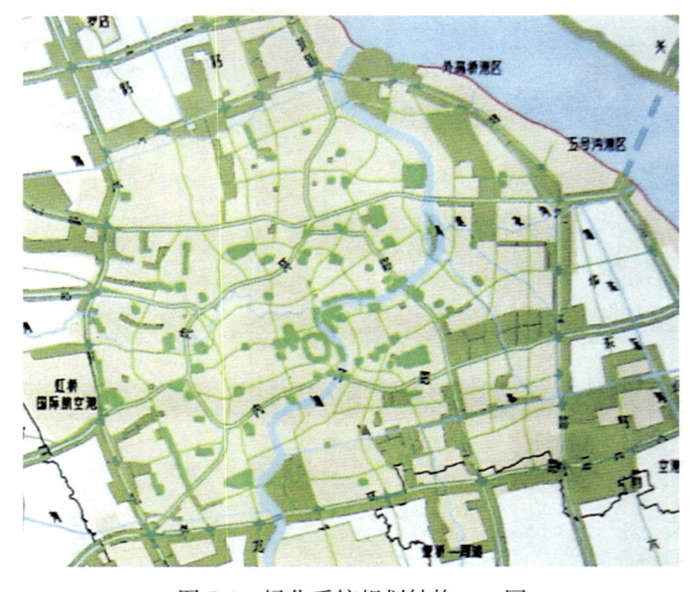

图 5-4　绿化系统规划结构——园

图 5-5 城市森林规划结构图

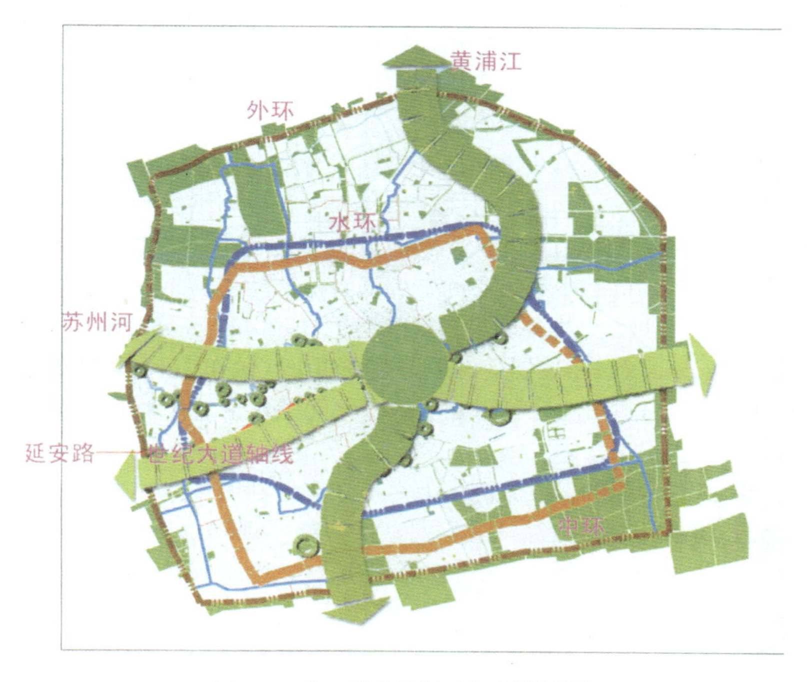

图 5-6 中心城公共绿地规划结构图

5.2 对三层次绿化规划结构的分析

在“环、楔、廊、园、林”总体规划思路的指导下，《上海市城市绿化系统规划》、《上海市中心城公共绿地规划》和《上海城市森林规划》确定的上海绿化系统的结构为：

外环以内：一纵两横三环、多片多园、道路环状放射绿网络、水系环形十字绿网络、8处楔形绿化。

外环以外：一环十六廊、三带十九片。

这一结构形式可以抽象为如图5-7所示的结构模式。其特点是以“环、楔、廊、园、林”为结构的描述方法，已取得广泛共识，基本上把握了上海绿化建设的方向和内容。其不足之处在于：

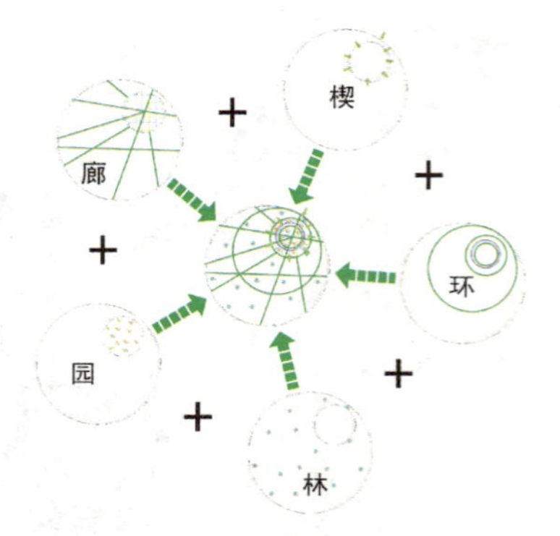

图5-7 “环、楔、廊、园、林”结构模式图

（1）“环、楔、廊、园、林”本身不是按照统一的分类标准，实践操作中不宜把握。

“环、楔、廊”讲的是一种几何形式，“园”和“林”则是对绿化功能和形态的描述，二者也无法并列。“园”中可以有“林”，“林”中也可以有“园”。“园”和“林”都可以以“环、楔、廊”的形式出现。

（2）这一结构是以中心城为中心，缺乏长三角区域的整体考虑。

从系统的角度上讲，上海绿化系统是上一级系统——长三角绿化系统的组成部分，必然要受到长三角绿化系统的影响与制约，长三角绿化系统也需要上海绿化系统在结构与功能上同区域内的其他绿化组成部分相协调。现有规划对此考虑明显不足。

（3）城市森林规划和绿化系统规划的范围都已涵盖了中心城区和周边乡村，从规划要素的地位上分析，这两大规划都将城市中心区绿化和郊区、乡村绿地纳入整个规划体系。

但绿化结构的城乡结合性不是需要规划将城区和乡村的绿化作同样的处理，正相反的是，规划要认清城区绿化和乡村绿化在绿化功能、空间形态、规模、植被群落等方面都存在较大差异，并需要对于两类绿化之间以什么绿化元素连接、以及怎样联系其生态、空间和功能作进一步研究和规划。这其中最关键的规划思想是要摈弃原来的二元结构，将城乡交接处区域作为城乡绿化之间的缓冲区，考虑如何规划设计其绿化空间形态、功能使用和植被群落等，从而发挥功能、生态、空间上的城乡连接功能。

城市森林规划与中心城公共绿地规划虽然考虑到了两个区域间绿化廊道的连续性（黄浦江、苏州河、延安路），但在规划结构中仍然将两个区域作为两个部分分别进行考虑。

（4）对于市域范围内不同土地利用分区的绿化问题也缺乏足够的考虑，有将其同质化的倾向，缺乏针对性。

按照现状的特点和未来的发展方向，上海市在土地利用规划中进行了综合分区，对各区的功能与土地利用制定了明确的发展方向。城市总体规划也对中心城进行了功能分区，并且制定了分区规划。各区现状条件不同，功能定位、发展方向都有所差异，绿化理应对此有所反映。

（5）现有绿化结构对道路交通等人工设施考虑得较多，而对河流湖泊等自然地理条件考虑得较少，因此形成了对城市空间发展形态的被动适应，绿化受城市空间发展限制，缺乏超前性。

顺应城市建设的绿化是一种生态补偿式的绿化，绿化应该作为城市的生态基础设施先入为主，特别是对城市生态环境有显著影响的区域，应该发挥绿化的主导地位，而不仅仅是亦步亦趋地跟在城市建设之后。

（6）现有规划结构缺少对大区域生态背景分析，以及与大区域生态网络的连接。绿化系统规划中只是将绿廊作为绿地的一类空间形态，并对道路和河流两侧绿化进行指标控制，并未重视其生态网络构建的功能；对其他几类绿地形态——“环、楔、园、林”也只是分类阐述，并没有利用生态廊道建立绿色生态网络将这几个部分联系成整体。

虽然在城市森林规划中利用绿环和绿色廊道构建了一个绿色网络的骨架，也提出了将城市外环外某些绿色廊道与中心城区绿色廊道相连接，但总体来说，对生态网络缺乏足够的重视。

（7）绿化规划结构的生态性主要体现在以下几方面：生态廊道和生态网络建构、生态恢复、自然系统过程与城市发展过程的结合、群落生境建设等。绿化的平面结构与立体结构的结合也是绿化生态性的重要保障。三层次规划结构主要是对绿地平面形态和布局的概括说明，并没有真正反映出绿化系统的生态结构，每个组成部分所承担的生态功能还不够明确。

5.3　图纸叠加分析出现的问题

将三层次绿化规划总图及结构图进行叠加，可以识别出规划存在的其他问题，总结如下，见图5-8，5-9，5-10，5-11。

（1）中心城楔形绿化名不符实，楔形绿化没有伸入城市，不能发挥应有的功能。

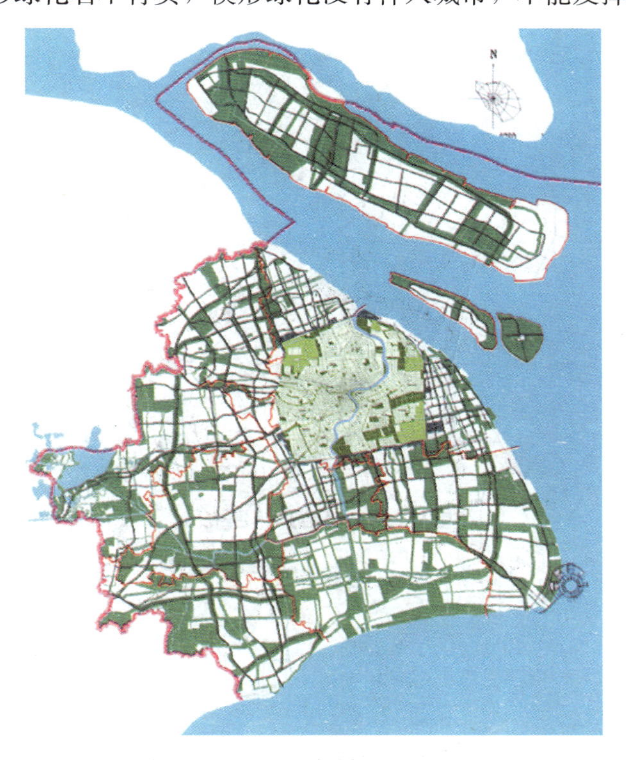

图5-8　中心城公共绿地规划与城市森林规划叠加总图

图 5-9　城市森林规划结构中的“十九片”、“十六廊”
与总图对应关系比较图

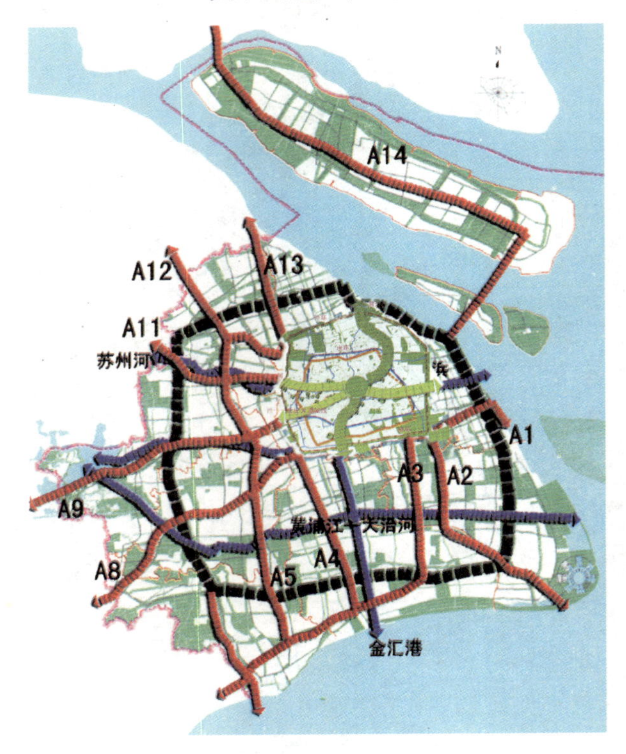

图 5-10　中心城公共绿地规划结构与城市森林规划结构中的
“十六廊”的对应关系比较图

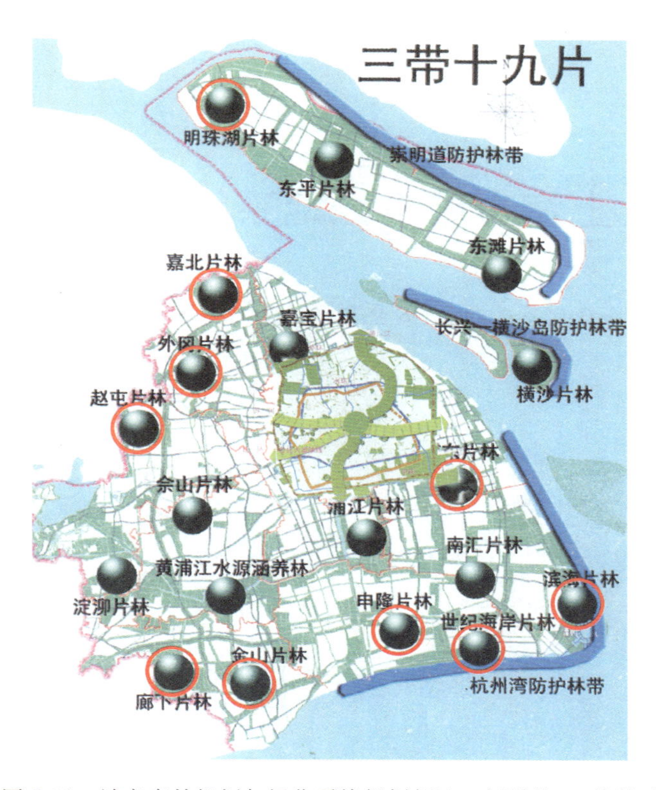

图 5-11 城市森林规划与绿化系统规划相比，新增的 10 片林地

(2) 各类线型绿化在功能上不能体现差异和重要程度，绿化要素的等级结构不明确。

线型绿化沿道路、河道、高压走廊等布置，道路和河道均有等级之分，相应地绿化也应该有结构与功能上的差异，现有绿化有将线形绿化同质化的趋势。

(3) 中心城绿地与城郊森林联系不紧密

体现在绿色廊道建设上，城郊规划了十六条廊道，中心城重点规划了一纵两横共三条绿色廊道，中心城缺乏绿色廊道，城郊廊道无法延伸到中心城内，大多数终止于外环绿带，不利于绿化综合效益发挥。

(4) 城郊森林的“十九片”与图纸不符

规划“十九片”的林地位置与城市森林规划总图中林地的布局有出入，总图制图不严格。

(5) 城郊森林的“一环”较为薄弱

城郊森林的“一环”指郊区环线，规划绿量不足，所发挥的作用有限。

附件二：上海市城市绿地系统规划时空演变研究

（上海绿化管理局2005年科学技术项目，编号：ZX060102.）

项目主持人　作者　等

1 三次城市绿地系统规划比较研究

1.1 三次城市绿地系统规划概况

上海绿地系统规划在改革开放后分别于1983年、1994年和2002年进行了三次系统的城市绿地系统规划。

1983年编制的《上海市园林绿化系统规划》，提出了中心城园林绿化设想，这项专业规划纳入《上海市城市总体规划方案》。于1984年2月上报国务院审批。

1994年编制的《上海市城市绿地系统规划(1994～2010)》，将绿化规划按照立足当前、展望未来、远近结合的原则，规划期限与城市总体规划确定期限一致。本次的城市绿地系统规划，从时间跨度上看，是从1994年至2010年，但对绿化环境的展望应高瞻远瞩，兼顾到21世纪中叶，根据市委市府的战略部署，第一阶段到2000年，第二阶段到2010年。

2002年上海城市绿地系统完成了第三次规划——《上海市城市绿地系统规划(2002～2020)》。规划重点是中心城区(指外环线内建成区范围)446km^2，并对市域6340km^{2}进行了系统的绿化规划。

上海市三次城市绿地规划 表1-1

年份	绿地规划
1983年	《上海市园林绿化系统规划》
1994年	《上海市城市绿地系统规划(1994～2010)》
2002年	《上海市城市绿地系统规划(2002～2020)》

1.2 规划背景比较

1.2.1 三次规划前绿地建设状况比较

至1981年底，全市有公园44处、面积319.77hm^2，街道绿地1008处、面积84.42hm^2，苗圃34个、面积306.07hm^2，市区公共绿地290.39hm^2(其中公园34处，面积211.47hm^2)，市区人均公共绿地0.46m^2，全市专用绿化面积985.54hm^2，市区绿化覆盖率为6.14%，郊区森林覆盖率为2.7%。

1993年，公园增至91个741hm^2；人均公共绿地增至1.15m^2/人；人均绿地增至4.55m^2/人；绿地率9.17%；绿化覆盖率13.78%。根据城市建设统计公报：1994年城市绿化工作得到提高。1993年建成区绿化覆盖率21.3%。

到2001年末，上海城市园林绿地总面积为14770.81hm^2，建成区绿化覆盖率23.82%，城市公共绿地面积5784hm^2，生产绿地248.31hm^2，单位附属绿地5350.17hm^2，居住区绿地3273.99hm^2，防护绿地78.26hm^2。市区人均公共绿地面积5.56m^2，市区人均绿地面积14.37m^2。

三次城市绿地系统规划前现状指标比较 表 1-2

时间＼指标	市区人均公共绿地(m^2/人)	市区公共绿地面积(hm^2)	公园数(个)	建成区绿化覆盖率(%)
1981 年	0.46	290.39	44	6.14
1993 年	1.15	1741.1	91	13.78
2001 年	5.56	5784	125	23.82

1.2.2 社会经济条件比较

20 世纪 80 年代，在党的十一届三中全会以后，上海城市绿化建设进入了相对稳定发展阶段。特别是土地有偿使用，引进外资参与城市建设等政策的推行以来，结合城市道路交通、市政基础设施以及城市居住区的规划建设，绿化建设成效显著，其中比较有代表性的是陆家嘴中心绿地、滨江大道、上海大观园、植物园、共青森林公园等。上海市城市规划管理局把城市绿地系统规划纳入上海市城市总体规划，以后历次城市总体规划和地区详细规划都将园林绿地规划作为一项重要内容。

20 世纪 90 年代初，随着经济体制改革的深入和社会经济的加速发展，中央把促进上海尽快崛起为国际经济中心城市作为国家整体发展中的重要组成部分，并在党的十四大报告中明确要求“以上海浦东开发、开放为龙头，进一步开放长江沿岸城市，尽快把上海建成国际经济、金融、贸易中心之一，带动长江三角洲和整个长江流域地区经济的新飞跃。”随着人民的生活水平逐步得到提到，人们对城市绿化的需求也不断提高，人们需要更多的绿化空间来进行娱乐和休闲。一方面，政府要满足市民在这方面的要求；另一方面，政府还要通过绿化来改善市容市貌吸引外资和人才。为了改善城市的生态环境，1993 年 6 月，市规划局根据市政府主要领导关于从根本上改善上海生态环境的要求，组织编制了环城绿带规划，环城绿带是沿外环线绿化隔离带外侧 500m，其中确保沿路一侧不小于 100m 宽的范围内辟植林带，总面积 7241hm^2。

进入 20 世纪以来，人类共同关注的生态环境问题已越来越受到重视，人们不仅追求物质上的需求，对环境的要求也越来越高。上海作为中国最大的城市，其生态环境进一步得到考验。另外 1998 年以来，根据市委、市府关于进一步加强城市环境建设的指示精神，特别是市委主要领导提出的“形成以促进人的全面发展为中心的社会发展体系和人与自然较为和谐的生态环境”的要求，坚持“建管并举”、“重在有质”，上海积极探索具有时代特征、上海特色的绿化发展之路。紧紧围绕改善上海生态环境这个目标，遵循科学合理，因地制宜的原则，改以往“见缝插针”为“绿地规划”，结合大市政建设、旧城改造、污染工厂搬迁等，辟出成片土地建设绿地。要求按照生态学理论、城乡一体、平面绿化与空间绿化相结合，形成具有特大城市特点的绿化发展之路，使城市绿化建设取得了突破性进展，城市生态环境质量得到较大改善。《上海市总体规划(1999～2020)》明确指出到 2020 年，把上海初步建成国际经济、金融、贸易、航运中心之一，基本确立上海国际经济中心城市的地位。发挥上海国际、国内两个扇面辐射转换的纽带作用，进一步促进长江三角洲和长江经济带的共同发展。其主要标志是：基本形成符合现代化大都市特点的城乡一体、协调发展的市域城镇布局；基本形成人与自然和谐的生态环境。全面建成环城绿带，形成郊区以大型生态林地为主体、中心城以“环、楔、廊、园”为基础的绿地系统和市域绿色空间体系。

1.2.3 相关规划与政策

1986年7月22日，中共上海市委、市政府向中共中央、国务院报批《上海市城市总体规划方案》，提出要结合城市的建设和改造，通过多种途径，将中心城的公共绿地由当时的人均0.7m² 发展到2000年的3m² 左右。同年10月13日，国务院在《关于上海市城市总体规划方案的批复》中指出：要高度重视绿化建设，首先要保护好已有绿地。同时，结合旧区改造，外迁工厂，努力扩大绿地面积，提高绿化质量，并积极开辟沿江、沿河绿地，以利保持生态平衡，改善和美化环境。

1990年，中共中央和国务院决定开发开放浦东后，市规划局编制的《浦东新区总体规划方案》，提出了浦东新区绿地系统规划，按人均绿化用地指标20m² 和绿化覆盖率35%控制。

1993年5月18日，市规划局向市建委报批《上海市外环线规划方案》，提出外环线道路走向自吴淞泰和路向西，绕过大场机场后向南，经虹桥机场东侧至莘庄，在长桥地区过黄浦江，经三林，在孙小桥附近向北至外高桥地区过黄浦江，全长97km。规划标准路段红线宽度100m，两侧各留25m绿化隔离带。同年9月16日，市建委批复同意该规划方案。这属于外环线绿带的初步规划。

1994年8月18日，副市长夏克强召开会议，听取市建委、市规划局、市园林局等部门完成的《二十一世纪上海环城绿带建设研究报告》。会议认为这个研究报告的框架是好的，达到了一定深度，要求市规划局将环城绿带画到规划图上，尽快将环城绿带控制线(绿线)定下来，以便进行控制。随后，市规划院上报《上海城市环城绿带规划》。这属于外环线绿带规划的深化。

1998年起，实施每个街道至少建设一块500m² 以上的公共绿地，经过2年努力，全市共建了140块。

1999年起，实施每个街道至少建设一块3000m² 以上的公共绿地，经过努力建成了120块。

2000年起，实施中心城每个区至少建设一块4hm² 以上的大型公共绿地，目前已建成了约20块。郊区开展了“一镇一园”的建设和营建大面积人造森林的活动。

2003年，编制了《上海城市森林规划》。

2004年起，组织实施《生物多样性》，在三年内，城市绿化常用植物将从目前的500种增加到800种。

2004年，编制《上海市中心城分区规划(2004～2020)》。

三次绿地规划的相关规划　　表1-3

年　份	相　关　规　划
1986年	《上海市城市总体规划方案》
1990年	《浦东新区总体规划方案》
1993年	《上海市外环线规划方案》
1994年	《上海市环城绿化系统规划》
1994年	《上海城市环城绿带规划》
1998年起	实施每个街道至少建设一块500m² 以上的公共绿地，经过2年努力，全市共建了140块

续表

年　份	相　关　规　划
1999年起	实施每个街道至少建设一块3000m² 以上的公共绿地
2000年起	实施中心城每个区至少建设一块4hm² 以上的大型公共绿地，郊区开展了“一镇一园”的建设和营建大面积人造森林的活动
2003年	编制了《上海城市森林规划》
2004年	组织实施《生物多样性》
2004年	编制《上海市中心城分区规划(2004～2020)》

1.2.4　规划背景演变规律

目前，国内城市绿地系统规划的编制工作已被提升到前所未有的高度，其背景因素概括起来主要有几个方面：第一，全球对环境问题认识水准的提高，包括我国由上至下、从决策者到普通居民环境意识的加强；第二，行政的介入与引导，包括“园林城市”的评选、全国绿化工作会议精神的贯彻等；第三，城市经济实力的增强，使以政府投入为主渠道的绿化建设资金有所保证；第四，人民生活水平的提高，对居住环境和生活品质的追求有所增强。这几年来的上海绿地系统规划及之后的补充规划都在逐步完善。

(1) 早在20世纪80年代初，上海就着手编制城市绿地系统规划并付诸实施，但由于当时对城市绿地系统规划缺乏足够的认识和重视，没有把城市绿地功能和作用提高到社会发展、经济发展的战略高度来认识，致使上海城市绿化建设与经济发展、与城市基础设施的建设不能同步。

(2) 20世纪90年代初根据要把上海建成国际经济、金融、贸易中心和建成清洁、优美、舒适的生态城市的总体目标，配合上海市总体规划修编，上海城市绿地系统规划进行修订，旨在进一步落实城市总体规划，对全市绿地系统和各类绿地进行合理布局、综合平衡，为上海的绿地建设和管理提供依据。此次绿地系统规划为上海城市绿化跨越式发展提供了充足的依据，使上海提前进入国家园林城市行列。

(3) 2001年国务院正式批准上海市总体规划，把上海定位为现代化国际大都市和经济、贸易、金融和国际航运中心。20世纪90年代初修编的绿地系统规划的结构和布局已经满足不了上海作为现代化国际大都市的发展，于是在进行了《迈向二十一世纪上海城市绿化研究》、《上海与英国伦敦等主要城市绿化及管理的比较研究》等课题研究后，通过国外考察，分析比较上海与国外现代化国际大都市在城市绿化方面的差距，引进国外先进理念与上海实际相结合，进行了新一轮的上海市绿地系统规划。

(4)“十一五”期间上海又提出新的规划设想，根据环、楔、廊、园、林总体布局结构，充分考虑绿地、林地布局的均衡性、层次性和整合性原则，“十一五”期间将推进建设“二环二区三园，多核多廊多带”相结合的绿化林业布局结构。

根据我国社会经济发展的总体要求以及上海城市长远发展的需要，绿化是城市环境建设的重中之重，民心所盼。世纪之初的今天，高起点规划、建构具有上海特点的大都市绿地格局，高水平描绘、建设新世纪上海城市绿化新形象的主、客观条件已经成熟。今年以来绿地系统规划及之后的补充规划都在逐步完善。

1.3 规划范围及深度比较

1.3.1 规划范围

1983年的绿地规划主要是在上海中心城区，以后两次的范围扩大到市域范围。

1994年，全市市域面积(包括长江水面和沿海滩涂)为7823.44km^2，其中：陆域面积6340km^2。规划着眼于全市范围(6340km^2)，分主城(浦西、浦东)、辅城、郊县(二级市)中心城区和郊县集镇四个层次展开。远期中心城区规划面积：660km^2，规划人口：865万人。

2002年上海城市绿地系统作了第三次规划，近期到2005年，远期到2020年，规划范围为市域6340km^2。

1.3.2 规划深度比较

1983年编制的《上海市园林绿化系统规划》，规划范围主要集中在城市中心区，提出了中心城园林绿化设想，开辟3条环状绿带，布置楔形绿地、公共绿地、专用绿地，并绘制了中心城绿化系统规划图；提出了郊区园林绿化设想，搞好城镇绿化，建设郊区风景游览线，发展沿海、沿江防护林带，逐步实现农田林网化；还提出到2000年，中心城绿化覆盖率达到20%，人均公共绿地达到3m^2，郊区城镇人均公共绿地达到4～5m^{2}等园林绿化指标。把公共绿地分为市级、分区级、地区级、居住区级及小区级，并以行道树、林荫道、绿带与外围的楔形绿地、郊区农田沟通，形成点、线、面结合的绿化系统，以美化城市，改善中心城的生态环境质量。1983年的绿地系统规划还未成系统，结构和布局都比较简单，城市绿地分类不全，没有涉及详细的树种规划，缺少生物多样性保护与建设规划、古树名木保护、分期建设规划和实施措施。

1994年编制的《上海市城市绿地系统规划(1994～2010)》的规划范围不仅扩大到市域，还涉及到生物多样性保护行动计划的规划。转变观念，面向全上海，实行城乡结合，注重大环境绿化，使发展绿地与调整农业结构结合，建成区与市郊绿化协同发展，公共绿地与专用绿地、生产绿地齐头并进。规划中也涉及行道树树种选择，但是还没有涉及详细的树种规划。此外还有“生物多样性保护行动计划”的规划，其中包括古树名木的规划。随着人们生活水平的提高，园林绿化开始占据城市规划与建设的一席之地，以公园、游园、风景游览的绿化提升了人们文化生活的需要。

2002年编制的《上海市城市绿地系统规划(1994～2010)》规划范围涉及整个市域范围。根据绿地生态效应最优以及与城市主导风向频率的关系，结合农业产业结构调整，规划集中城市化地区以各级公共绿地为核心，郊区以大型生态林地为主体，开始注重城乡一体化的绿地系统规划，尤其坚持了以下结合：①结合中心城区旧区改造，特别是黄浦江、苏州河沿岸开发辟建公共绿地。②结合城镇体系规划和小城镇建设，以生态城镇发展为核心，提高郊区城镇绿化水平。③结合产业布局调整，留出绿化隔离带。④结合郊区“三集中”政策，将归并、置换出的城镇和农村居民点及散乱工业用地等集中造林。⑤结合自然保护区和风景旅游区建设，结合郊区农业结构调整植树造林。⑥结合滩涂资源开发大面积增绿，并与历史、风貌、文脉的保护与传承结合。根据多项结合原则，进行了城市绿化系统布局的安排，形成了“主体”通过“网络”与“核心”相互作用的市域绿化大循环，

“环、楔、廊、园、林”的面向市域的绿化系统总体布局。

规划中有详细的树种规划，包括树种规划的基本原则，技术经济指标，基调树种、骨干树种和一般树种的选定，市花、市树的选择与建议。还有生物多样性的保护与建设的目标指标，古树名木保护，分期建设及投资匡算，最后还有实施措施。使城在林中，人在绿中，为林中上海、绿色上海奠定基础。从生态系统的角度，树立了园林绿化在城市生态经济系统中的作用、功能，特别在市场经济条件下，园林绿化具有多属性、多功能、多效益的特性，是人类社会经济科学、文化与自然协调发展的集大成者，构成由绿点、绿线、绿面、绿带、绿片的生态园林系统。

规划深度比较　　表 1-4

年份	规划范围	绿化结构规划	树种规划	生物多样性保护规划	绿地分类规划	古树名木保护
1983 年	主要在市中心	提出了中心城园林绿化设想，开辟 3 条环状绿带，布置楔形绿地，形成点、线、面结合的绿化系统	没有涉及	没有涉及	公共绿地、道路绿带、林荫干道、园林绿地、专用绿地、沿江河防护绿带、风景游览绿地	没有涉及
1994 年	市域范围	一心两翼、三环十线、五楔九组、星罗棋布。即：市中心绿色核心，浦东和浦西联动发展，三圈绿色环带、十条放射绿线、五片楔形绿地、九组风景游览区、线，各种绿地星罗棋布	道路绿化规划和防护林规划中有涉及	就地和移地保护：1. 保护好现有绿地和古树名木；2. 加强物种保护，建立就地和移地保护设施；3. 引种、选育丰富上海植物品种	公园规划；道路绿化规划；单位附属绿地和居住区绿地规划；滨江、滨河绿化规划；生产绿地规划；风景游览性绿地规划	没有涉及
2002 年	市域范围	集中城市化地区以各级公共绿地为核心，郊区以大型生态林地为主体，以沿“江、河、湖、海、路、岛、城”地区的绿化为网络和连接，形成“主体”通过“网络”与“核心”相互作用的市域绿化大循环，市域绿化总体布局为“环、楔、廊、园、林”	林业建设以培育、发挥林地生态功能为核心，植物群落的设计和造林树种的选择等体现林地生态系统的层次性、整体性和稳定性，以亚热带长绿阔叶树种和乡土树种为主，促进森林的健康生长、群落发育和自我维持、更新能力	有涉及，但资料不全	环形绿带（中心城环城绿化和郊区环线绿带、楔形绿地） 防护绿带(河道绿带、道路绿带、城市林荫步道系统) 公园绿地（中心城公园绿地、近郊公园、郊区城镇公园以及其他绿化） 大型林地（大型片林、生态保护区、风景旅游区、大型林带）	有涉及，但资料不全

1.3.3 规划范围及深度演变规律

(1) 规划范围越来越大。同其他国际大城市一样，上海随着城市化进程的不断深入，跨越原有的地域界限，将周边地区纳入其城市化轨道。城市绿地系统规划作为城市总体规划的专项规划，其范围不仅由中心城区扩展到城郊和市域范围，而且也随着城市的扩大而扩大。特别是20世纪90年代中期以来，随着生态意识的觉醒，有学者提出了城市生态绿地系统的概念，指在人居环境中发挥生态平衡功能、与人类生活密切相关的绿色空间，是有较多人工活动参与培育和经营的、有社会效益、经济效益和环境效益产出的各类绿地(含部分水域)的集合。这一定义无疑更为宽泛，也暗示了城市绿地系统地域范围的扩展。

(2) 城市绿地分类更为完善，由最初1983年绿地分类公共绿地、道路绿带、专用绿地、其他绿地，到现在依据国家标准《城市绿地分类标准》(GJJ/T 85—2002)执行，分为公园绿地(G1)规划、生产绿地(G2)、规划防护绿地(G3)、规划附属绿地(G4)规划、其他绿地(G5)规划分述各类绿地的规划原则、规划内容(要点)和规划指标并确定相应的基调树种、骨干树种和一般树种的种类。

(3) 规划内容更为细化。1983年的上海绿地系统规划提出了中心城园林绿化设想，开辟3条环状绿带，布置楔形绿地、公共绿地、专用绿地，并绘制了中心城绿化系统规划图；把公共绿地分为市级、分区级、地区级、居住区级及小区级，并以行道树、林荫道、绿带与外围的楔形绿地、郊区农田沟通，形成点、线、面结合的绿化系统。现在的绿地系统规划不仅有详细的绿地结构布局，此外还有详细的树种规划，确定城市所处植物地理位置。包括植被气候区域与地带、地带性植被类型、建群种、地带性土壤与非地带性土壤类型。确定裸子植物与被子植物比例、常绿树种与落叶树种比例、乔木与灌木比例、木本植物与草本植物比例、乡土树种与外来树种比例(并进行生态安全性分析)、速生与中生和慢生树种比例，确定绿地植物名录(科、属、种及种以下单位)。基调树种、骨干树种和一般树种的选定，市花、市树的选择与建议。

在当今最为关注的生态问题上，绿地系统规划也专门为此编制了生物(重点是植物)多样性保护与建设规划和古树名木保护规划。在项目实施过程中，当今城市绿地系统规划分期建设分为近、中、远三期。在安排各期规划目标和重点项目时，依城市绿地自身发展规律与特点而定。近期规划提出规划目标与重点，具体建设项目、规模和投资估算；中、远期建设规划的主要内容应包括建设项目、规划和投资匡算等。

1.4　规划指导思想及目标比较

1.4.1　指导思想

《上海市城市绿地系统规划(1994～2010)》的规划指导思想：

1. 以生态学原理为指导，按照“城市与自然共存”的原则，规划建设城市绿地系统。

2. 要转变观念，面向全上海，实行城乡结合，注重大环境绿化，使发展绿地与调整农业结构结合，建成区与市郊绿化协同发展，公共绿地与专用绿地、生产绿地齐头并进。

3. 合理均匀布局城市绿地，结合旧区改造，大力发展小、多、匀的公共性开放绿地及立体绿化，增加市中心区的绿视率，重视绿地防灾功能的发挥，使全市的绿地逐步形成点线面、大中小、市内外有机结合，互成网络、系列的、完整的绿地系统。

4. 参照城市绿地规划的国家标准，吸取国内外大城市规划的成功经验，结合上海城市的实情，积极、稳妥、持续地发展城市绿地。

5. 要尊重历史，面对现实，展望未来，着眼于21世纪，统筹兼顾，综合部署，做到长远与近期结合，需要与可能结合。

《上海市城市绿地系统规划(2002～2020)》的规划指导思想：

1. 体现可持续发展的思想，规划人与自然和谐的生态环境。以生态效应为核心，完善绿化生态功能；体现生物多样性，丰富植物群落层次、种类。

2. 体现大都市圈发展的思想，规划城乡一体、具有特大型城市特点的绿化体系。注重系统性，增强绿化系统功能，完善绿地类型和布局；强化地域特点，品种选择、栽植要因地制宜。

3. 体现以人为本的思想，满足市民居住、生活、休憩功能。

2003年《上海城市森林规划》提出了以下规划指导思想和原则：

1. 维护林水体系，构建上海城市森林生态系统。

2. 以生态效益为核心，兼顾森林的社会、经济效益。

3. 因地制宜，注重本土植被的恢复，促进生物多样性。

4. 重视近自然森林地区的建设。

5. 注重与中心城绿地规划相衔接。

6. 注重“四个结合”原则，与水系、道路、城镇、产业园区有机结合。

7. 刚柔并举，确保实施，控制性规划和指导性规划相结合。

1.4.2 规划目标

1983年编制的《上海市园林绿化系统规划》，提出了中心城园林绿化设想，开辟3条环状绿带，布置楔形绿地、公共绿地、专用绿地，并绘制了中心城绿化系统规划图；提出了郊区园林绿化设想，搞好城镇绿化，建设郊区风景游览线，发展沿海、沿江防护林带，逐步实现农田林网化；还提出到2000年，中心城绿化覆盖率达到20%，人均公共绿地达到3m^2，郊区城镇人均公共绿地达到4～5m^{2}等园林绿化指标。

《上海市城市绿地系统规划(1994～2010)》的目标和构想为：调整绿地布局结构，完善绿地类型，提高绿地配置和养护水平，丰富城市景观效果，改善城市环境质量，使上海的绿化与现代化国际大都市的城市形象相匹配。绿地系统规划要充分体现以人为中心，探求人与环境绿化、环境绿化与社会、经济的最佳结合，按照城乡结合、公共绿地与专用绿地结合、大中小结合、点线面结合、发展与巩固结合的原则，突破原有城市布局的限制，拓展视野，在全市6300km^{2}范围内，为绿化建设预留更多的空间，完善城市绿地系统，使全市公共绿地星罗棋布，专用绿地遍地展开，绿色环带层层互套，蓝带绿带交织成网，力争达到部颁标准，建成园林城市。为建成“清洁、优美、舒适”的良好生态环境创造必备的绿化条件。最终达到：布局合理，指标扎实，质量良好，环境改善的目标。

《上海市城市绿地系统规划(2002～2020)》的规划目标是：按照人与自然和谐的原则，规划上海城乡一体、各种绿化衔接合理、生态功能完善稳定的市域绿化系统。到2020年，全市森林覆盖率达到30%以上，绿化覆盖率达到35%以上。城市化地区人均公共绿地达到10m^{2}以上，绿地率达到30%以上，绿化覆盖率达到35%以上。

2003年《上海城市森林规划》的目标是通过合理布局、完善系统，达到指标先进、群落多样、兼顾景观、生态双重功能的要求，形成都市绿化圈环抱，蓝绿相间的绿色通廊相连，经络全市、城郊一体，能充分发展现有上海特色风貌的城市森林系统。

2007年，全市森林面积达到1007km²，森林覆盖率22%以上，2020年，全市森林面积达到2300km²，森林覆盖率35%以上。

1.4.3 规划指导思想及目标演变规律

1983年的《上海市园林绿化系统规划》，由于当时对城市绿地系统规划缺乏足够的认识和重视，没有把城市绿地功能和作用提高到社会发展、经济发展的战略高度来认识，致使上海城市绿化建设与经济发展，与城市基础设施的建设不能同步。

20世纪90年代初根据要把上海建成国际经济、金融、贸易中心和建成清洁、优美、舒适的生态城市的总体目标，配合上海市总体规划修编，上海城市绿地系统规划进行修订，旨在进一步落实城市总体规划，对全市绿地系统和各类绿地进行合理布局、综合平衡，为上海的绿地建设和管理提供依据。

20世纪90年代初修编的上海城市绿地系统规划明确提出：①以生态学原理为指导，按照“城市与自然共存”的原则，体现以人为主体，改善市民生存环境和改善经济发展必备的投资环境，使生态环境建设和经济、社会协调持续发展。②转变观念，克服只考虑建成区的局限性，面向全上海实行城乡结合，注重大环境绿化，各类绿地建设全面推进，整体发展。③合理调整城市绿地的布局，结合旧区改造，拆房建绿，使绿地均匀分布。④把国际通行的“环”、“楔”结构应用于城市绿地系统中，规划了环城绿带和楔形绿地。⑤提出公园分类分级和服务半径的理念并体现于规划中。

1994年的绿地系统规划为上海城市绿化跨越式发展提供了充足的依据，使上海提前进入国家园林城市行列。

2001年国务院正式批准上海市总体规划，把上海定位为现代化国际大都市和经济、贸易、金融和国际航运中心。20世纪90年代初修编的城市绿地系统规划的结构和布局已经满足不了上海作为现代化国际大都市的发展，于是在进行了《迈向二十一世纪上海城市绿化研究》、《上海与英国伦敦等主要城市绿化及管理的比较研究》等课题研究后，通过国外考察，分析比较上海与国外现代化国际大都市在城市绿化方面的差距，引进国外先进理念与上海实际相结合，进行了新一轮的上海市绿地系统规划。

2002年的城市绿地系统规划和2003年的城市森林规划体现了大都市圈发展的思想，规划城乡一体、具有特大型城市特点的绿化体系，以生态性和系统性为原则，完善绿地类型和布局。

1.5 规划结构比较

1.5.1 功能结构

1983年市规划局编制的《上海市中心城绿化系统规划》和《上海市园林绿化系统规划》：

中心城绿化规划结合“多心开敞”式的城市布局，把公共绿地分为市级、分区级、地区级、居住区级及小区级，并以行道树、林荫道、绿带与外围的楔形绿地、郊区农田沟通，形成点、线、面结合的绿化系统，以美化城市，改善中心城的生态环境质量。

搞好城镇绿化，建设好郊区风景游览线，发展沿海、沿江防护林带，积极开展四旁绿化，逐步做到农田林网化，在郊区大力植树造林，努力提高绿化覆盖率，保护好自然生态环境。

1994年《上海市城市绿地系统规划(1994～2010)》：

形成以郊区环防护林、滨海林地、滩涂绿化、果园、经济林、风景区为城市外围大环境绿化圈；以人民广场、人民公园、外滩和苏州河河滨绿化、公园、游园及各种特殊空间绿化组成的市中心绿化为核心；以道路、河道绿地为框架网络；框架内公共绿地；专用绿地、各种绿色空间合理布置；十条放射的快速干道绿带、5大片楔形绿地为绿色通道将新鲜空气导入市区；全市形成中心增绿，四面开花；南引北挡，绿楔插入；路林结合，蓝绿相间；星罗棋布，经纬交织；多功能的、有特色的、多效益的、完整的绿地系统。

1. 调整布局结构，在科学、合理的布局、结构上下功夫，尤其珍惜旧区改造难得可贵的机会，为拓宽绿地和防灾需要留出空间，增加中心城区绿量，开辟小、多、匀的绿地。增加“绿肺”的“肺活量”。结合工业结构布局调整，拔除厂群矛盾尖锐、污染严重的工业街坊，改变用地性质，增加绿化面积，有效改善旧城区的环境质量。

浦东的绿地要按与国际大都市接轨的要求配置，以足够的数量和优异的质量，成为上海市中心上风向的良好绿化环境，影响和改善浦西的环境质量。

2. 针对吴泾、吴淞一带飘尘、二氧化硫等影响轨迹，强化中心城区南引北挡的绿化结构布局。

在市区三大热岛区(沪西、沪东、周家渡)结合工业布局调整和旧城改造，增加绿化，减少热岛效应。各分区间规划的绿化分隔，以行道树、加宽建筑后退红线距离，拓宽街道绿地为主。

3. 在主导风向处留出五块楔形绿地(浦东三块、浦西两块)，使郊区、滨江(海)新鲜空气直接导入市区，以优化环境。楔形绿地作为城市绿地加以控制，安排大型公园、集中性成片开放绿地。发展崇明、横沙、长兴、大小金山四座海岛的绿化，形成上海市上风向水清、气洁、土净的绿色“特区”。

4. 加强道路、滨江、滨河绿化，发挥水都特色，丰富街景、水景。

以环线道路绿化为基础，发展环线两侧绿带。内环路、成都路、延安路等高架路桥下分段发展阴生植物绿化和桥墩垂直绿化，外环内侧辟25m宽绿带，外侧至少发展500m宽绿带。郊区环集镇段25～50m绿带，其余控制500～1000m绿色空间。

5. 充分利用自然、人文景观资源，发挥海派园林特色，完善、开发九组风景旅游线，为市民创造游憩休闲的场所。

《上海市城市绿地系统规划(2002～2020)》：根据绿化生态效应最优以及与城市主导风向频率的关系，结合农业产业结构调整，规划集中城市化地区以各级公共绿地为核心，郊区以大型生态林地为主体，以沿“江、河、湖、海、路、岛、城”地区的绿化为网络和连接，形成“主体”通过“网络”与“核心”相互作用的市域绿化大循环，市域绿化总体布局为“环、楔、廊、园、林”。使城在林中，人在绿中，为林中上海、绿色上海奠定基础。

1.5.2 空间结构

1983年市规划局编制的《上海市中心城绿化系统规划》和《上海市园林绿化系统规划》提出了点、线、面相结合的空间结构。

点——扩建、改建已有园林绿地。积极发展居住区公园和小区公共绿地。结合优秀建筑保护，以革命遗址和优秀建筑为主体，充实园林绿地，改善建筑环境。结合中心城用地扩大和新居住区建设发展公共绿地。发展专用绿地如医疗卫生、大专、科研等单位的绿地，中、小学的绿地，工厂等企业单位的绿地等。

线——在普遍种植行道树的基础上，有计划地开辟3条环状绿带与放射林荫干道。第一环状绿带：从淮海中路(常熟路口)向东至西藏路、向北至南京路、向西至华山路、向南组成绿环。第二环状绿带：从肇嘉浜路绿带向东至南码头，沿黄浦江、苏州河绿带接天目路、长寿路至武宁路向南接华山路。第三环状绿带：沿中山环路的建筑退让红线3～5m开辟绿带，有条件的地段辟建较宽的街道绿地。

积极开辟沿江、沿河绿化。逐步在黄浦江沿岸的三岔港、共青森林公园、复兴岛、陆家嘴、外马路等处植树绿化。在苏州河的外滩至恒丰路一段增辟绿带。在市区的虬江、走马塘、杨树浦港、沙泾港、日晖港等几条内河或沿河地段，开辟林荫道或沿河绿地。

面——郊区园林化：

搞好城镇及卫星城绿化。开辟沿江、沿河、沿路绿地，建立工业区与居住区之间的防护绿带。

依据郊区的自然风景资源、革命遗址、历史古迹，在郊区规划7条风景游览线：龙漕风景游览线、嘉定风景游览线、松江风景游览线、青浦游览线、浦江游览线、崇明游览线、金山游览线。

大力发展沿海、沿江防护林带，在上海沿海、沿江的470km岸线上，大力植树造林。同时做好新建农民新村的绿化植树工作。

1994年《上海市城市绿地系统规划(1994～2010)》提出全市绿地布局归纳为：一心两翼、三环十线、五楔九组、星罗棋布。即：市中心绿色核心，浦东和浦西联动发展，三圈绿色环带、十条放射绿线、五片楔形绿地、九组风景游览区、线，各种绿地星罗棋布。

以人民广场、人民公园、东西外滩、苏州河绿化、小游园、屋顶、天台、垂直绿化等多种形式绿化为中心，使之为中心商务区、中心商业区创造优美的绿色氛围。以黄浦江两岸的滨江绿地为纽带，浦东、浦西两面联动发展。

发展沪青平、莘松、沪宁、沪杭等十条放射干道两侧绿带，形成进入上海的绿色走廊。发展五块楔形绿地(浦东三块、浦西两块)。发展以黄浦江、苏州河、蕴藻浜、川杨河、太浦河、浦东运河等八大河流为主的滨河绿带，尤其要注重黄浦江上游水源防护林带的建设。

充实、完善已建景点，大力开发新的景点景区，逐步形成九组风景游览线，并辐射江浙两省：市区风景游览线(龙漕、老城厢、沪东、沪西、浦东)，嘉定风景游览线，松江风景游览线，淀山湖风景区，淀泖乡土风情风貌区，南汇风景游览线，金山风景游览线，长兴、横沙海岛风光游览区，崇明岛风景游览区。

环城绿带采取带形绿地与块状绿地相结合的布局形态，即“长藤结瓜”的格局。按照外环线东、南、西、北四段外侧的用地情况，交通状况和环境条件，分别拟在三岔港附近、南汇横沔地区、沪青平公路南侧、葑塘地区布置四处大型的主题公园。在外环线四周，交通、市政、用地条件较好的地区，如东段唐镇以北地区、南段的周浦附近、西段的江桥地区、北段的吴淞地区安排规模较大的环城公园，此外，规划将在城市居住区附近开辟若干规模较小的公园。在外环线外侧形成大、中、小结合，分布合理的公园系统。

《上海市城市绿地系统规划(2002～2020)》中市域范围内的空间结构：

环——市域范围内环状布置城市功能性绿带。包括中心城环城绿化和郊区环线绿带。

楔——中心城外围向市中心楔形布置绿地。规划中心城楔形绿地为8块，分别为桃浦、吴中路、三岔港、东沟、张家浜、北蔡、三林塘、大场。

廊——沿城市道路、河道、高压线、铁路线、轨道线以及重要市政管线等纵横布置防护绿廊。主要有河道绿化和道路绿化，其中，中心城区的主要道路绿色廊道有：世纪大道、沪闵路—漕溪路—衡山路、虹桥路—肇嘉浜路、曹安路—武宁路、张杨路、杨高路等。

园——以公园绿地为主的集中绿地。规划公园绿地主要有三部分，一是中心城公园绿地，二是近郊公园，三是郊区城镇公园绿地。中心城公园绿地：在中心城的热中心区域，规划建设4hm^{2}以上的大型公共绿地；在市中心和城市副中心、城市景观轴两侧、公共活动中心以及城市交通重要节点大力新建绿地。近郊公园：中心城近郊规划建设娱乐、体育、雕塑、民俗等森林主题公园；东郊：三岔港绿地；南郊：外环路东南角，黄楼镇周边(原迪斯尼乐园选址用地)，闵行旗忠体育公园；西郊：徐泾镇；北郊：外环路北、蕴川路西侧。郊区城镇绿化：在郊区城镇周边各规划一定宽度的防护林；近期重点是“试点城镇”，建设面积超过10hm^{2}的公园。松江：中央绿带与滨湖原生态公园相呼应；安亭：汽车文化为核心的主题公园；朱家角：青少年素质教育基地和生态桥为主的景观生态绿地。其他绿化：居住区、工业区、单位绿化。发展垂直绿化、屋顶绿化。

林——指非城市化地区对生态环境、城市景观、生物多样性保护有直接影响的大片森林绿地，具有城市“绿肺”功能。大型片林：规划建设浦江等大型片林以及以各级城镇为依托的若干小型片林，形成森林组团。有浦江大型片林、南汇片林、佘山片林、嘉宝片林、横沙生态森林岛。生态保护区、旅游风景区：大小金山岛自然保护区，崇明岛东滩候鸟保护区，长江口九段沙湿地自然保护区，黄浦江上游主干河流水源涵养林，宝山罗泾、陈行、宝钢水库水源涵养林，淀山湖滨水风景区、青浦泖塔区，崇明东平国家级森林公园。大型林带：在吴淞口至杭州湾大陆岸线及崇明、长兴、横沙三岛长约470km的海岸线(一弧三圈)，建设沿海防护林；在工业区周围设防护林带。

中心城区公共绿地规划的结构以“一纵两横三环”为骨架，“多片多园”为基础，“绿色廊道”为网络，开敞通透为特色，环、楔、廊、园、林相结合。

“一纵两横三环”：一纵——黄浦江；两横——延安路、苏州河；三环——外环、中环、水环。

“多片多园”：中心区城市绿岛——杨浦区江湾体育场、五角场一带；闸北区共和新路、闸北体育场一带；西藏北路—东宝兴路一带；普陀区真北路桥周围、新黄浦区中部、徐汇区内环线一带。大型生态“源”林——8处楔形绿地、建设敏感区，中心城范围内三大片非规划城市建设区、浦西祁连地区、浦东孙桥地区、浦东外高桥地区。新增公共绿地——重点为苏州河以北和肇家浜路以南地区的集中公共绿地。

路网、水网绿化：道路绿网络——环状放射为特征，沿路保持连续和一定幅度。加强共和新路—南北高架—济阳路沿线绿地。

水系绿网络(环形十字为骨架，黄浦江、苏州河、张家浜形成“十字形”)。

2003年的《上海城市森林规划》提出了建立森林生态网络体系的理念，重点规划在外环线以外的市域部分，其规划结构为“一环十六廊、三带十九片”（见附件一，图 1-1，图 1-2）。

上海市三次绿地系统规划“形态分类”对比表　　表 1-5

年份	范围	环状	带状	楔状	放射状	点状	网状	片状
1983 年	中心城	3 环	沿江河防护绿带	干道适当地段	林荫干道	公园绿地、专用绿地		
	郊区					城镇绿化（设想）		7 组风景游览线、农田林网化(设想)
1994 年	中心城	中环水环	8 大滨河绿带、道路绿带	5 块（浦东 2 块、浦西 3 块）	沪青平、莘松、沪宁、沪杭等 10 条放射干道绿带	公园绿地、附属绿地、居住区绿地	道路、河道绿网	1 组风景游览线
	郊区	外环				公园绿地（主题公园、环城公园、城镇公园）、苗木基地		8 组风景游览线、农田林网化
2002 年	中心城	外环	河道绿化、道路绿化	8 块（桃浦、吴中路、三岔港、东沟、张家浜、北蔡、三林塘、大场）	道路绿化	城市绿岛、公园绿地、近郊公园	道路绿网、水系绿网	3 片敏感区（浦西祁连地区、浦东孙桥地区、浦东外高桥地区）
	郊区	郊区环				郊区城镇公园		大型片林、生态保护区、风景旅游区、大型林带

1.5.3　规划结构的演变规律

1983 年《上海市园林绿化系统规划》绿地的布局形态是点状、环状、网状、楔状、放射、带状相结合，但所考虑的范围较小，对于郊区绿化也没有提出详细的规划，仅仅是一个设想，也没有考虑到联系城郊关系的绿地规划。同时，规划对于各形状绿地的功能考虑主要是提高绿化覆盖率和美化城市，关于生态、生产方面的功能考虑较少。

1994 年《上海市城市绿地系统规划(1994～2010)》提出的全市绿地规划结构是一心两翼、三环十线、五楔九组、星罗棋布。布局的形态采取的是点状、环状、网状、楔状、放射、带状相结合。相比于前次规划，首先，形态上增加了网状绿地，使绿地之间的联系更紧密；其次，该次规划考虑的范围更大，考虑到了中心城和郊区的绿化；第三，绿地功能更加多样化，不仅考虑到绿化覆盖率和美观，也把绿地的生态功能提到重要位置，利用绿化南引北挡，减少热岛效应，防风滞尘，尽量充分发挥每种形态绿地的功能；第四，为限制城市蔓延性扩张，保证城市与乡村间合理过渡，提高城市生命活力，规划沿上海主城外围建设环城绿带，采用“长藤结瓜”的形态，兼顾了绿地的生产功能。

相比于前两次规划，2002 年阶段的规划首先从整个市域大环境出发，不仅范围扩大，而且将市域作为一个整体进行规划，中心城和非城市化地区仅仅是整体中的部分。其次，规划采取点状、环状、网状、楔状、放射、带状相结合的布局形态，集中城市化地区以各级公共绿地为核心，郊区以大型生态林地为主体，以沿“江、河、湖、海、路、岛、城”地区的绿化为网络和连接，形成“主体”通过“网络”与“核心”相互作用的市域绿化大循环。第三，按功能进行布局，各种形态绿地的功能更加明确，尤其是生态功能。功能亦更加多样化，包括生态保护功能、美化功能、观赏功能、教育功能、服务功能、生产功能等。

见表 1-6、表 1-7：

三次规划结构示意图 **表 1-6**

规划名称	规划结构	规划结构示意图
1983 年《上海市园林绿化系统规划》	中心城绿化规划结合“多心开敞”式的城市布局，把公共绿地分为市级、分区级、地区级、居住区级及小区级，并以行道树、林荫道、绿带与外围的楔形绿地、郊区农田沟通，形成点、线、面结合的绿化系统	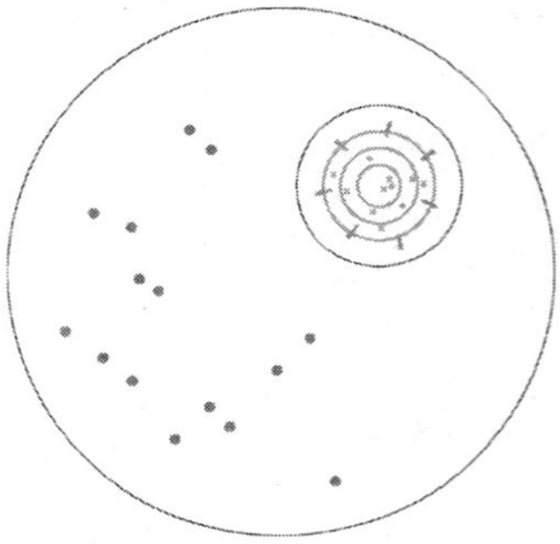
1994 年《上海市城市绿地系统规划（1994～2010）》	一心两翼、三环十线、五楔九组、星罗棋布。即：市中心绿色核心，浦东和浦西联动发展，三圈绿色环带、十条放射绿线、五片楔形绿地、九组风景游览区、线，各种绿地星罗棋布	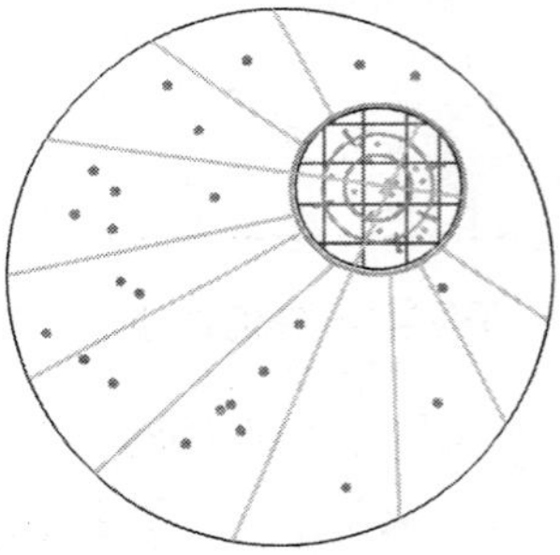
2002 年《上海市城市绿地系统规划（2002～2020）》	集中城市化地区以各级公共绿地为核心，郊区以大型生态林地为主体，以沿“江、河、湖、海、路、岛、城”地区的绿化为网络和连接，形成“主体”通过“网络”与“核心”相互作用的市域绿化大循环，市域绿化总体布局为“环、楔、廊、园、林”	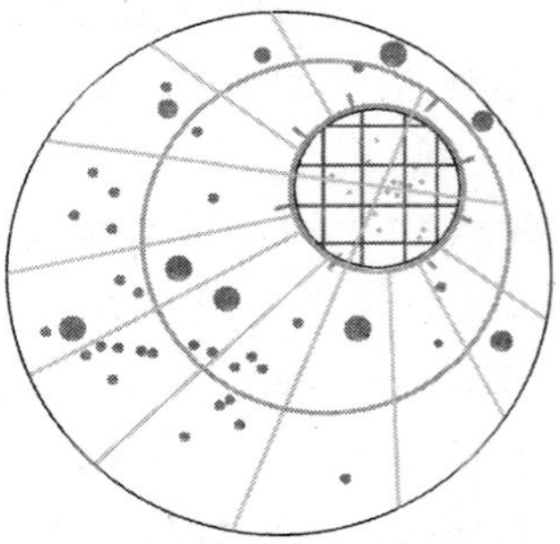

图例：

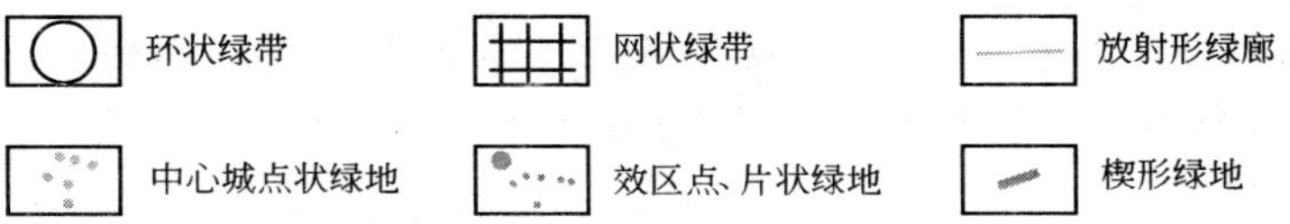

环状绿带　网状绿带　放射形绿廊

中心城点状绿地　效区点、片状绿地　楔形绿地

三次规划绿地类型分类比较表 表 1-7

规划名称	规划绿地类型
1983 年《上海市园林绿化系统规划》	公共绿地、道路绿带、林荫干道、园林绿地、专用绿地、沿江河防护绿带、风景游览绿地
1994 年《上海市城市绿地系统规划(1994～2010)》	公园绿地、道路绿地、单位附属绿地及居住区绿地、滨江滨河绿地、城郊绿地、风景旅游性绿地、生产绿地
2002 年《上海市城市绿地系统规划(2002～2020)》	环形绿带——中心城环城绿化和郊区环线绿带楔形绿地 防护绿带——河道绿带、道路绿带、城市林荫步道系统 公园绿地——中心城公园绿地、近郊公园、郊区城镇公园以及其他绿化 大型林地——大型片林、生态保护区、风景旅游区、大型林带

1.6 绿地分类与规划控制指标比较

1.6.1 绿地类型比较

1983 年市规划局编制的《上海市园林绿化系统规划》把绿地分为公共绿地、道路绿带、林荫干道、园林绿地、专用绿地、沿江河防护绿带、风景游览绿地。其中公共绿地又分为市级、分区级、地区级、居住区级及小区级。

该次规划对于绿地的分类基本上是与规划的点、线、面结构相对应，以绿地的点状、线状、面状形态为标准进行分类。公共绿地、园林绿地、专用绿地属于点状绿地，道路绿带、林荫干道、沿江河防护绿带属于线状绿地，郊区的农田、风景游览绿地等属于面状绿地。按功能大体可归纳为公共绿地、专用绿地、防护绿地、其他绿地四大类，其中公共绿地分到综合公园和社区公园，专用绿地分到了居住绿地、公共设施绿地、工业绿地等中类，其他绿地主要指风景游览绿地。

1994 年《上海市城市绿地系统规划(1994～2010)》把绿地分为公园绿地、道路绿地、单位附属绿地及居住区绿地、滨江滨河绿地、城郊绿地、风景旅游性绿地、生产绿地。公园绿地设置的分级规模既参照国内外分级指标和国家标准，又根据上海自身特点，将公园绿地又分为主题公园、市级公园、区级公园、地区级公园、居住区公园、居住区公园和小游园、郊区城镇公园。按照功能大体可归纳为公园绿地、生产绿地、防护绿地、附属绿地、其他绿地五大类。其中，公园绿地分到了综合性公园和社区公园等中类，以及市级公园、区级公园、居住区公园、居住区小公园、小游园、植物园、动物园等小类；附属绿地分到了单位附属绿地和居住区绿地等中类。这里的其他绿地包括风景旅游性绿地、自然保护区、森林公园等。

在外环线绿带规划中，又将绿带用地分为公园用地、体育设施用地，低密度建筑用地，旷地型市政、交通用地，林带、生产性绿化用地。

2002 年《上海市城市绿地系统规划(2002～2020)》将绿地分为环形绿带、楔形绿地、防护绿带、公园绿地和大型林地。其中环形绿带包括中心城环城绿化和郊区环线绿带；防护绿带包括河道绿带、道路绿带、城市林荫步道系统；公园绿地包括中心城公园绿地、近郊公园、郊区城镇公园以及其他绿化；大型林地包括大型片林、生态保护区、风景旅游区、大型林带。

1.6.2 控制指标比较

1983年市规划局编制的《上海市园林绿化系统规划》提出了一些控制指标：园林绿地内绿地占80%；专用绿地内新建居住区绿地面积占总用地30%，新建医疗卫生、大专、科研等单位的绿地面积占总用地面积30%～40%，中、小学的绿地面积占总用地面积10%～20%，幼儿园的绿化面积占总用地面积20%～30%，新建工厂等企业单位的绿地面积占总用地面积5%～10%。

到2000年中心城规划范围内绿化覆盖面积6215hm²，城市绿化覆盖率20%，公共绿地面积1934hm²，人均公共绿地3m²。

搞好城镇及卫星城绿化，各卫星城镇布置用地面积2～4hm²的公园1处，并设居住区级公园和小区公共绿地。其他城镇设2～6hm²左右的公园。至2000年，郊区城镇公共绿地达到每人4～5m²。

1994年《上海市城市绿地系统规划(1994～2010)》按照远近结合、兼顾发展速度及城市绿化特殊要求，按国家规定标准，建成园林城市的要求提出了控制指标：

第一阶段：力争完成和超额完成原规划确定的目标，至2000年人均公共绿地3～4m²/人，人均绿地8～9m²/人，绿地率13%～14%，绿化覆盖率20%～25%。

第二阶段：至2010年基本符合园林城市要求，人均公共绿地6～7m²/人，人均绿地12～14m²/人，绿地率18%～20%，绿化覆盖率30%～35%。

远期人均公共绿地8m²/人，绿地率25%，绿化覆盖率35%～40%。

由于中心城各分区的性质、功能、要求和用地情况的不同，以及受历史等客观条件的影响，除提出全市总体规划指标外，分别按浦东、浦西和近郊新区，浦西按内环内，内环外和近、远期分别确定不同的规划指标。

1. 浦西内环内：人均公共绿地2m²/人，人均绿地5m²/人，绿地率12%，绿化覆盖率19%。

2. 浦东：人均公共绿地14m²/人，人均绿地24m²/人，绿地率25%，绿化覆盖率35%以上。

3. 辅城：人均公共绿地7～10m²/人，人均绿地15～20m²/人，绿地率20%～25%，绿化覆盖率25%～30%。

对于不同类型的绿地，也提出了一些指标：

公园绿地：规划中心城公园用地率从当时的1.88%提高到7.61%，人均公园面积从当时的0.75m²/人，提高到58m²/人。

道路绿地：道路断面内一般要求绿化占道路的15%～20%；主干道占20%以上；快速干道20%～25%。外环线内侧规划25m宽绿带，外侧100m基干绿带、400m以上其他形式绿地。郊区环线两侧各控制500～1000m绿化空间，其中：集镇地段至少50～100m。通向外省市的高速干道两侧各控制50～100m绿带。轻轨和市内铁路两侧各设30m宽绿带。

单位附属绿地：工业、交通枢纽、仓储、交通的绿地率不低于20%；产生有害气体污染的工厂不低于30%，并建至少50m的防护林带；学校、医院、休疗养所、机关团体、公共文化设施、部队等不低于35%。

居住区绿地：新建居住区绿地率不低于30%，旧区成片改建不低于20%。修订现行居住区绿地率标准，根据建筑层次确定绿地比率，建议：多层（4～6）为30%～40%（国外54%～62%）；高层（8层以上）40%～50%（国外62%～80%）；低层花园别墅50%以上。

生产绿地：参照建设部规定，生产绿地占城市用地2%的要求。

1994年《上海城市环城绿带规划》中提出了外环绿地的指标：

外环线绿带中公园用地占总用地17.7%，绿化用地面积大于或等于80%。体育设施用地占总用地21.7%，绿化用地面积大于或等于60%。低密度建筑用地占总用地5.49%，绿化用地面积大于或等于60%。旷地型市政、交通用地占总用地11.7%，绿化用地面积大于或等于30%。林带、生产性绿化用地占总用地37.9%，绿化用地面积大于或等于90%。

《上海市城市绿地系统规划（2002～2020）》提出的指标方面的内容比较丰富。不仅提出了规划的控制指标，同时还就几项控制指标进行横向和纵向比较。

规划提出，到2020年达到以下指标：

全市：（1）森林覆盖率达到30%以上。

（2）绿化覆盖率达到35%以上。

城市化地区：（1）人均公共绿地10m^{2}以上。

（2）绿地率为30%以上。

（3）绿化覆盖率35%以上。

《上海市城市绿地系统规划（2002～2020）》分类绿地指标表 **表1-8**

年份		2000	2005	2020
绿地率（%）	中心城	14.82	20	>30
	集中城市化地区	19.56	25	>35
绿化覆盖率（%）	中心城	17.03	22～25	>35
	集中城市化地区	22.19	28～30	>40
人均公共绿地（m^2/人）	中心城	2.78	4	6
	集中城市化地区	4.60	7	10
人均绿地（m^2/人）	中心城	7.96	12～13	>15
	集中城市化地区	12.31	17～18	>21
全市覆盖率（%）	全市森林覆盖率	9.42	20	32
	全市绿化覆盖率	11.66	22～23	35

另外，该次规划还对指标进行纵向比较，如1980～2001年上海城市绿化指标变化表；以及横向比较，如世界主要城市人均公园面积比较表、世界主要城市森林覆盖率比较表等。

2003年《上海城市森林规划》又提出了2007年，全市森林面积达到1007km^2，森林覆盖率22%以上；2020年，全市森林面积达到2300km^2，森林覆盖率35%以上的控制指标。

三次规划控制指标比较表　　表 1-9

规划名称	总指标	分项指标
1983 年《上海市园林绿化系统规划》	到 2000 年中心城： 绿化覆盖面积将近 6215hm² 城市绿化覆盖率 20% 公共绿地面积 1934hm² 人均公共绿地 3m² (设想)到 2000 年郊区城镇公共绿地达到每人 4～5m²	园林绿地内绿地占 80%； 专用绿地内新建居住区绿地面积占总用地 30%，新建医疗卫生、大专、科研等单位的绿地面积占总用地面积 30%～40%，中、小学的绿地面积占总用地面积 10%～20%，幼儿园的绿化面积占总用地面积 20%～30%，新建工厂等企业单位的绿地面积占总用地面积 5%～10%
1994 年《上海市城市绿地系统规划(1994～2010)》	至 2000 年人均公共绿地 3～4m²，人均绿地 8～9m²，绿地率 13%～14%，绿化覆盖率 20%～25% 至 2010 年基本符合园林城市要求，人均公共绿地 6～7m²，人均绿地 12～14m²，绿地率 18%～20%，绿化覆盖率 30%～35% 远期人均公共绿地 8m²，绿地率 25%，绿化覆盖率 35%～40%	浦西内环内：人均公共绿地 2m²，人均绿地 5m²，绿地率 12%，绿化覆盖率 19% 浦东：人均公共绿地 14m²，人均绿地 24m²，绿地率 25%，绿化覆盖率 35%以上 辅城：人均公共绿地 7～10m²，人均绿地 15～20m²，绿地率20%～25%，绿化覆盖率25%～30%
2002 年《上海市城市绿地系统规划(2002～2020)》	全市：(1) 森林覆盖率达到 30%以上 (2) 绿化覆盖率达到 35%以上 城市化地区：(1) 人均公共绿地 10m² 以上 (2) 绿地率为 30%以上 (3) 绿化覆盖率 35%以上	见“表 1-8”

1.6.3　绿地分类与规划的指标演变

1983 年《上海市园林绿化系统规划》的绿地分类有两个特点：一是涵盖不全，如大类中就缺少生产绿地。二是分类不细，基本上以大类为主，中小类不详细。三是概念不清晰，尤其是园林绿地一词，概念含混。

较之 1983 年的规划，1994 年规划的绿地分类涵盖面相对比较广，包括了现行的分类标准中的 5 个大类，分类也细化了，同时提出了城郊绿地，但是没有把城郊绿地与中心城绿地统一考虑。

相比于前两次，2002 年规划的绿地类型更完善，首先紧密结合绿地系统规划的总体布局，按形态将绿地分为环形绿带、楔形绿地、防护绿带、公园绿地和大型林地等，基本符合了《城市绿地分类标准》(CJJ/T 85—2002)上按功能进行的绿地分类。除了分类更全面、完善外，该次规划的一个显著特点是将分类不再局限于中心城区的绿地，而是将城郊绿地考虑进来，进行统一分类。

综观历次规划的指标，可发现以下规律：首先，指标项目越来越全面，指标的针对性越来越强，不仅有各项总体指标，还有针对不同时期、不同区块、不同类型绿地的各项具体指标。其次，对指标的提出更深化，不仅仅提一个指标，同时对指标的合理性进行对比。尤其是 2002 年，对指标进行了横向、纵向的比较。第三，指标随绿地系统规划，也越来越呈现面向市域大范围、城乡一体化的趋势。从 2002 年以后，提出了森林覆盖率，体现了建立森林生态网络体系的理念。从指标数据来看，整体上呈上升趋势。

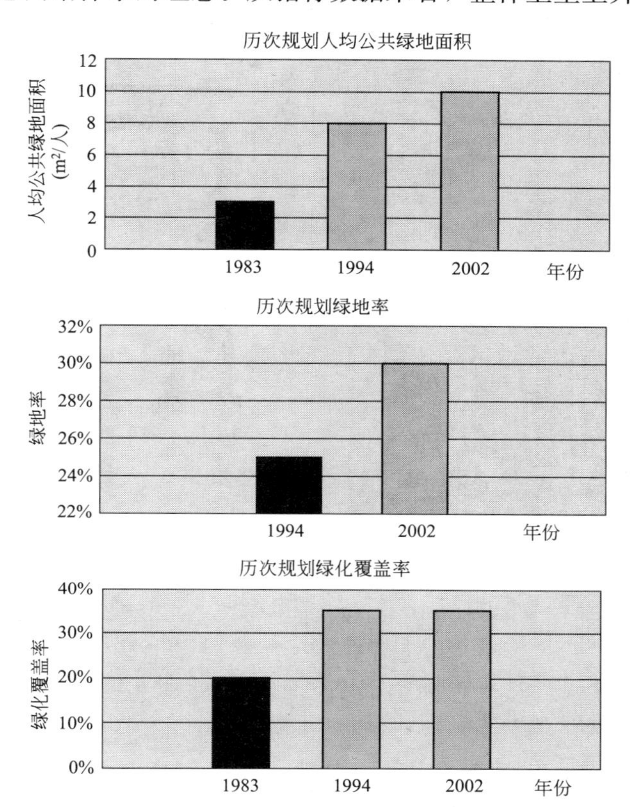

1.7　实施效果比较

1983年编制《上海市园林绿化系统规划》，当时的绿地现状为：全市有公园44处、面积319.77hm²，街道绿地1008处、面积84.42hm²，苗圃34个、面积306.07hm²，市区公共绿地290.39hm²(其中公园34处，面积211.47hm²)，市区人均公共绿地0.46m²，全市专用绿化面积985.54hm²，市区绿化覆盖率为6.14%，郊区森林覆盖率为2.7%。1983年规划指出到2000年中心城：绿化覆盖面积将近6215hm²，城市绿化覆盖率20%，人均公共绿地3m²，(设想)到2000年郊区城镇公共绿地达到每人4～5m²。

根据可查年鉴(上海年鉴2001)，到2000年，上海绿地绿化总量达到12601hm²，绿化覆盖率达到22.2%。市区人均公共绿地面积达到4.6m²。已经超额完成了1983的规划任务，绿化总量、绿化覆盖率和人均覆盖率都大大超过了规划预计。

1994年编制《上海市城市绿地系统规划(1994～2010)》前，公园有91个、面积741hm²；人均公共绿地为1.15m²；人均绿地为4.55m²；绿地率9.17%；绿化覆盖率13.78%。1994年《上海市城市绿地系统规划(1994～2010)》中提出的指标：至2010年基本符合园林城市要求，人均公共绿地6～7m²，人均绿地12～14m²，绿地率18%～20%，绿化覆盖率30%～35%。远期人均公共绿地8m²，绿地率25%，绿化覆盖率35%～40%。

根据可查年鉴(上海年鉴2004)，到2003年，仅用了10年时间，市区人均公共绿地面积就已经达到了 9.16m^2，绿地率也已经到达 32.10%，城市绿化覆盖率达 35.18%。绿化建设速度创下历史最高纪录，建设质量有明显提高。完成了 1994 年规划的远期目标。说明上海市绿地建设越来越得到重视，建设速度明显加快。

2002 年上海城市绿地系统作了第三次规划——《上海市城市绿地系统规划(2002～2020)》前，2001 年末，上海城市园林绿地总面积为 14770.81hm^2，建成区绿化覆盖率 23.82%，城市公共绿地面积 5784hm^2，生产绿地 248.31hm^2，单位附属绿地 5350.17hm^2，居住区绿地 3273.99hm^2，防护绿地 78.26hm^2。市区人均公共绿地面积 5.56m^2，市区人均绿地面积 14.37m^2。2002 年《上海市城市绿地系统规划(2002～2020)》中提出的指标是到 2020 年全市范围内要达到：①森林覆盖率达到 30%以上，②绿化覆盖率达到 35%以上；在城市化地区要达到：①人均公共绿地 10m^2 以上，②绿地率为 30%以上，③绿化覆盖率 35%以上。

根据最近一次可查年鉴(上海年鉴 2005)，两年以后，到 2004 年，上海绿地建设情况为，新建公共绿地 1529hm^2。全市绿化覆盖率达到 36%，人均公共绿地面积达到 10m^2。主要建设成就有：中心城区绿化实施科技兴绿，科技兴林，积极推广色叶树种，营造“春景秋色”。建成 400m 环城绿带(一、二期)、闵行区体育公园、梦清园等 16 块大型公共绿地，建成延安路、苏州河、黄浦江等生态走廊和一批特色景观道路、景观区域。崇明东滩和浦东九段沙已通过国家自然保护区评审委员会专家评审。海湾森林公园于 12 月 3 日被国家林业局批准为国家级森林公园。滨江森林公园于 12 月 15 日举行开工仪式，标志着上海近郊最大的郊野森林公园正式启动建设。

三次绿地规划前后实施效果比较 **表 1-10**

指标 / 时间	人均公共绿地 (m^2/人)	公共绿地总面积 (hm^2)	绿化覆盖率(%)
1983 年规划目标(到 2000 年)	3	6215	20%
2000 年实际指标	4.6	12601	22.2%
1994 年规划目标(到 2010 年)	6～7	未提及	30%～35%
2003 年实际指标	9.16		32.10%
2002 年规划目标(到 2020 年)	>10	未提及	>35%
2004 年实际指标	10		36%

1.8 上海三次绿地系统规划总结

三次绿地规划都是在上海经济、城市高速发展的背景下进行的。当今绿地系统规划的编制工作已被提升到前所未有的高度。

在规划的范围和深度上，绿地系统范围由原来的中心城区扩大到市域范围。规划内容也更加细化，绿地规划由最初的简单的点线面结构布局、绿地分类和分级，到现在详细科学的功能结构规划和绿地分类，此外还新增了详细树种规划、生物多样性保护和古树名木保护等细部分类规划，实施过程也分近期、中期和远期。

从规划结构上，1983 年《上海市园林绿化系统规划》中绿地的布局形态是点状、环状、网状、楔状、放射、带状相结合，但所考虑的范围较小，对于郊区绿化也没有提出详细的规划。1994年《上海市城市绿地系统规划(1994～2010)》提出的全市绿地规划结构是一心两翼、三环十线、五楔九组、星罗棋布。布局的形态采取的是点状、环状、网状、楔状、放射、带状相结合。2002年阶段的规划首先从整个市域大环境出发，不仅范围扩大，而且将市域作为一个整体进行规划。其次，规划采取点状、环状、网状、楔状、放射、带状相结合的布局形态，集中城市化地区以各级公共绿地为核心，郊区以大型生态林地为主体，以沿"江、河、湖、海、路、岛、城"地区的绿化为网络和连接，形成"主体"通过"网络"与"核心"相互作用的市域绿化大循环。

在绿地规划类型上，1983年的绿地规划类型是公共绿地、道路绿带、林荫干道、园林绿地、专用绿地、沿江河防护绿带、风景游览绿地，其中公共绿地又分为市级、分区级、地区级、居住区级及小区级。1994年规划绿地类型是公园绿地、道路绿地、单位附属绿地及居住区绿地、滨江滨河绿地、城郊绿地、风景旅游性绿地、生产绿地。到2002年绿地规划的类型为环形绿带(中心城环城绿化和郊区环线绿带)、楔形绿地、防护绿带(河道绿带、道路绿带、城市林荫步道系统)、公园绿地(中心城公园绿地、近郊公园、郊区城镇公园以及其他绿化)、大型林地(大型片林、生态保护区、风景旅游区、大型林带)。从上面可以看出绿地规划类型越来越合理，体系越来越完善。

上海绿地系统规划是一个不断完善、不断更新的规划。在历次规划中特别明显的是，规划越来越注重城市生态的改善保护。随着社会进步，人口环境等一系列问题的出现，绿地规划需要不断的改进。特别是绿地的结构布局在绿地系统规划中发挥重要的作用，因此，在新一轮的绿地规划中，绿地结构和功能布局需要着重强调。

2　对新一轮上海绿化系统规划的建议

新一轮的绿化规划应以建设国际化大都市，建设人与自然和谐的生态环境，创造出优美的城市空间环境，宜人的居住环境为目标，更应遵循生态学、景观生态等理论及日益科学完善的相关研究成果，借鉴国内外绿化建设的先进经验，符合科学的发展趋势。

2.1　符合生态型城市的发展目标要求

生态城市具有和谐性、高效性、整体性等特点。生态城市中的人们有较高的教育、科技、文化水平，倡导生态价值观，有自觉的生态意识和自觉保护环境意识。生态城市是营造满足人类自身进化需求的环境，生态文化浓郁，拥有强有力的互帮互助的群体，富有生机与活力。生态城市不仅仅是追求环境优美或自身繁荣，而是兼顾社会、经济和环境三者的整体效益，不仅重视经济发展与环境的协调，更注重人类生活质量的提高，是在整体协调的新程序下寻求发展。(苏景兰，2005)

生态城市已成为当代世界城市发展的大趋势。建设生态型城市是上海走生产发展、生活富裕、生态良好的文明发展道路的重要探索。建设生态型城市也是提升市民生活质量的重要体现，同时有利于缓解当前和今后相当一段时期内，上海的资源约束和环境压力。对国内外特大城市绿化系统布局模式的实践经验进行分析可以看出，城市绿化系统规划结构和布局的生态性可以体现在以下几方面：生态廊道和生态网络建构、生态恢复、自然系统过程与城市发展过程的结合、群落生境建设等。因此规划中应结合景观生态学的应用，发挥斑块、廊道和网络的生态效应，进行生态的恢复和重建，并将绿化种植群落与规划结构布局相结合，作为规划布局生态性的保障。

2.2 构建新模式

针对上海绿地原有布局存在的以块为主、绿地分布不均匀、绿地组成缺乏相对独立性等缺点，在新一轮的绿地系统规划布局结构上，应该与城市布局体系及产业布局相协调；加强片林、风景旅游区和自然保护区之间的联系；重新梳理现有的“环、楔、廊、园、林”的绿化结构；改变绿地系统结构由交通系统结构决定的习惯做法，应该由自然因素如河流山体和人工因素如道路双重决定；绿廊未必一定沿主要交通线布置。

2.3 绿地多功能化

城市绿地不仅具有生态、景观、游憩上的功能，还应结合绿地其他的作用，使其得到充分发挥，如绿地系统与应急避难和滞蓄洪水相结合；区分内外环线之间的绿化建设与外环以外的绿化建设在功能及形态上的差异；城市绿地系统与城市公共空间建设协同发展；城市绿地系统与城市历史文化保护联动建设；绿地系统与文化设施一体化发展；绿地系统与全民健身运动呼应，建设健康城市；绿地系统与人口疏解，消除城乡差别相一致；由保证数量转向追求绿化质量，通过结构与功能的提升来实现；绿地与城市其他公共设施同步建设；要进行功能分区，布置适应各功能区的绿化。

2.4 森林城市模式

把森林引入城市，让城市坐落在森林之中，恢复人类与森林的本来关系，实现人与自然的协调发展已成为优化城市绿色规划的总趋势。“人在城中，城在林中”将成为21世纪城市绿地建设的重要模式。城市生态环境建设强调以人为核心，创造“天人合一”的城市与森林融合的人居环境空间。城市森林建设主旨是“人与自然和谐共生”，以“绿色空间”构筑“绿色城市”空间网络。城市森林的布局模式主要有放射式、圈层式、跳跃式、因地制宜式及综合式5种。完整的城市森林生态系统将为彻底改善城市生态环境提供物质和能量的保障。城市森林景观建设要具有亲和性、文化教育性、舒适性和富有人情味，使之能激起人们亲近的愿望。同时，城市森林建设要以自然为宗旨，以城市文化底蕴为基础，依托城市自然地形地貌，结合城市风貌、结构特征和空间属性等科学布局和规划，体现自然植被景观和群落结构特征，实现城市森林的自我维持及协调发展，发挥其综合效益。（王保忠、王彩霞等，2004）

2.5 绿色廊道网络构建

总结的国外城市绿地系统的发展历程与趋势：城市绿地系统由集中到分散，由分散到联系，由联系到融合，呈现出逐步走向网络连接、城郊融合的发展趋势。城市中的人与自然的关系在日趋密切的同时，城市中生物与环境的关系渠道也将日趋畅通或逐步恢复。概言之，城市绿地系统的结构模式在总体上将趋于网络化。

而我国的城市绿化系统布局借鉴国际大都市的经验，也在向网络化发展，形成城市绿色网络。城市绿色网络以保护、重建和完善生态过程为手段，利用绿廊、绿楔、绿道和结点(core site)等，将城市的公园、街头绿地、庭园、苗圃、自然保护地、农地、河流、滨水绿带和郊野等纳入绿色网络(green network)，组建扩散廊道(disperal corridors)和栖地网络(habitat network)等，构成一个自然、多样、高效、有一定自我维持能力的动态绿色网络体系，促进城市与自然的协调。由于绿色网络布局可以通过较少面积比例绿地的空间合理安排，优化城市景观格局，并可以随着城市的发展而随时调整自身的结构，因此很多特大型城市针对城市结构和布局发展的诸多问题寻求解决的办法时即以城市绿地的网络布局作为较好的选择，使得城市绿化系统布局呈现网络化的发展趋势。

2.6　区域化的发展趋势

城市绿化系统规划的布局不只停留在城市的本身范围内，而是不停地向外扩展，其不能只从一个城市的布局和自然地理以及人文社会条件出发，要将城市放在城市带或城市群中一起来考虑，形成一个系统性的整体。结合周边城市的绿化布局特色，以连通的河流和干道绿化形成廊道相连，联结成大都市地区的生态网络，成为现在城市绿化系统规划考虑的问题。如上海，作为长江三角洲的主要特大城市和核心城市，应结合长三角的其他城市的绿化格局来考虑，如苏州、杭州等，正如新英格兰的绿道规划对上海的启示，在全国各个层次上将这些分散着的绿地空间以绿道的形式进行连通，从而形成整体性的绿道网络。上海市从远期发展着眼，要考虑对城市之间绿地系统进行系统性连接，因此，基于城乡一体化的甚至基于长三角的绿道网络规划必将提上议事日程。

2.7　城乡一体化的发展趋势

城市绿化应不囿于城区，而应实施城乡一体化的绿化格局，保护和营造郊野森林。城市的“肺”已经不再是公园，而是城乡之间广阔的生态绿地。尤其在巨型城市形态中，要解决城市环境问题就要保护好生态绿地空间，把城市和区域生态系统充分结合，走区域可持续发展之路。如在距莫斯科市中心30～70km处，建立宽20～40km，平均宽度28km左右的环城森林公园带，拥有郊野森林公园近30个，以“绿楔”形式和“窝头”状伸向城区，与市区的公园、花园和林荫道等连接。该森林公园保护带与城市面积之比达到1.64：1。同时，通过地铁等便捷交通线路将城郊大片森林融入城市。

我国在1980年以来已经从前几轮的规划建设中也认识到了这一点，开始将城市绿化系统规划从整体结构方面扩大到市域规划，使其系统性绿地的生态效益发挥与所在区域背景的区域绿化保持整体的关联性，形成城乡绿地一体化。

2.8　立体化的发展趋势

迅猛发展的城市建设与城市绿色饥荒对城市环境已造成严峻的影响，同时人们也意识到城市绿化所产生的绿化效益也是不可估量的，所以在有限的绿地面积不能满足实现城市生态平衡的绿化要求时，就产生了新型的城市绿化模式——立体绿化。

立体绿化是运用现代建筑和园林科技的各种手段，对绿地上部空间的一切建筑物和构筑物所形成的再生空间，进行多层次、多形式的绿化、美化以及追求绿地的最大生态效益，拓展城市绿化空间。

城市绿化向立体化发展，大量利用多种特殊绿化空间。如纽约在高楼里营造绿色，如福特基金会大楼营造垂直的庭院空间，周围各层办公室都能看到庭院的绿树花草。而世界金融中心将两栋大楼之间的空地盖成大玻璃棚，移植椰树和棕榈，形成著名的“冬季花园”。新加坡高楼也营造“半空花园(mid-level-garden)”，推广屋顶花园、空中绿地、园箱式种植、立交桥和人行天桥绿化等，并纳入建筑设计中，建造植物种植槽和自动灌溉系统。

2.9 水陆一体化趋势

上海是个水域丰富，湿地较多的地方，湿地面积比率大大高于全国水平。上海地区土地及相应的空间是绿化的关键和基础，而上海可用于城市绿化的土地非常有限，要在2020年实现全市绿化覆盖率35%以上的目标，任务是严峻的。因此充分利用湿地资源、开展湿地绿化，将有助于上海市人均绿化面积的提高、城市生态的改善。城市水陆一体化生态体系建设要优先考虑增加水边空间和绿化，改善滨水空间环境，促进水循环流动，改善水动力条件。坚持生态为纲，修复城市生态景观，改善水边环境，创造都市亲水空间。同时结合河道防护林，配合上海城市森林建设，连接、疏浚城市的各种水体，使之成为与绿地紧密相连、相互贯通的林网——水网体系，营造富于自然特色的城市水陆一体化环境。

2.10 绿化分类体系化

虽然现行的《城市绿地分类标准》已经比较完善，但是还存在一些问题，有些小项的概念容易混淆，造成统计中的重复计算。如小项街旁绿地(G15)的含义与范围是位于城市道路用地之外，相对独立成片的绿地，包括街道广场绿地、小型沿街绿化用地等。而道路绿地(G46)的含义与范围是道路广场的绿地，包括行道树绿带、分车绿带、交通岛绿地、交通广场和停车场绿地等。城市绿化中一些元素如屋顶花园，垂直绿化在此分类中都没有涉及。在G5其他绿地的内容中，包括了对生态起至关重要的水源保护区、郊野公园、森林公园、自然保护区、风景林地、城市绿化隔离带、野生动植物园、湿地、垃圾填埋场恢复绿地等。从这里可以看出绿地系统规划的重点还是在中心城区，因为G5中大多数的绿地都在郊区，而且对生态起至关重要的作用。对于上海来说，那么大的绿地范围都归为G5一类中显然是不合理的。上海新一轮绿化规划的绿地分类应该根据上海自己的特色，对绿地进行分类，要特别注重湿地的规划，将湿地提为绿地分类的一种。此外在绿地分类中应涉及屋顶绿化和垂直绿化，把城市中绿化要素尽可能都包揽进来。

2.11 展现上海特色风貌

城市生命力在于其个性，通过城市绿地系统与景观系统的结合来实现城市总体形象的整合、塑造和强化，建设有深厚文化底蕴、有鲜明形象特征的特色城市。(王保忠　王彩霞等，2004)

上海特殊的历史背景形成了其别具特色的风貌，如老上海里弄、石库门、花园洋房、租界形成的特色街道、区域，以及一些优秀的历史保护建筑、现代经典建筑，名人故居等，这些都是上海特色、个性的体现。上海城市的绿化系统规划应该与上海城市的历史文化、景观塑造相结合。如对于一些特色街道(如衡山路、阴山路、多伦路等)的保护，在做绿化系统规划时就应该作为专项提出来，而不是归为单纯的道路绿化来做；在涉及到公园绿地的规划时，也应充分体现区块的历史文化；在树种规划时，应当选用上海的乡土树种等等。

总之，在进行新一轮的上海绿化系统规划时，除了整体的规划外，在不影响整体结构的前提下，建议应该对一些特殊、特色的地段和节点区别对待，力求用绿化强化其特色风貌。

参 考 文 献

[1] 吴子俊. 让深圳天更蓝地更绿水更清花更多城更美 [J]. 中国园林，2001(4)：51-53.
[2] 罗蒙. 深圳城市园林绿化的发展策略 [J]. 中国园林，2001(4)：54-56.
[3] 金磊. 解码北京城市可持续绿地系统 [J]. 中国建设信息，2003(9)：25.
[4] 金云峰，高侠. 构建城园交融的绿色网络 [J]. 项目经理，2002(5)：24-26.
[5] 尤传楷. “翡翠项链”是合肥人的骄傲——从波士顿“宝石项链”说起 [J]. 中国园林，2001(5)：12-13.
[6] 王保忠，王彩霞，何平，等. 城市绿地研究综述 [J]. 城市规划汇刊，2004(2)：62-68.
[7] 王保忠，王彩霞，何平，等. 城市绿地规划研究进展 [J]. 世界林业研究，2004(8)：28-31.
[8] 张浩，王祥荣，包静晖，等. 上海与伦敦城市绿地的生态功能及管理对策比较研究 [J]. 城市环境与城市生态，2000(4)：29-32.
[9] 张庆费，乔平. 伦敦绿地发展特征分析 [J]. 中国园林，2003(10)：55-58.
[10] 许浩. 日本东京都绿地分析及其与我国城市绿地的比较研究 [J]. 国外城市规划，2005(6)：27-30.
[11] 高云. 现代西方城市绿地规划理论的发展历程 [J]. 新建筑，2000(4)：65-67.
[12] 苏景兰. 简论生态城市建设 [J]. 高等建筑教育，2005(3)：93-94.
[13] 雷芸. 日本的城市绿地系统规划和公众参与 [J]. 中国园林，2003(11)：33-35.
[14] 上海地方志网站 http：//www. shtong. gov. cn
[15] 《上海市城市总体规划(1999～2020)》
[16] 《上海市城市绿地系统规划(1994～2010)》
[17] 《上海市城市绿地系统规划(2002～2020)》
[18] 《上海城市森林规划(2003. 8)》
[19] 《上海市中心城公共绿地规划》
[20] 《上海市“十一五”绿化林业发展规划》
[21] 《上海市城市近期建设规划(2006～2010)》
[22] 深圳政府在线/深圳概况 http：//www. sz. gov. cn/gaikuang/
[23] 宁波统计年鉴 http：//www. nbstats. gov. cn/tjnj/2004njbg. htm
[24] 中国合肥 http：//www. hefei. gov. cn/

附件三：上海市三层次绿化规划与12项相关规划协调研究

（上海绿化管理局2005年科学技术项目，编号：ZX060102.）

项目主持人　作者　等

1 研究概况

研究涉及到与城市绿化关系密切的行业内外的各类规划、计划，共12项内容，另外还查阅了2005年统计年鉴，见表1-1，进行以比较分析为主的，较为系统的协调研究，内容包括各类规划对城市绿化现状的汇总与归纳，对城市绿化现状中存在的问题的汇总与归纳，对城市绿化规划指导思想与原则的汇总与归纳，对有关城市绿化建设目标的汇总与归纳，对城市绿化结构与布局的汇总与归纳共5个方面。

本研究中涉及到的相关规划一览表 **表1-1**

规划类型	序号	规划名称	编制单位	编制时间
城市规划类	1	城市总体规划(1999～2020)	上海市政府	2001
	2	上海市城市总体规划(1999年～2020年)中、近期建设行动计划	上海市政府	2004
	3	上海市中心城分区规划(2004～2020)		2004
绿化规划类	4	上海市沿海防护林体系建设工程规划(2006～2015年)	上海市林业局	2005.7
	5	上海湿地保护和恢复规划(2006～2015年)	上海市林业局	2005.7
水环境规划类	6	上海市水(环境)功能区划	上海市水务局	2004.12
	7	上海市景观水系规划	上海市水务规划设计研究院，上海市城市规划设计研究院	2005.1
	8	水环境污染治理规划		2000
其他规划类	9	上海市城市雕塑总体规划(2004～2020)		2004
	10	上海市土地利用总体规划(2005～2020)(讨论稿)		2005.12
专业计划类	11	上海市“十一五”绿化林业发展规划	上海市绿化管理局，上海市林业局	2005.6
	12	上海市“十五”发展计划专业计划之四——城市绿化	上海市绿化管理局	2000
统计资料	13	上海市统计年鉴		2005

2 对绿化现状研究的协调

2.1 各类规划对城市绿化现状及其他用地现状的描述

见表2-1。

各类规划对城市绿化现状及其他用地现状描述汇总表 **表 2-1**

规划名称	现状资料	备注
上海市沿海防护林体系建设工程规划	全市森林覆盖率 11.04%（2004 年数据）；上海辖区内湿地总面积为 3197.14km²，占国土面积的 34.0% [全市国土面积 9394.71km²，其中陆地面积 6340.5km²，近海及海岸湿地（－5m以上）3054.21km²]	现状按经济林、竹林、四旁树、农田防护林、城市森林、村屯绿化、地方公益林、绿色通道、海湾国家森林公园进行统计；主要成就按沿海防护林、通道防护林、生态片林、防污染隔离林、水源涵养林和经济林进行说明
上海市中心城分区规划	中心城总用地面积 664km²，规划城市建设用地面积 630km²（不包括黄浦江、苏州河等主要水域），其中现状城市建设用地面积为 543km²。目前，中心城可建设用地共约 227km² 中心城现状人口 976 万，平均人口密度为 1.55 万人/km²	平均人口密度（万人/km²），浦西内环内 4.24，浦西内外环 1.57，浦东 0.74
上海湿地保护和恢复规划	按一级湿地类型分，滨海湿地分布在杭州湾北岸至长江的河口区域；湖泊湿地全部分布在太湖碟形洼地边缘的青浦区西部；河流湿地全部为黄浦江支流或源流，分布在湖泊湿地以东，长江南支南岸以南，黄浦江及以西的地域，呈近似东西向排列；库塘湿地位于长江南支南岸宝山边滩，是宝钢工业用水和市区用水的水源地	一级湿地类型比例 滨海湿地 95.53% 河流湿地 2.25% 湖泊湿地 2.13% 库塘湿地 0.09%
上海市土地利用总体规划	1. 农用地现状及布局 (1) 耕地主要分布在北部的崇明县，占 22%；南部的金山、奉贤、南汇区，占 38%；中西部青浦区西部和松江区南部等 (2) 园地主要分布在南部的金山、奉贤、南汇区，北部长兴岛 (3) 林地主要为东南沿海和北部崇明、长兴、横沙三岛的防护林体系；沿黄浦江上游的带状水源涵养林；松江区佘山、青浦区淀山湖、崇明县东平林场的生态林。林地面积在 2004 年约为 184.15km² (4) 其他农用地主要以淡水养殖为主的精养鱼塘，主要分布在西部地区的青浦区淡水养殖业、南部地区的奉贤区滩涂虾塘和北部地区崇明县的蟹养殖 2. 建设用地：城镇用地 630.37km²，工业仓储用地 918.73km²。农村居民点分散，占地面积大，集约挖潜率高 3. 未利用地：河流水面 1507.84km²，占 73.56%；滩涂 450.59km²，占 21.98%	区域总面积约为 8239.01km²，其中长江水面面积 1058.86km²，占 13.93%，陆域面积为 6787km²。崇明岛面积 1041km²（2004 年上海市土地利用现状） 农村居民点目前有 5 万多个。郊区平均每 km² 有 8 个自然村，平均每个自然村用地 17 亩左右，有 20 户左右（北京 220 户/点，天津 171 户/点） 15 个宅基地置换试点单位测算表明，集约挖潜率约 54% 全市河流分布不均，湖泊主要分布在西南部的淀山湖地区
上海市"十一五"绿化林业发展规划	2004 年，建成区人均公共绿地面积达到 10m²，绿化覆盖率达到 36%；全市森林覆盖率为 11%	

2.2 统计资料中的绿化现状情况

2.2.1 2003、2004 年绿化指标

见表 2-2。

2003、2004年主要绿化指标比较　　表2-2

指　　标	2004年	2003年	增长(%)
公共绿地面积(hm^2)	10979	9450	16.2
城市人均公共绿地面积(m^2)	10.11	9.16	10.4
城市绿化覆盖率(%)	36.00	35.20	
森林覆盖率(%)	17.10	15.1	
年末常住人口(万人)	1742	1711	1.8

2.2.2　2004年各区绿化情况

见表2-3。

2004年各区绿化指标比较　　表2-3

	园林绿地面积(hm^2)	公共绿地面积(hm^2)	公园数(个)	公园游园人数(万人次)	绿化覆盖率(%)	行道树实有数(万株)	人均公共绿地面积(m^2)
总计	26688.89	10978.57	146	13380.57	36.0	80.06	10.11
浦东新区	8246.06	4075.43	18	1092.90	44.8	35.56	25.44
黄浦区	111.22	81.16	6	1856.88	11.6	0.91	1.29
卢湾区	92.74	45.50	4	724.65	16.3	1.13	0.14
徐汇区	1043.12	376.85	11	1752.95	23.7	3.46	4.24
长宁区	1006.79	363.83	11	1275.27	28.8	2.37	5.84
静安区	71.50	27.48	2	228.50	15.2	1.15	0.87
普陀区	903.82	381.32	13	1307.13	18.9	4.34	4.48
闸北区	448.01	168.16	7	559.41	17.3	1.76	2.36
虹口区	349.29	132.09	8	1344.91	17.4	2.16	1.67
杨浦区	918.77	352.54	13	1256.69	17.8	2.95	3.24
宝山区	2759.25	1563.27	11	958.56	41.7	6.05	15.47
闵行区	3248.18	1095.18	8	378.98	50.1	3.17	24.69
嘉定区	1413.75	693.59	5	154.90	46.4	4.79	20.43
金山区	836.43	325.54	7	73.07	34.0	2.77	13.55
松江区	1165.36	389.68	4	198.95	44.3	1.79	10.95
青浦区	1545.17	278.23	3	51.72	47.4	1.87	12.11
南汇区	1314.37	407.14	2	119.24	53.1	0.82	14.35
奉贤区	1069.31	166.76	1	38.78	54.7	1.67	7.70
崇明县	145.75	54.82	12	7.08			1.34

2.3　现有规划中提到的绿化问题

2.3.1　问题汇总

见表2-4。

现有规划中提到的绿化问题汇总 **表2-4**

规划名称	绿化存在问题
上海市沿海防护林体系建设工程规划	沿海防护林体系综合质量不高；土地资源制约；投入不足；水环境污染严重；过量开发建设，资源减少；公众保护意识淡薄
上海市中心城分区规划	中心城可建设用地主要来源于新增建设用地和改造置换用地，其中约有一半为总体规划控制的楔形绿地和敏感区，可供建设的土地资源十分有限
上海市土地利用总体规划	中心城区绿化存在的问题：绿地布局结构不合理，各类公园绿地分布不匀、服务半径过大，部分地区存在绿化服务盲区，绿化的网络体系尚不完善。大型绿地主要分布在中心广场和公园，而小块绿地大多位于交通环线与干线两侧，绿地多呈孤岛，缺乏绿色廊道，斑块异质性差 在不同类型土地之间缺乏缓冲带，尤其没有布置工业区与生活区之间和交通道路和住宅区之间的缓冲带。这些缓冲带通常由绿化用地承担，而规划的绿地布置没有按照这个功能布置，生态林用地的布置也缺乏足够的目的性 虽然规划将崇明岛规划为生态岛，为世界鸟类迁徙提供了生物通道。但是除了河流可以为水生生物提供生物通道外，绿化的布置还不能明显体现生物通道的作用
上海市“十一五”绿化林业发展规划	1）绿化林业的建设质量还不高 2）科技的引领作用还不强：科技成果的转化与生产的实际需要还不相适应 3）绿化林业布局不够合理：楔形绿地的建设仍然落后，无法形成完整的城市绿色网络体系 4）管理滞后于建设

2.3.2 问题归纳

（1）土地资源问题：土地总量有限、供求矛盾突出，过量开发建设，资源减少，从数量上增加绿化用地，难度较大。

（2）绿化建设问题：绿化总量不足、质量一般，功能、结构、布局有待优化，绿化与其他城市建设用地的相关性较差。

（3）城市发展问题：沿江沿海发展，对自然环境影响较大，市区人口过分集中。

（4）环境问题：水环境污染严重。

（5）经济问题：绿化建设平均投入不足。

（6）科技问题：引领作用不强，科技成果转化滞后。

（7）管理问题：滞后于建设。

（8）观念意识问题：公众保护意识淡薄。

2.4 图纸叠加分析出现的问题

2.4.1 叠加的图纸名称

叠加的图纸包括：

1）上海市土地利用总体规划：土地利用综合分区图

2）城市总体规划：长三角城镇发展示意图，城市空间发展方向图，分区结构图，土地使用规划图中的城镇用地、生态敏感区、建设敏感区范围，历史文化名城保护图，市域工业布局图，水环境功能区划图。

3）上海市中心城分区规划：分区结构图

4）上海城市森林规划：总图、结构图

5）上海市中心城公共绿地规划：总图

6）上海市水（环境）功能区划：水功能一级区划示意图

7）上海市景观水系规划：总体框架图（一纵、一横、四环、五廊、六湖）

2.4.2 叠加内容

1）将长三角城镇发展示意图与城市空间发展方向图叠加，从区域层面进行城市空间发展分析，见图 2-1。

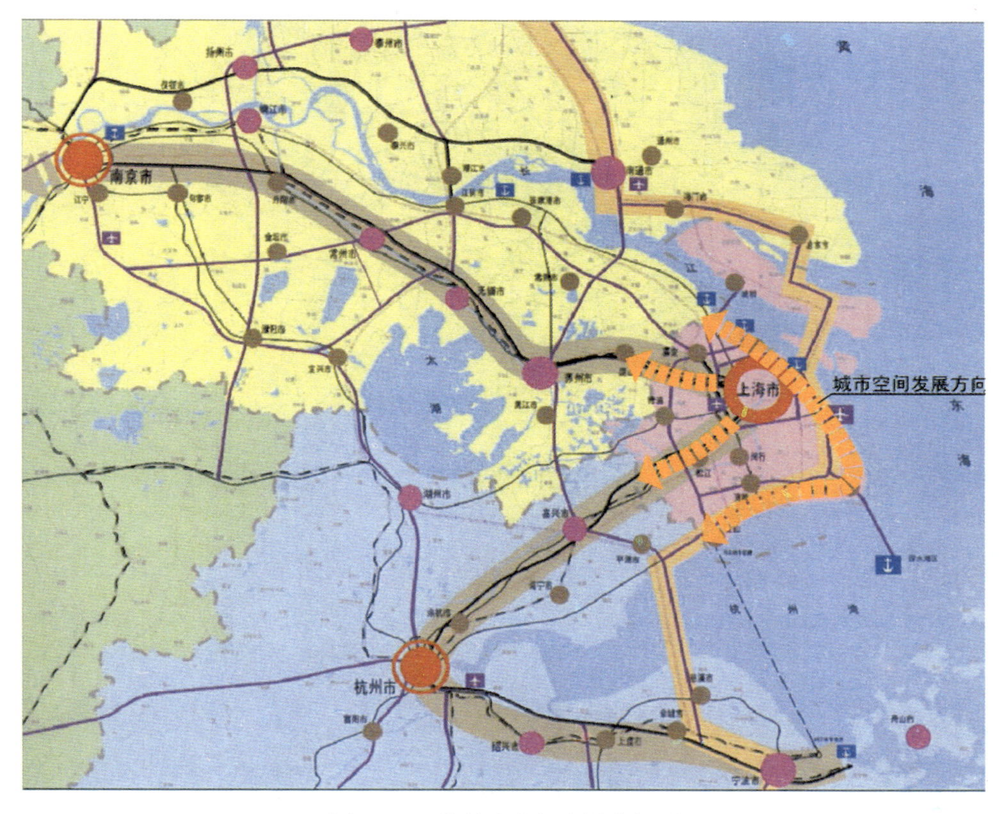

图 2-1 上海城市空间发展分析图

2）将中心城绿地系统规划的三环、八楔，景观水系规划中的四环，中心城功能分区叠加，进行绿化与城市功能、水系结构的相关性分析，见图 2-2。

3）将绿化总图与景观水系规划图叠加，进行绿化与水系的相关性分析，见图 2-3。

4）将城市森林结构与水系、历史文化、城镇用地、工业用地叠加，进行城市森林与以上四者的相关性分析，见图 2-4。

5）将城市总体规划中的城镇用地、生态敏感区、建设敏感区范围，历史文化名城保护图、市域工业布局图、水环境功能区划图、水功能一级区划示意图进行叠加，进行上海环境敏感区分析，详见附件四中 1.2 环境敏感区分析。

图 2-2　中心城绿化与城市功能、水系结构相关性分析图

图 2-3　绿化与景观水系相关性分析图

图 2-4 城市森林结构与水系、历史文化、城镇用地、工业用地相关性分析图

2.4.3 基于图纸叠加的问题分析

(1) 绿化与城市空间发展方向的相关性不够，与长三角城镇发展的相关性不够。

上海城市总体规划确定了与长三角城镇体系相呼应的三条城市发展轴：沪宁发展轴、沪杭发展轴、滨江沿海城镇发展轴。三个线形空间，既是城市空间的发展方向，也是建设的环境敏感区，需要有绿化与之相应，现有绿化规划与城市空间发展的关系有待加强，见图 2-1。

(2) 绿化与中心城分区、土地综合分区的相关性不够，不能体现分区之间设立永久绿化隔离带的规划意图，不能够体现分区特色，见图 2-2。

在中心城分区规划中，根据“多心开敞”的功能布局，结合快速干道、行政区划和黄浦江自然边界，将中心城划分为六个分区：中央分区、北分区、西分区、南分区、东南分区、东北分区，各区现状特点、产业定位、发展方向均有差异，绿化布置不能体现分区差异，有将中心城区同质化的趋势。

在土地利用综合分区中，将上海市域的土地分为：双增双减区、两港战略区、调整优化区、城乡协调区和生态岛区。各区功能定位与区域土地利用方向均有显著差异，绿化布置不能体现分区差异，有将各区同质化的趋势。

（3）水系与绿地的相关性有待提高。

上海景观水系规划中，确定了一纵、一横、四环、五廊、六湖的总体框架，见图 2-5，绿化与此框架的关系有待加强，如城郊森林的“十六廊”没有包括景观水系的“五廊”，中心城绿地规划结构中的水环与景观水系规划中的水环差别也很大，见图 2-3。

图 2-5　景观水系规划总图

上海市主干河网水系（水域）水功能区划中，共列出了 61 处水系（湖泊），又根据不同的功能细分为 96 段。其中，将主导功能确定为饮用功能的有 18 段、景观娱乐功能的有 45 段，缓冲区和过渡功能的有 29 处，现有规划绿地布局与水系的关系较为松散，没有将水与绿充分结合起来，见图 2-4。

（4）绿化与环境敏感区的相关性不够，在功能与布局上缺乏呼应。

上海的环境敏感区分为 5 类：自然灾害关键地区、生态关键地区、感知与文化地区、自然资源关键地区和建设敏感区（详见下文），绿化与各类环境敏感区的相关性不够。

（5）城郊森林与城镇用地、工业用地、历史文化保护区的关系有待加强。

上海城市总体规划确定了城郊并进，增强综合竞争力的发展方向。在市域范围内形成“多层、多核、多轴”的城市布局体系。“多轴”：沪宁发展轴、沪杭发展轴、滨江沿海发展轴；“多层”：中心城、新城、中心镇和一般镇所构成的市域城镇体系及中心村五个层次。“多核”：中心城和11个新城。现有绿化规划与城镇布局联系不紧密，特别是缺乏城镇用地、工业用地内外渗透的环境隔离林带的规划建设。

上海中心城有11处历史文化风貌保护区，郊区有4个历史文化名镇，尚有多处历史文化遗址及文物，再加上有地方特色的乡村景观，人文资源比较丰富。现在分散在各处，彼此缺乏联系，不利于整体保护，发挥积聚效应。

2.5　从统计资料上看存在的问题

（1）部分规划指标已经低于实际发展水平，城乡绿化发展不平衡。

上海的绿化采用的是一种跨越式的发展方式，特别是近几年，绿化投入建设的力度进一步加大，有些指标如2004年城市人均公共绿地面积已经超过了2020年的规划指标，但森林覆盖率2004年现状还远远低于2020年规划指标，表明了上海郊区的绿化建设还比较滞后，见表2-5。

三大规划指标与2004年绿化指标比较表　　表2-5

指　　标	上海市城市绿地系统规划(2020年指标)	上海市中心城公共绿地规划(2020年指标)	上海城市森林规划(2020年指标)	2004年统计指标
城市人均公共绿地面积(m^2)	10	10		10.11
城市绿化覆盖率(%)	35%以上	40%		36.00
森林覆盖率(%)	30%以上		35%以上	17.10

（2）中心城各区绿化水平相差较大，发展不平衡。

上海虽然已在2003年被评为国家园林城市，但各区2004年绿化指标与国家园林城市指标相比，仍有很大差距。全市18区1县中，人均公共绿地小于规定的7.5m^2的有9区1县；其中，卢湾区与静安区最低，分别为0.14m^2和0.87m^2。绿化覆盖率小于规定的36%的有10区；其中，黄浦区与静安区最低，分别为11.6%和15.2%。中心城区内的9个区，这两项指标，都未达到。

再如人均公共绿地面积，卢湾区为0.14m^2，而浦东新区为25.44m^2；绿化覆盖率，黄浦区为11.6%，奉贤区为54.7%。

（3）各类规划自成体系，绿化分类缺乏协调，统计口径不统一。

3　各规划中与绿化相关的指导思想和原则的协调

3.1　各类规划中与绿化相关的指导思想与原则汇总

见表3-1。

各类规划指导思想与原则汇总表 **表3-1**

规划名称	指导思想	规划原则
城市总体规划(1999～2020)	(1)有机统一，协调发展。更好地将城市空间规划和经济、社会、环境发展规划有机地结合起来，进一步提高经济中心城市的综合功能；(2)以人为本，改善环境。以环境建设为主体，营造上海城市新形象，促进上海可持续发展；(3)体现可持续发展战略，促进经济、社会、人口、资源和环境的协调发展；(4)体现以人为本的宗旨，为市民创造良好的生活、工作、学习和休闲的环境；(5)体现区域整体发展的思想，从长江三角洲城市群经济一体化发展出发，统筹上海的产业、能源布局和交通、水利体系等建设	
城市总体规划(1999～2020)中、近期建设行动计划	(1)树立全面发展、协调发展和可持续发展的科学发展观；(2)生态环境方面，以改善城市生态环境质量、保护市民身体健康为根本出发点，树立“环境优先、持续发展、绿色文明”的理念，预防和控制城市发展对环境可能造成的不良影响，将绿化、林业建设作为城市生态发展的第一需求，大规模推进城市绿化、林地建设，重视物种多样性和生物栖地的保护及修复，软化硬河岸，全面开展城市环境治理和保护，推动城市经济、社会和环境的协调发展	(1)坚持全面发展，促进经济社会发展相协调； (2)坚持区域协调发展，促进城郊一体化和长江三角洲地区联动发展。中心城区要增加绿化、增加公共空间，减少容积率、减少建筑总量； (3)坚持可持续发展，促进经济社会发展和人口、资源、环境相协调； (4)坚持保护和开发并重，弘扬城市的历史文化
上海市“十一五”绿化林业发展规划	(1)增长方式上由数量型增长为主向数量与质量并重增长转变；(2)区域推动上由城、郊二元推进为主向城乡联动发展、整体推进转变；(3)发展方向上以建设为主向管理统率建设转变；(4)系统构建上以绿地、林地、湿地系统融合提升转变；(5)生态建设、城市生态环境与可持续发展、城市让生活更美好、回归自然、创造建设上海生态型城市	
上海市沿海防护林体系建设工程规划(2006～2015)		可持续发展、生态功能优先、全面规划、合理布局、突出重点、城乡一体、因地制宜、因害设防、综合治理、科学性原则、统筹兼顾原则
上海市景观水系规划	充分挖掘水的潜力，展示水的魅力，保护江南水乡余韵，构筑东方水都雏形。 规划所研究的景观水系，是指满足防汛排涝、引清调水、内河航运等基本功能，系统协调“水、岸、绿、船、桥、房”等控制要素，在全市水系基础上，突出滨水景观、休闲旅游等功能的重点水系。以构筑骨干景观轴线、突出生态旅游功能，为全市中小河道整治和河道景观建设起到示范和导向的作用。 上海水景观主要突出上海历史文化底蕴，体现上海现代化国际大都市形象；景观水系功能定位是增强防汛排涝，保障城市安全；加强引清调水，改善内河水质；改善城市景观，促进水上旅游；提升休闲品位，发展相关产业。景观水系建设一方面需疏浚整治河道，恢复河道生态环境，另一方面结合两岸绿化林带和特色居住区的开发，以顺应自然的构思将流水和人造景观融为一体，体现亲水、自然、生态、历史文化和人性化有机结合的构思	(1)以城市总体规划为依据，与相关专业规划相协调； (2)以水环境治理为重点，发挥防洪排涝、内河航运、生态景观等综合功能； (3)以需求为导向，因地因时因水制宜； (4)城乡统筹、远近结合、突出重点

续表

规划名称	指导思想	规划原则
上海市水（环境）功能区划	以保护城市饮用水水源、提高水质为核心，统筹兼顾生活、生产、景观、生态用水需求，科学区划、有效保护、优化配置、综合利用，以水（环境）功能的充分发挥保障水资源的可持续利用	

3.2　各规划中与绿化相关的指导思想总结

（1）可持续发展思想，强调生态功能优先；

（2）区域整体发展思想，强调长江三角洲城市群一体化发展；

（3）以人为本思想，强调改善市民的生活环境质量；

（4）全面发展思想，强调经济、社会、人口、资源和环境协调发展；

（5）联动发展思想，强调绿化与城市发展、城市历史文化保护的互动。

4　对绿化建设目标的协调

4.1　现有规划目标汇总

见表 4-1。

各类规划有关城市绿化的目标汇总　　表 4-1

规划名称	定性目标	定量目标
城市总体规划（1999～2020）	到 2020 年，基本形成符合现代化大都市特点的城乡一体、协调发展的市域城镇布局；基本形成人与自然和谐的生态环境；基本形成与现代化国际大都市相匹配的基础设施框架	到 2020 年，人均公共绿地指标大于 $10m^2$，人均绿地指标大于 $20m^2$，绿化覆盖率大于 35％ （2004 年已实现）
上海市城市总体规划（1999～2020）中、近期建设行动计划	到 2007 年，基本形成“环、楔、廊、园、林”相结合的绿化系统和中心城沿黄浦江、苏州河、延安路的景观生态走廊。郊区形成“二环十六廊、三带十九片”的城市森林生态格局。到 2010 年，基本达到国际化大都市绿化发展水平	到 2007 年，全市人均公共绿地达到 $13m^2$，绿化覆盖率达到 38％；中心城内消除 500m 公共绿地服务盲区。全市森林覆盖率达到 22％以上。到 2010 年，全市人均公共绿地达到 $15m^2$，绿化覆盖率达到 40％。全市森林覆盖率达到 25％
上海市中心城分区规划（2004～2020）	构建理想的城市空间形态，增加公共绿地，增加开放空间，创造优美的城市空间环境。优化布局，彰显特色，构筑以“多心开敞”为特征的大都市空间形态。按照生态型城市的发展目标要求，中心城坚持“双增双减”，重点加强绿化环境建设、公共空间塑造和历史文化延续。分区规划重点是落实以“环、楔、廊、园”为特征的中心城绿地格局，加强外环绿带、楔形绿地和沿江、沿河生态绿地的建设，提高公共绿地的覆盖率和服务水平	规划增加各类绿地约 $93km^2$ 规划中心城各类绿地总量达到 120～$135km^2$，占城市建设用地的 20％，人均绿地 $15m^2$ 左右。其中公共绿地面积约 $103km^2$，人均公共绿地面积约 $12m^2$

续表

规划名称	定性目标	定量目标
上海市“十一五”绿化林业发展规划，2005.6		到2010年，中心城人均公共绿地面积13m²，全市绿化覆盖率38%，森林覆盖率14%。 到2020年，中心城人均公共绿地面积18m²，全市绿化覆盖率稳定在40%左右，森林覆盖率16%
上海市沿海防护林体系建设工程规划（2006～2015年），2005.7		到2015年，森林覆盖率由11.04%提高到16.27%
上海湿地保护和恢复规划（2006～2015）	建立湿地生态安全调控区，形成国际重要湿地、国家重要湿地、自然保护区、湿地公园以及具有特殊科学研究价值栖息地的湿地网络。基本保持长江口、杭州湾湿地以及内陆主要湖泊湿地的生态特征和生态服务功能，为生态型城市提供优异的基础生态空间	自然湿地保有率（自然湿地覆盖率）不小于34%

4.2 现有规划目标归纳

4.2.1 定性目标

（1）形成人与自然和谐的生态环境；
（2）达到国际化大都市绿化发展水平；
（3）创造优美的城市空间环境；
（4）符合生态型城市的发展目标要求；
（5）展现上海特色风貌。

4.2.2 定量目标

（1）2010年，全市森林覆盖率25%以上；
（2）2020年，中心城人均公共绿地18m²，绿化覆盖率40%；
（3）自然湿地保有率不小于34%。

5 对绿化结构与布局的协调

5.1 现有规划结构汇总

见表5-1。

现有规划中有关城市结构及绿化结构的汇总 **表 5-1**

规划名称	结构说明
城市总体规划(1999～2020)	城市布局：多层、多核、多轴，“多轴”：沪宁发展轴、沪杭发展轴、滨江沿海发展轴；“多层”：中心城、新城、中心镇和一般镇所构成的市域城镇体系及中心村五个层次；“多核”：中心城和11个新城。 产业布局分为三个层次：第一层次，内环线以内，以发展第三产业为重点，适当保留都市型工业；第二层次，内外环线之间，以发展高科技、高增值、无污染的工业为重点，调整、整治和完善现有工业区；第三层次，外环线以外，以发展第一产业和第二产业为重点，积极发展现代化农业和郊区旅游业。 中心城东西向景观主轴线，中心城滨江(黄浦江)滨河(苏州河)景观走廊
上海市城市总体规划(1999～2020)中、近期建设行动计划	道路系统：“申”字形高架道路、“半环加十字”的轨道交通、“三横三纵”地面主干道路为骨架的中心城立体综合交通体系；内河航道：2010年，基本建成以“一环十射”为骨干的内河干线航道；2010年，基本形成市域“环、楔、廊、园、林”相结合的绿化系统和中心城沿黄浦江、苏州河、延安路的景观生态走廊
土地利用总体规划2005～2020	上海市域范围内的土地分为5区，分别是双增双减区、两港战略区、调整优化区、城乡协调区、生态岛区
上海市“十一五”绿化林业发展规划，2005.6	二环二区三园，多核多廊多带；二环：中环绿带和外环生态专项建设；二区：即世博园配套绿化、临港新城区域配套绿化；三园：建设辰山国家植物园、东滩国家湿地公园、海湾国家森林公园；多核多廊多带：中心城区继续推进大型绿地建设，消除500m服务半径绿化盲区；建设一纵二横绿化景观带。郊区重点推进一城九镇绿化建设；实施沿海防护林、水源涵养林、道路景观林、村宅庭院绿化建设等。公园建设工程，初步构建四个类型的公园体系，即国家级公园、城市公园、郊野公园、城镇(社区)公园，有序推进老公园改造
上海市沿海防护林体系建设工程规划(2006～2015)，2005.7	一弧、三圈、三区一体系、环廊结合、多点配套 一弧：北起宝山的宝钢陈行水库，南至金山石化，占沿海基干林带建设的36%；三圈：分别是崇明、横沙、长兴三岛的海岸线形成，占沿海基干林带建设的64%；三区一体系：指海岸带的生态安全调控区，湿地生态系统保护区，人工湿地修复、重建区和湿地生态系统监测体系；环廊结合：环镇林、护路护岸林结合；多点配套：指村镇绿化、郊野公园
上海市中心城分区规划(2004～2020)	将中心城划分为六个分区，分区之间落实大型生态绿地及结构性绿地。进一步推进城市公共开放空间建设，重点推进沿黄浦江、苏州河和延安路的开放空间建设；大力推进城市雕塑建设。确定“点、线、面”相结合的中心城历史文化保护格局，包括建筑、街道、风貌保护区
上海湿地保护和恢复规划(2006～2015)	生态安全调控区、湿地生态系统保护区、退化湿地修复和重建区(自然保护区建设、湿地公园建设、具有特殊科学研究价值栖息地建设)
上海市景观水系规划	“一纵、一横、四环、五廊、六湖”。一纵：黄浦江；一横：苏州河；四环：西环、东环、外环、崇明环岛河；五廊：大治河、金汇港、淀浦河、油墩港、川杨河5条景观走廊；六湖：淀山湖、滴水湖、明珠湖、北湖、东滩湖、金山湖
上海市水(环境)功能区划	一级区划：长江片水(环境)功能区划、太湖流域片水(环境)功能区划 主干河网水系(水域)水功能区划列出的61处河流水域，有45处明确主导功能为景观娱乐用水，占73.8%

续表

规划名称	结构说明
上海市城市雕塑总体规划（2004～2020）	市域层面——结合城市海陆空门户、城市发展轴、郊区重点城镇和产业区，确定城市雕塑建设的重点区域。 中心城层面——建构“一纵、两横、三环、多心”的城市雕塑空间布局结构。一纵为黄浦江滨江景观轴；两横为苏州河滨河景观轴和延安路世纪大道东西向城市景观轴；三环为内环、中环、外环景观轴；多心即商务区、市级商业中心及副中心、历史文化风貌区及大型生态绿地等重点区域、重要节点雕塑景观体系
统计资料	中心城现有70条景观道路

5.2 现有规划结构的归纳

5.2.1 城市结构

城市布局：多层、多核、多轴；

产业布局：分为三个层次；

中心城：划分为六个分区；

市域范围内的土地：分为五区，分别是双增双减区、两港战略区、调整优化区、城乡协调区、生态岛区。

5.2.2 绿化结构

现有规划大多将中心城与郊区分别对待，可汇总归纳如下：

外环以内：一纵两横三环，多片多园，道路环状放射绿网络，水系环形十字绿网络，八处楔形绿化；

外环以外：一弧三圈，环廊结合，多点配套，三区，四环，五廊，六湖。

就描述方式而言，现有的绿化结构多为对绿化平面布局的一种概括说明，并不能反映各类绿化形态之间内在的联系和相互作用关系。

附件四：城乡一体化绿化系统规划的对策研究

（上海绿化管理局2005年科学技术项目，编号：ZX060102.）

项目主持人　作者　等

1 综合各类规划对绿化发展条件的分析

1.1 SWOT 分析

见表 1-1。

上海绿化建设 SWOT 分析表 表 1-1

SWOT分析	内部		外部	
	Strength	Weakness	Opportunity	Threat
区位条件			位于中国东南沿海开放城市经济发展带和长江流域经济发展带的交汇处，是长三角的中心城市	
自然地理条件	位于长江三角洲东缘部位，河湖纵横，属北亚热带季风气候类型，气候顶级群落为常绿阔叶树种为主的森林群落	受地势、地貌、土壤条件影响，气候顶级群落难以形成和发育，取而代之的是地形和土壤顶级群落的含有常绿成分的落叶阔叶林		
城市发展状况	“多层、多核、多轴”的城市布局体系，形成以中心城为主体，以高速公路、高速铁路、轨道交通和高等级航运为依托，结合生态走廊，跳跃式重点组团发展的“多心三轴”空间格局，进而与周边城市相联系，使上海成为长江三角洲城市群的中心城市。城郊协调发展，形成现代化国际大都市城乡一体化的发展格局。将崇明岛作为 21 世纪上海可持续发展的重要战略空间，产业布局形成 3 个层次	中心城开发强度过高，人口密度过大，增绿难度较大，郊区基础设施(包括绿色基础设施)配套不全，人口向外疏解难度较大	将沪宁发展轴、沪杭发展轴、滨江沿海发展轴作为城市发展的主要方向，加强与长三角其他城市的联系	高速公路网加大了对自然环境的干扰力度，沿江海的城市发展战略影响到沿岸的生态环境
社会条件	自 1980 年以来，人口总量得到有效控制，人口由中心城的核心区向边缘区和郊区县的流动趋势明显。居民生活质量进一步提高	2004 年，常住人口 1742 万人。中心城人口密度仍然很高，2004 年末，黄浦区达到了 49251 人/km²，而崇明县仅有 608 人/km²		经济发展带来大量的就业机会，促使外来人口比重上升，2004 年，外来常住人口与户籍人口的比重达到 1∶4

续表

SWOT分析	内部		外部	
	Strength	Weakness	Opportunity	Threat
经济条件	经济发达，2004年人均GDP已超过5000美元，达到了中等发达国家水平，城市化水平达到80%，产业结构不断优化，三次产业的比例为1.3∶50.8∶47.9。经济发展水平处于从工业化后期向后工业化过渡的发展阶段	土地、能源消费增长较快，由于土地资源可供总量有限，在局部地区和领域付出了过度用地的代价	处于基本实现全面小康并争取率先实现现代化的阶段，社会经济发展正由突出经济总量增长向追求经济社会环境协调发展转变	人口、资源、环境、基础设施等约束突出，能源供求和城市安全等问题较为突出；促进经济、社会和城乡协调发展的任务艰巨，就业、社会保障压力依然较大，郊区和农村发展存在薄弱环节
环境资源条件	有佘山风景区、泖塔风景区、淀山湖自然保护区、杭州湾金山三岛海洋生态自然保护区，崇明东滩鸟类自然保护区，长江口中华鲟幼鱼自然保护区，长江口九段沙湿地自然保护区	水体、噪声等污染严重，环境问题不容乐观	周边城市有丰富的自然资源可供利用	处于河流的下游，中上游对自然资源的过度利用，对环境特别是对水体的污染会影响到上海自然生态环境的健康与稳定
历史文化条件	近代大都市型历史文化名城，中心城11处历史文化风貌保护区和4个历史文化名镇	缺乏对有地方特色的乡村景观的保护	长三角区域合作不断加强，周边城市有丰富的历史文化资源可供利用	快速城市化会在区域范围内造成有特色的乡土文化景观的丧失
景观形象定位	中心城区，国际大都市的整体景观形象定位，有个别地段的绿化建设烘托了这一整体形象。市域层面，江南水乡的景观特色容易取得认同	中心城区的整体绿化景观还不能与国际大都市的整体景观形象相符，郊区的绿化建设面临快速城市化的压力，容易造成地方特色的丧失		
管理、制度及社会意识	对中心城内的绿化较为重视，也有相关的管理制度出台	缺乏对植被的规划引导，对郊区的绿化建设缺乏严格的管理，也缺乏相应的规章制度，市民的绿化意识还需要提高		

1.2 环境敏感区分析

1.2.1 环境敏感区的概念

环境敏感区包括：1)自然灾害关键地区，包括火灾易发地区、地质灾害易发地区、洪水易发地区等；2)生态关键地区，包括野生物栖息地，自然生态地区(如独特的生态系统，洪水控制区，水体净化区，水源地，污染控制区等)，濒危、乡土物种分布地区，有科研价值的地区等；3)感知与文化地区，包括旷野游憩地区，历史、考古与文化地区等；4)自然资源关键地区，包括农业用地、水资源、采矿区、木材生产区等。也有学者把重要交通干线两侧的控制用地、城区间的永久性控制用地等永久性非建设用地也作为环境敏感区。

1.2.2　上海环境敏感区划定

根据相关规划成果和现有研究成果，参见第二部分 7.4 内容。上海市的环境敏感区划分如下，见图 1-1。其中包括：

图 1-1　上海环境敏感区分布图

1）自然灾害关键地区

沿长江的江岸地区，沿东海、杭州湾的海岸地区，沿其他主要河道如黄浦江、吴淞江—苏州河、淀浦河、油墩港、金汇港、川杨河、大治河、蕰藻浜等的河岸地区。

2）生态关键地区

自然生态地区：长江口、杭州湾区域重点湿地生态系统，包括崇明东滩鸟类自然保护区、九段沙湿地自然保护区、金山三岛海洋生态自然保护区、长江口中华鲟自然保护区、横沙岛生态岛区、长兴岛生态岛区、嘉定区、宝山区的长江入海口部分地区；泖塔风景区、淀山湖自然保护区、佘山国家森林公园、共青国家森林公园等。

水源保护区：黄浦江上游，闵行西界至淀峰45km的黄浦江及泖河——拦路港源流水域、淀山湖与元荡的湖体、沿江湖两岸纵深5km陆域以及大泖港、园泄泾、太浦河上溯10km水域。

准水源保护区：自龙华港至闵行西界30km黄浦江水域以及沿江两岸纵深5km陆域。

备用水源地：长江岸边的宝钢水库和陈行水库，长江中心的青草沙湿地。

污染控制区：包括污染型工业区、污灌区、垃圾填埋场等周边的控制地区，松江区北部、中部以及金山区东半部和南汇西部，对水质造成污染的地区。

3）感知与文化地区

包括中心城11处历史文化风貌保护区：外滩历史文化风貌保护区、南京东路历史文化风貌保护区、人民广场历史文化风貌保护区、老城厢历史文化风貌保护区、思南路历史文化风貌保护区、茂名路历史文化风貌保护区、衡山路历史文化风貌保护区、虹桥路历史文化风貌保护区、山阴路历史文化风貌保护区、江湾历史文化风貌保护区、龙华历史文化风貌保护区。

郊区4个历史文化名镇：松江城厢镇、嘉定城厢镇、南翔镇、朱家角镇。

能反映地方特色的乡村景观地区(有待于进一步调查)。

4）自然资源关键地区

农业用地：四大板块，长江口三岛农业区、黄浦江上游农业区、杭州湾北岸农业区和城郊结合部楔形农业区。

水产养殖基地：长江口滩涂湿地，崇明岛、杭州湾和西部湖泊湿地。

5）建设敏感区

外环线林带，环城镇林带，重要交通干线两侧的控制地带如沪宁高速公路、沪杭高速公路等，高压走廊绿带，中心城6个分区间的永久性控制用地：中央分区、北分区、西分区、南分区、东南分区和东北分区，市域大陆4个分区间的永久性控制用地：双增双减区、两港战略区、调整优化区、城乡协调区。

1.3　土地利用分析

上海市土地利用呈现出明显的圈层结构，非农业建设用地比重较大，居民点及工矿用地和交通用地两项占土地总面积的24.74％。土地利用的圈层结构形态主要是由城市的辐射作用造成的，具有距离衰减的特征，同上海市的地形结构相吻合。这种圈层结构是动态的，随着城市的进一步发展，会进一步向外推移。同时，人口和产业主要集中于城市用地，形成了以城市用地为核心、郊区用地服务于城市的特点。

1.3.1　土地利用综合分区

在《土地利用总体规划2005～2020》中，将上海市域范围内的土地分为5区，分别是双增双减区、两港战略区、调整优化区、城乡协调区、生态岛区，见图1-2。各区功能定位与区域土地利用方向分列如下。

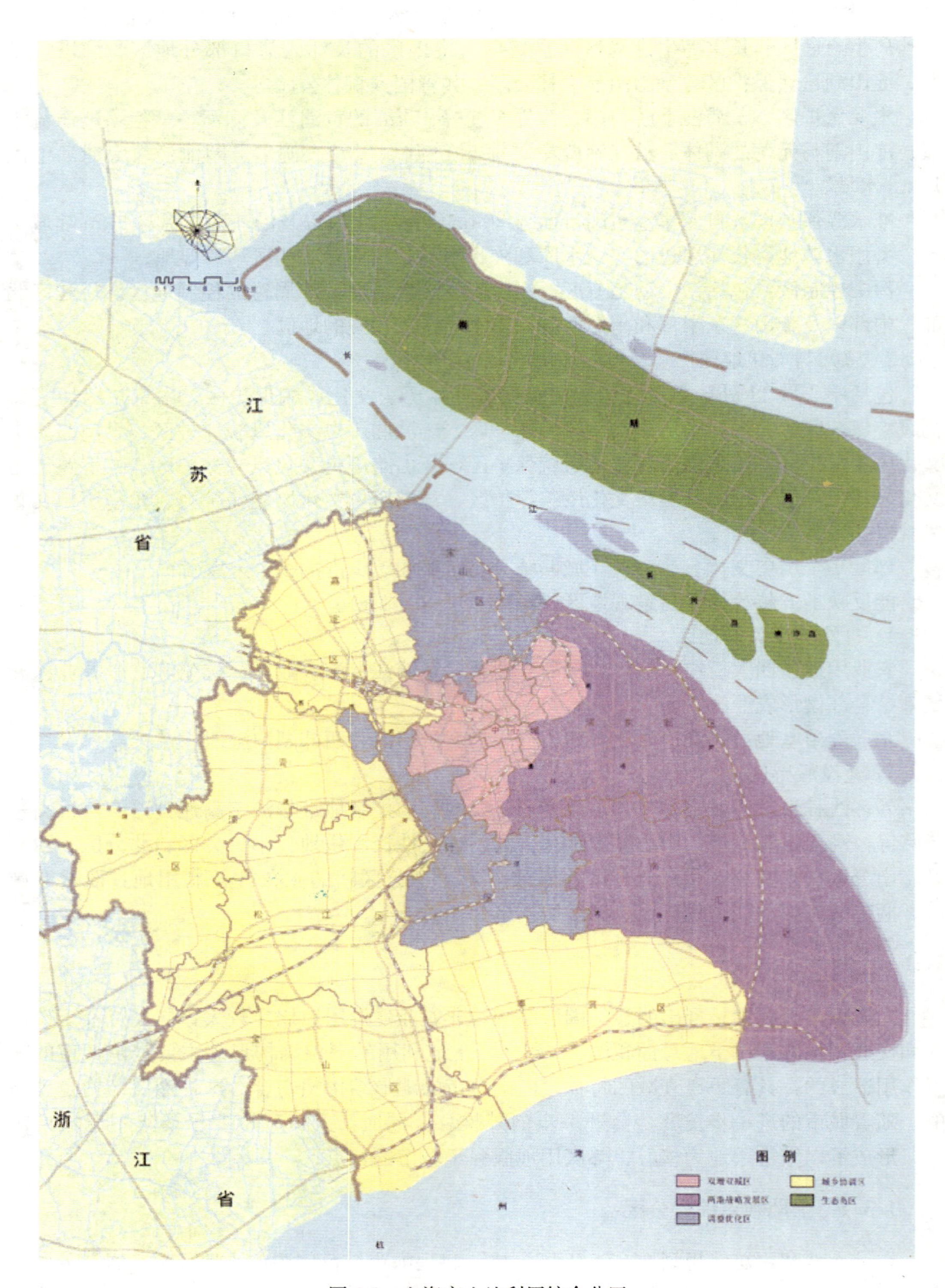

图 1-2　上海市土地利用综合分区

1）双增双减区：长三角核心城市的国际金融、商业中心功能主要体现在中心城区，未来该区规划成为一个高效、宜人、多元、精致和生态的城区，土地利用方向以金融业用地、商业用地、文化景观用地、生态用地、交通用地和高级都市工业用地为主。实施“双增双减”战略，即增加城市绿地、增加公共空间，减少建筑总量、减少容积率。

2）两港战略区：定位于以浦东国际机场为主的空港，以洋山深水港和外高桥等港区组成的海港，立足长三角、放眼全世界的“两港”战略发展区。

3）调整优化区：本区定位于中心城主要延伸区域，是中心城人口疏解、产业转移的主要地区。其中闵行区定位于上海科教研发基地、先进制造业基地、重要的生态休闲城区和现代化居住园区，闵行区建设成为城市布局合理、道路交通畅通、生态环境良好、经济实力雄厚、科教研发为依托、市政设施完善、公建配套齐全，具有高品位现代城市形象的生态、文化、经济城区；宝山区定位于依托钢铁产业和临海的区位优势，探索城市化、产业化与生态化高度融合的节约型发展道路，建设全国乃至国际精品钢及其延伸集聚辐射中心，把宝山建设成为功能完善、经济发达、生态优良、社会和谐、人民安康的现代滨江城区。

4）城乡协调区：该区域由西北至东南形成一个环状，包围上海市中心城区和中心城重点延伸区，对整个上海市的都市生态环境有重要作用。其中，青浦区西部、松江区浦南和金山区西部地区，处于黄浦江上游地区，是水环境保护的重要地带；该区域中分布的农业用地斑块，是城市绿色屏障和生态空间；沿江、沿路林带是调节环境的重要生态用地。因此，该区对于整个上海市来讲，具有重要的生态涵养功能特点；区域生态绿地比例偏低，具有较大提升空间。

本区是上海重要的经济发展带和产业转移带，西南部人文旅游资源丰富。

根据区域农业生产的基础和特点，该区西部青浦区、松江区和金山区作为优质粮油、蔬菜、水产生产的主要集中布局地区，成为江南水乡相融合的循环农业基地、连接长江三角洲的农产品加工储运物流基地。地处杭州湾北岸的南汇区、奉贤区和金山区，由于农业科研院所相对集中，定位于都市特色生态农业区，集农业科研、教育、示范和推广为一体的都市农业孵化基地；在农业结构差异定位、特色调整的过程中，严格区域耕地尤其是基本农田保护，在结构调整过程中，提高基本农田的综合生产能力。

5）生态岛区：该区是上海市城市化水平最低的地区，城市建设较为滞后。土地利用以农业和林业用地为主，是上海市耕地保护的重点区域；土地质量较优，大面积的生态用地使该区生态环境优越，适宜发展旅游观光、生态农业。现有特色工业以船舶制造业为主，沿海滩涂资源丰富，发展潜力大。

该区未来产业发展将贯彻“三次产业融合发展”的方针，按照“三、一、二”产业序列，着重推进以休闲度假、户外运动、生态观光为主的服务业，大力提高生态型现代农业的规模和水平，积极发展清洁型和资源节约型工业。未来土地利用方向：现代生态农业、特色农业；特色工业；自然保护区；海岛旅游度假基地。

1.3.2　各类用地现状及布局

1）农用地现状及布局

① 耕地主要分布在北部的崇明县，占22%；南部的金山、奉贤、南汇区，占38%；

中西部青浦区西部和松江区南部等。

② 园地主要分布在南部的金山、奉贤、南汇区，以瓜果和桃为主，北部长兴岛，以橘子为主。

③ 林地主要为东南沿海和北部崇明、长兴、横沙三岛的防护林体系；沿黄浦江上游的带状水源涵养林；松江区佘山、青浦区淀山湖、崇明县东平林场的生态林。

④ 其他农用地主要以淡水养殖为主的精养鱼塘，主要分布在西部地区的青浦区淡水养殖业、南部地区的奉贤区滩涂虾塘和北部地区崇明县的蟹养殖。

2）农用地布局战略趋势：

形成长江口三岛农业区、黄浦江上游农业区、杭州湾北岸农业区和城郊结合部楔形农业区四大板块新格局。

3）农村居民点分散，占地面积大，目前有5万多个。郊区平均每平方公里有8个自然村，平均每个自然村用地17亩(约1.13hm^2)左右，有20户左右。(北京220户/点，天津171户/点)

15个宅基地置换试点单位测算表明，集约挖潜率约54%。

4）未利用地，河流水面1507.84km^2，占73.56%；滩涂450.59km^2，占21.98%。全市河流分布不均：宝山区20.76%、浦东新区8.4%、崇明县50.69%，湖泊主要分布在西南部的淀山湖地区。

1.4 长三角区域绿化结构分析

1.4.1 长江三角洲区域范围

长江三角洲地区位于我国东部沿海开放带和沿长江产业密集带的交汇部，包括上海、南京、苏州、无锡、常州、镇江、南通、扬州、泰州、杭州、宁波、嘉兴、湖州、绍兴、舟山等1个直辖市和14个省辖市。面积共约9.96万km^2(约占全国的1%)。

1.4.2 长江三角洲区域自然地理概况

从自然地理角度看，长三角区域有着大致相同的自然地理、气候和资源条件。这里地处中北亚热带，气候温暖，降雨量充沛，江、河、湖泊纵横，土地肥沃，气候宜人，是中国的稻米、蚕桑、丝绸、茶叶、工艺品之乡。区内地势平坦，分布有少量的侵蚀丘陵和低山，水系主要有东海、杭州湾、长江、黄浦江、吴淞江、太湖、阳澄湖、淀山湖、滆湖、西湖、京杭大运河等，近海岛屿有崇明岛、长兴岛、横沙岛、舟山群岛、嵊泗列岛、大小金山岛等，见图1-3。

1.4.3 长江三角洲区域城市发展概况

2002年长江三角洲15个城市集聚了7400多万人口，占全国的5.8%，实现国内生产总值19141.62亿元，占全国的18.7%，贡献了全国22%的财政收入，完成了全国28.4%的出口额，成为拉动全国经济增长的重要引擎，是改革开放以来我国区域城市化与经济增长最迅速的地区之一。

长江三角洲地区交通发达，有已建成的沪宁高速公路、沪杭甬高速公路、宁杭高速公

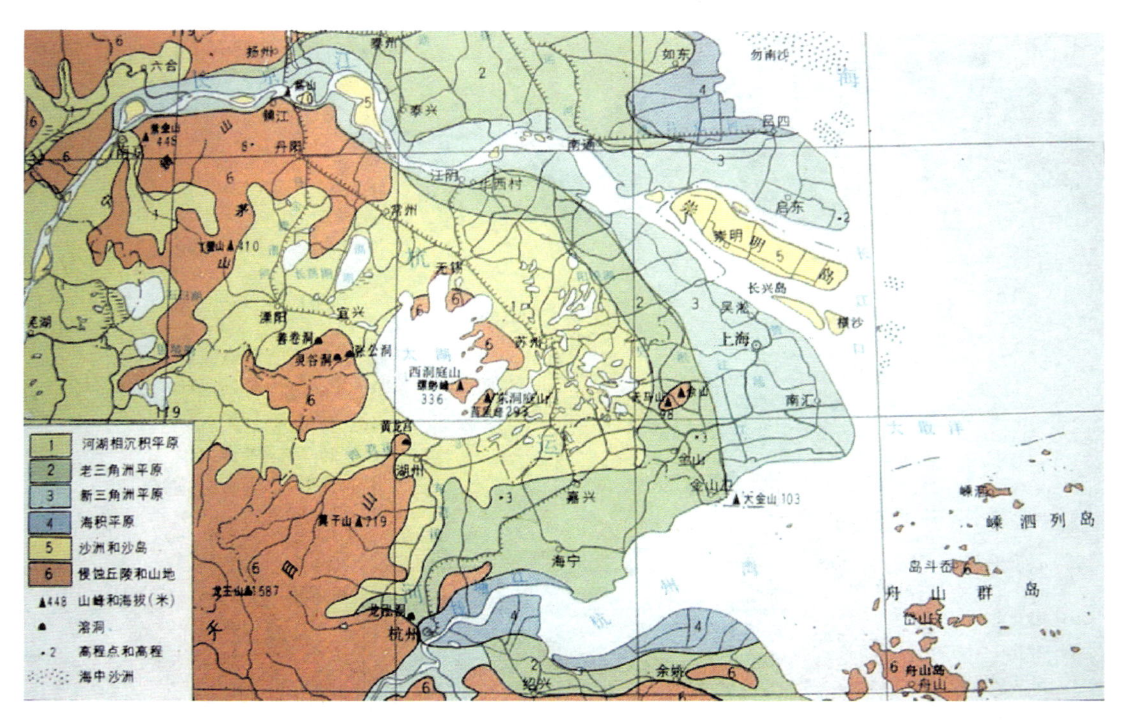

图 1-3　长三角地貌图

路、京沪高速公路、苏嘉杭高速公路、沿江高速公路、新长铁路等。沿着主要的交通线——沪宁高速公路、沪杭甬高速公路，形成了“之”字形的城市发展轴，见附件三图 2-1。

1.4.4　长江三角洲区域环境敏感区分析

按照 11.2.1 环境敏感区的定义，长江三角洲区域环境敏感区包括长江沿岸、东海、杭州湾沿岸、太湖、阳澄湖、淀山湖、滆湖、西湖、黄浦江、吴淞江、京杭大运河等河流湖泊的水域及沿岸，崇明岛、长兴岛、横沙岛、舟山群岛、嵊泗列岛、大小金山岛等近海岛屿，宁镇山脉、茅山、东、西洞庭山、佘山、天马山、天目山等山体，有江南特色的乡村景观，如古镇，历史文物保护单位、保护区，主要交通道路沿线、各城市城郊结合部等。

1.4.5　长江三角洲区域绿化结构分析

综合长江三角洲区域自然地理条件、城市发展方向、环境敏感区等，可以提炼出由绿化主体结构、绿化补偿结构、绿化核、绿化网、生态基质组成的长三角区域绿化结构，见图 1-4。其中，绿化主体结构由大的自然山体、水体、岛屿组成，如长江沿岸、杭州湾沿岸，京杭大运河沿岸，太湖，舟山群岛、崇明岛、长兴岛、横沙岛等；绿化补偿结构由沿着交通线建设的绿带组成，如沪宁高速公路、沪杭甬高速公路等；绿化核分为人工绿化核和自然绿化核，人工绿化核指呈点状分布的各个城市，自然绿化核依托自然保护区、风景区等自然条件较好的地区构建；绿化网由农田林网和依托河流、道路的绿带形成，将各类绿化要素连成一体；绿化的生态基质指区域内大面积分布的农田。

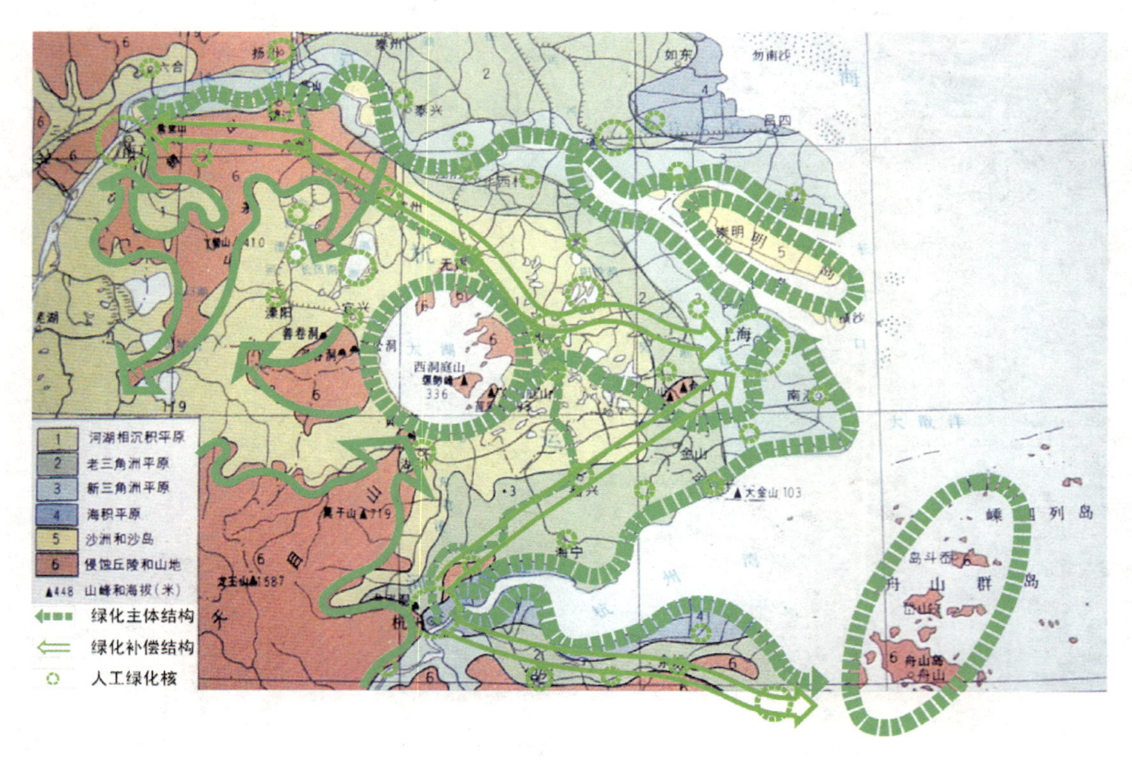

图 1-4　长三角绿化结构示意图

对应于长三角区域绿化结构，上海绿化的重点区域突显如下：

（1）绿化主体结构：包括长江沿岸，东海、杭州湾沿岸，淀山湖、黄浦江一线，崇明三岛，大小金山岛；

（2）绿化补偿结构：包括中心城环城绿化带、沪宁、沪杭高速公路等；

（3）绿化核：包括中心城、新城、中心镇、一般镇和中心村五个层次的人工绿化核，和以片林、各类郊野公园等集中绿化地段构成的自然绿化核；

（4）绿化网：由散布在市域范围内的河流绿化、道路绿化和农田林网构成。

2　城乡一体化绿化系统规划对策

城乡一体化绿化系统规划对策　　**表 2-1**

发展战略	战　略　措　施
城乡一体化	城市绿地系统应该注重城郊一体化和长江三角洲地区联动发展 城郊森林应向建成区延伸 加强城市内外绿化的分工协作：功能互补、结构相连、各具特色
结构优化	在绿地系统规划布局结构上，应该与城市布局体系及产业布局相协调 加强片林、风景旅游区和自然保护区之间的联系 “环、楔、廊、园、林”不是一个分类标准，绿化结构需要重新梳理 改变绿地系统结构由交通系统结构决定的习惯做法，应该由自然因素如河流山体和人工因素如道路双重决定 绿廊未必一定沿主要交通线布置

续表

发展战略	战略措施
功能优化	分别内外环线之间的绿化建设与外环以外的绿化建设在功能及形态上的差异 城市绿地系统与城市公共空间建设协同发展 城市绿地系统与城市历史文化保护联动建设 绿地系统与文化设施一体化发展 绿地系统与全民健身运动呼应，建设健康城市 绿地系统与人口疏解，消除城乡差别相一致 绿地系统与应急避难和滞蓄洪水相结合 由保证数量转向追求绿化质量，通过结构与功能的提升来实现 绿地与城市其他公共设施同步建设 要进行功能分区，布置适应各功能区的绿化
形态优化	结合乡村景观保护，建设贯通城郊的绿道 绿地系统规划与改善城市形象相结合 加强绿化规划在形态上的控制性 加强对植被建设的引导控制，加强对树种选择、群落构建的规划
生态化	加强中心城绿化建设，可以将其与开放空间建设结合进行 从绿化建设向生态建设转变，注重绿量 针对绿地系统建设进行环境分区 加强社区层面的绿化规划 强化生态敏感区的绿化 充分利用自然河流、湿地
特色化	绿地系统结构与布局缺乏分区针对性，可以考虑开展绿地系统分区规划 发挥区级景观道路的作用 针对特大型城市，探索绿地系统规划的分级编制、实施、管理体系 加强绿地与水系的联系
绿化要素体系化	重新对城市绿化要素进行分类 将河流、湿地、农田等纳入规划范围 将屋顶绿化、垂直绿化纳入规划范围

后　　记

书稿终于断断续续地写就了。这一瞬，夜空似乎也凝固了，只留下案头台灯的锥体光束。我顺势闭上双眸，思绪不知神游何方去了……神游中，我在想，真理是什么？真理不就是美貌、善良而又傲慢的公主吗？她要考验追求者的勇气、执着和智慧，但不管怎样，公主总是要嫁人的，或许是你，或许不是你。如果你想追求“她”，你总该是有心人吧，至少牛顿是，要不然怎么会有：苹果碰到的第一人肯定不是牛顿，而牛顿“娶”到了“傲慢的公主(真理)”。

求索是什么？求索不过就是漫长的未必有辉煌结果的过程，而人类却一刻也没有停息过求索的步伐，我不会奢望自己脚下就是清晰、平坦、正确的道路，进而有所其果。想起2005年春天，我到日本爱知世博会场参观时，看到太多未必成熟的成果展览，诸如，电子警察的巡逻、无人驾驶的大巴、半座半卧的未来汽车……难道这些不正是人类对自己“求索”过程的中间成果展示吗？

想到这里，我不再恐惧，不再恐惧“猴子变不成人”的进化过程。

本人提出的“城市绿地系统进化论”，哪怕是不完全的真理，只要我逼近真理了，就是胜利。正如丘吉尔曾这样评价“现代民主制”，他说：“现代民主制未必是最好的，而是比较而言是不坏的”。我想这才是人类应有的对待求索真理的正确态度。

身处全球一体化大变革，大发展的年代，昭示着大融合，大创新的必然。如今的风景园林学科，不再是原本的“小家璧玉”了，一边大口地吸取着“生态学、社会学、环境学、建筑学、经济学……”的营养而茁壮成长，一边承担着三大效益的社会责任。强大的市场需求，催生了层出不穷的实践案例，但是“新理论”的产生，却没有像风景园林行业的“新实践”那样繁荣而又昌盛。身为风景园林人，我也该去试着“求索”点什么。于是我选择了这一研究难题，这一纷繁复杂的因素众多的巨系统研究，加之上海案例是超常规发展的典型，研究问题(布局结构)聚焦后，心里其实是不踏实的，甚至还有些举棋不定。回想起先前五六个城市绿地系统规划项目实践，十多年来，多个不眠之夜的案头所“思”、所“想”，算是我还有一点“小本钱”吧！

加上我的导师王浩教授及时地肯定和鼓励了我，接着是一次次的悉心指导和巧妙启发。实际上，王老师求实的治学态度、聪颖的智慧光芒和善诱的教育方法，以及对我工作上和写作上指导的远见卓识，将成为我一生的获益。在此，我怀着十分感激的心情对您说声：“谢谢！”

同时，我要感谢刘滨谊教授、吴人韦教授、万福绪教授、陈敏教授、熊汝霞教授、蔡永立教授、卢建国教授，给予我的指导和大力帮助。

感谢吴良镛先生、孟兆祯先生、程绪珂先生、胡运骅先生、严玲璋先生，在论文写作期间给予的引领和启迪。

感谢李怒云、费本华、金荷仙、朱祥明、王胜永、宋郁里、汪辉以及中国建工出版社的韦然、徐纺主任和滕云飞编辑，还有无法一一列出名字的同行、同学、朋友们。有了你们，无论我做什么，都不再是“独行者”。

我还要感谢我曾经和现在工作单位(安徽农业大学、上海市绿化管理局)的领导和同事们，没有你们的支持和关心，就不会有我今天的一切。

借此机会，我要感谢一直以来无私奉献、关爱、支持我的妻子——李静女士，以及我善解人意的女儿。

最后，在付梓出版之际，我要特别感谢前辈程绪珂先生、孟兆祯先生，他们在百忙之中，细致地审阅书稿，并为之作序，为本书增色无限。这给了我莫大的鼓励，想来，我也只能用我的不懈努力去报答他们了。